服

Service-Oriented Industrial Management

張健豪、袁淑娟◎著

張序

　　觀光事業的發展是一個國家國際化與現代化的指標，開發中國家仰賴它賺取需要的外匯，創造就業機會，現代化的先進國家以這個服務業爲主流，帶動其他產業發展，美化提昇國家的形象。

　　觀光活動自第二次世界大戰以來，由於國際政治局勢的穩定、交通運輸工具的進步、休閒時間的增長、可支配所得的提高、人類壽命的延長及觀光事業機構的大力推廣等因素，使觀光事業進入了「大衆觀光」（Mass Tourism）的時代，無論是國際間或國內的觀光客人數正不斷的成長之中，觀光事業亦成爲本世紀成長最快速的世界貿易項目之一。

　　目前國內觀光事業的發展，隨著國民所得的提高、休閒時間的增長，以及商務旅遊的增加，旅遊事業亦跟著蓬勃發展，並朝向多元化的目標邁進，無論是出國觀光或吸引外籍旅客來華觀光，皆有長足的成長。惟觀光事業之永續經營，除應有完善的硬體建設外，應賴良好的人力資源之訓練與培育，方可竟其全功。

　　觀光事業從業人員是發展觀光事業的橋樑，它擔負增進國人與世界各國人民相互瞭解與建立友誼的任務，是國民外交的重要途徑之一，對整個國家的形象影響至鉅，是故，發展觀光事業應先培養高素質的服務人才。

　　揆諸國外觀光之學術研究仍方興未艾，但觀光專業書籍相當缺乏，因此出版一套高水準的觀光叢書，以供培養和造就具有國際水準的觀光事業管理人員和旅遊服務人員實刻不容緩。

今欣聞揚智出版公司所見相同，敦請本校觀光事業研究所李銘輝博士擔任主編，歷經兩年時間的統籌擘劃，網羅國內觀光科系知名的教授以及實際從事實務工作的學者、專家共同參與，研擬出版國內第一套完整系列的「觀光叢書」，相信此叢書之推出將對我國觀光事業管理和服務，具有莫大的提昇與貢獻。值此叢書付梓之際，特綴數言予以推薦，是以為序。

中國文化大學董事長

張鏡湖

叢書序

觀光事業是一門新興的綜合性服務事業，隨著社會型態的改變、各國國民所得普遍提高、商務交往日益頻繁，以及交通工具快捷舒適，觀光旅行已蔚為風氣，觀光事業遂成為國際貿易中最大的產業之一。

觀光事業不僅可以增加一國的「無形輸出」，以平衡國際收支與繁榮社會經濟，更可促進國際文化交流，增進國民外交，促進國際間的瞭解與合作。是以觀光具有政治、經濟、文化教育與社會等各方面為目標的功能，從政治觀點可以開展國民外交，增進國際友誼；從經濟觀點可以爭取外匯收入，加速經濟繁榮；從社會觀點可以增加就業機會，促進均衡發展；從教育觀點可以增強國民健康，充實學識知能。

觀光事業既是一種服務業，也是一種感官享受的事業，因此觀光設施與人員服務是否能滿足需求，乃成為推展觀光成敗之重要關鍵。惟觀光事業既是以提供服務為主的企業，則有賴大量服務人力之投入。但良好的服務應具備良好的人力素質，良好的人力素質則需要良好的教育與訓練。因此觀光事業對於人力的需求非常殷切，對於人才的教育與訓練，尤應予以最大的重視。

觀光事業是一門涉及層面甚為寬廣的學科，在其廣泛的研究對象中，包括人（如旅客與從業人員）在空間（如自然、人文環境與設施）從事觀光旅遊行為（如活動類型）所衍生之各種情狀（如產業、交通工具使用與法令）等，其相互為用與相輔相成之關係（包含衣、食、

住、行、育、樂）皆爲本學科之範疇。因此，與觀光直接有關的行業可包括旅館、餐廳、旅行社、導遊、遊覽車業、遊樂業、手工藝品，以及金融等相關產業等，因此，人才的需求是多方面的，其中除一般性的管理服務人才（如會計、出納等）可由一般性的教育機構供應外，其他需要具備專門知識與技能的專才，則有賴專業的教育和訓練。

　　然而，人才的訓練與培育非朝夕可蹴，必須根據需要，作長期而有計畫的培養，方能適應觀光事業的發展；展望國內外觀光事業，由於交通工具的改進、運輸能量的擴大、國際交往的頻繁，無論國際觀光或國民旅遊，都必然會更迅速地成長，因此今後觀光各行業對於人才的需求自然更爲殷切，觀光人才之教育與訓練當愈形重要。

　　近年來，觀光學中文著作雖日增，但所涉及的範圍卻仍嫌不足，實難以滿足學界、業者及讀者的需要。個人從事觀光學研究與教育者，平常與產業界言及觀光學用書時，均有難以滿足之憾。基於此一體認，遂萌生編輯一套完整觀光叢書的理念。適得揚智文化事業有此共識，積極支持推行此一計畫，最後乃決定長期編輯一系列的觀光學書籍，並定名爲「揚智觀光叢書」。依照編輯構想。這套叢書的編輯方針應走在觀光事業的尖端，作爲觀光界前導的指標，並應能確實反應觀光事業的眞正需求，以作爲國人認識觀光事業的指引，同時要能綜合學術與實際操作的功能，滿足觀光科系學生的學習需要，並可提供業界實務操作及訓練之參考。因此本叢書將有以下幾項特點：

1. 叢書所涉及的內容範圍儘量廣闊，舉凡觀光行政與法規、自然和人文觀光資源的開發與保育、旅館與餐飲經營管理實務、旅行業經營，以及導遊和領隊的訓練等各種與觀光事業相關課程，都在選輯之列。
2. 各書所採取的理論觀點儘量多元化，不論其立論的學說派別，

只要是屬於觀光事業學的範疇，都將兼容並蓄。

3.各書所討論的內容，有偏重於理論者，有偏重於實用者，而以後者居多。

4.各書之寫作性質不一，有屬於創作者，有屬於實用者，也有屬於授權翻譯者。

5.各書之難度與深度不同，有的可用作大專院校觀光科系的教科書，有的可作為相關專業人員的參考書，也有的可供一般社會大眾閱讀。

6.這套叢書的編輯是長期性的，將隨社會上的實際需要，繼續加入新的書籍。

身為這套叢書的編者，謹在此感謝中國文化大學董事長張鏡湖博士賜序，產、官、學界所有前輩先進長期以來的支持與愛護，同時更要感謝本叢書中各書的著者，若非各位著者的奉獻與合作，本叢書當難以順利完成，內容也必非如此充實。同時，也要感謝揚智文化事業執事諸君的支持與工作人員的辛勞，才使本叢書能順利地問世。

李銘輝 謹識

自序

　　21世紀的我國，已經進入全面服務業的時代：不論是傳統的農業、林業、漁業、牧業，在WTO的架構下，都朝向休閒式的農、林、漁、牧業方向調整。即使是一向以生產製造為主的製造業，也在市場導向的風潮下，不得不向「服務導向」式的製造業移動。我國的高科技產業，便是一個非常明顯的例子。

　　嚴格的說起來，「服務」二字的真諦，在我國過去的文獻中，或許說文解字上，意義相通，但是在實際操作上卻與國外的服務原意相去甚遠。我國所謂的服務，依據作者的觀察，應該是長期「官方在上、民意在下」、「官員為主、民眾為輔」的威權遵循。過去我們常說：「人民的父母官」，內容中雖然帶有關懷體恤之意，但是威權教化的遵循，也不能說是不重要。

　　隨著出國觀光旅遊，我國國民針對各國餐旅服務業一般的認知：「歐美先進國家所提供的服務，比起開發中國家或是未開發國家所提供的服務，會讓人有較為舒適、滿意，值得回味的感覺。」這是因為一個國家服務水準的高低，和該國的國家政治穩定度、民主觀念成熟度、社會人民成熟度息息相關。「開放」對於服務觀念的擴散，有著直接趨良的作用：開放國民出國觀光，民眾進出國門相互比較，耳濡目染的結果，使得我國服務業的服務品質，不斷的向上提昇，增加了人民的民主成熟度。開放國內政治禁忌，民眾思考信仰多元化，社會

相互競合激盪，促進了國家政治穩定度。知識經濟社會大量的教育投資，使得國民的教育素質不斷提高，帶動民主觀念的穩定成熟。上述這些民主政治活動，對於我國「服務」的各方面意涵，都有直接的正面乘數效果。

「服務」（service）在企業的「行銷」（marketing）功能中，是一項非常重要的內涵。我們常看到電視媒體中，航空公司的行銷廣告中，螢幕顯現出空中服務員的幽雅服務；快遞公司的行銷廣告凸顯對於時間、效率的服務；信用卡公司對於顧客遺失信用卡，公司吸收可能的損失，且立即換發新卡的服務；網際網路的發達，能夠全天候的提供顧客任何有形或無形的需求；甚至電視畫面出現連鎖企業的相關主管人員，穿梭於顧客間，提供噓寒問暖的人際互動服務；服務以各種形式、面貌出現在人們的面前，企業經由「服務」的傳遞，達到「行銷」的目的。

隨著社會成熟度，當一個國家在將某些服務當作常識運作的時候，另一個國家也許還在將這些常識，當作知識在學習。先進國家認為排隊是一種社會公平的常識時，集權國家卻將排隊當成特權的工具，教育人民排隊是一種文明的知識。歐美國家習慣以自助餐一人一份，絕不可兩人分享一份的榮譽觀念，在落後國家卻認為自助餐多人合吃是無傷大雅，且能省吃儉用的取巧觀念。若干年前，美國某知名連鎖租車公司風光的進入台灣市場，結果在短短不到一年的時間內，鎩羽而歸。就是因為在美國眾所周知的租車遊戲規則，移到了台灣顧客的觀念中，就變成了顧客自利行為的幫凶，該租車公司經不起接二連三的案例，被告知要到本地當舖花鉅金去贖回原屬於該公司的出租轎車，一個國家國民的素質水準，會延後了國家提昇優良「服務」的

速度。我國產業外移大陸，服務業亦不例外。長期奉行共產主義的集權國家國民，對於「服務」的解釋，較為傾向我國早期的「威權遵循」模式；對於西方資本主義下的「顧客至上」服務方式，較為陌生，這也是我國服務業西進成功的重要關鍵之一。

　　911事件造成「微利時代」的來臨，使得企業的獲利越來越難。服務業投資「硬體」服務的改善，雖然能夠立即、即時的提昇該企業的服務品質，但是品質的上升曲線，來得快也去得快，容易快速下滑。服務業也瞭解到「硬體」投資雖能立竿見影，但是所費不貲，且效果有限。對於顧客來說，與其不斷在「硬體」上做文章，倒不如在「軟體」上下功夫。根據文獻顯示，愈是服務水準高的國家或企業，能夠讓人印象深刻的服務品質，絕對是軟性、無形的服務。但是，這也是服務品質最難產生一致性的所在。

　　坊間有關服務品質方面的教科書，有相當比例是翻譯國外知名學者「行銷學」的著作。嚴格的說，「行銷學」與「服務學」遠看似乎大相同，但是近看卻是大不同。「行銷學」有如 "Do the right thing"，那應該是較為方向性、原則性的學科。「服務學」有如 "Do the thing right"，那應該是較為操作性、細節性的學科。雖然其中雙方都有重疊的部分，但從坊間書籍出版內容的方向來看，大多重「行銷」策略，輕「服務」內容。所以，「行銷」與「服務」在系統上的切割與劃分，仍然是學界努力的方向。

　　本書的內容是以「服務」和「品質」為主軸；在「服務」方面，從服務的沿革、服務的內涵、服務的系統，談到消費者對服務的認知和服務者與消費者的互動。其中特別提到不管是服務者或是被服務者，基本上雙方都具備著某些無法逃避的犯錯可能。在「品質」方面，從品質的沿革、品質種類，談到品質管理和服務需求管理，品質

成本及衡量的方法，以及各種服務品質模型說明。此外，對於服務與品質之間的區分，以及服務好壞之可能互動現象，也都做了詳盡的說明。由於服務的各種特性，使得服務不可能十全十美，顧客抱怨，在所難免。本文亦針對顧客抱怨的各種情境、顧客抱怨的背後因素，以及企業努力於「服務」與「品質」的最終目的，都做了一系列的詳細說明。

　　本書的另一作者袁淑娟，長年服務於航空業，對於實務性的國際服務新觀念融入於本書，給予方向性的建議，對於本書的章節內容鋪陳，給予邏輯性的指導。尤其在一些關鍵性的服務概念上，以及品質的操作上，提出了個人獨到的見解，增加本書的實務性與趣味性。

　　本書的內容，對於曾經或正服務於餐旅業界的專業人士，能夠將服務觀念更邏輯性的排列，對於服務與品質之間的互動，更能結構性的組合，成為一完整的服務品質流程。對於那些想投入餐旅服務業的讀者朋友，本書提供許多實際且淺出的案例及圖表，經由詳盡的案例或圖表說明，希望能夠帶領讀者早日體會實際服務的訣竅，快速進入服務殿堂，完成個人自我的實踐。對於從事教育工作者、學生，本書作為教育、學習、訓練等輔導與參考應用，應有助益。本書係利用課餘蒐集、整理編撰而成，且「行銷」範圍浩瀚，二位筆者對「服務」認知有限，在坊間有關「服務」的參考書籍與資料嚴重不足情形下，斗膽成書，疏忽在所難免，敬祈專家、學者、讀者，以及業界先進給予賜教指正。

張健豪　謹識

目錄

第一篇

服務業概說篇

　　本篇共分為四章，分別為第一章服務沿革；第二章服務業的範圍與種類；第三章服務業的特性與組成要素；第四章服務系統及服務互動模型。

第一章
服務沿革

第一節　從前的服務

　　「服務」二字，是現代人每日都在接觸、使用、耳熟能詳的普通名詞。對於服務的涵義，幾乎沒有一個人會曲解它的意思；「人生以服務為目的」、「打電話服務就到」、「一人競選、兩人服務」、「全天候服務」、「XX市後備軍人服務處」、「XX展覽會服務台」，上述跟服務沾上邊的標語、口號、場所、人物，似乎都有積極正面、平易近人的感覺。當然也有的時候提到服務，是表示負面的意義：「這就是你們的服務啊」、「唉！不提服務也罷。」、「啊！那也叫做服務」、「你們服務了什麼啊」。同樣的一個服務標語，若用在不同的國家，會讓人有不一樣的感受：「為人民服務」是一句很熟悉的標語，它放在自由的地區和放在集權的地區，會讓被服務的人民有截然不同的感受，這也是「服務」兩字的魅力。

　　但是，「服務」的觀念與涵義從古至今，歷經了千百年的歷史薰陶，隨著朝代的更迭，從遠古時期、中古時期、近代時期，服務都賦予了當代的意義。現在逐項說明各時期的服務意義：

一、遠古時期

　　「服務」是現代「服務接待業」（Hospitality Industry）產品的工具，我們現在所稱的「服務」其定義：「一種藉由支付代價去達到目

的的活動」。「服務」二字最早出現在「服務接待業早期規則」（Early Regulation of the Hospitality Industry），以及被發現在漢摩拉比王朝統治時代，「漢摩拉比法典」（The Codes of Hammurabi）的相關法條中。西元前1792年至1750年，古巴比倫王朝創出了「法典」（Code of Law），規定凡是被統治的人民，違反「法典」中有關統治階級「服務」人民所依據的法律「罪行」（Crimes）時，人民是要被處以淹死的刑罰。16世紀中，英格蘭「律令」中，有關「服務」人民的嚴格規定（Firebaugh, 1923）：

1.五人不可同在一張床上。
2.靴子不可上床。
3.狗不可進入廚房。

違者將受到石頭的攻擊，這種統治下人民必須「絕對服從」的服務，也深深的被當時的人民認為是神聖不可侵犯的圭臬。

二、中古時期

古代東西方國家間，由於交通工具的落後與對地理知識的貧乏，「日出而作，日落而息」，人們敬天畏神，終老一生幾乎均圍繞在自己的家園而居，鮮少遠離家園外出，人們基本生活中食衣住行的需求，大多能自行解決而得到滿足。要說有外出活動則是屬於極為重大事件，例如，帝王出巡、官吏訪察。歷史上曾出現人類幾次大規模、長距離移動，其背後的原因均與政治脫不了關係。例如，東方的蒙古成吉斯汗遠征、明朝的鄭和下西洋，以及西方的十字軍東征、拿破崙遠

征等。古代戰亂百姓流離失所,但是出於百姓自由遷移的例子,歷史上記載的乏善可陳。這種大量的向外遷移活動中,喪失了當初長期居住場所時,其維持基本生活所需的工具、設備、環境也喪失了,使得本身暴露在求生所需具備的資源、設備、能力與知識貧乏環境中,人們在向外移動時,必須仰賴各地區的各式各樣生活資源的協助才能達成遠行的目的。而提供這些遠行人員必要的生活所需,這就是服務形成的雛形。

　　歐洲文藝復興帶動人文的大量移動,馬可波羅東遊和中國商賈經敦煌絲路西拓,東西方以物易物的貿易帶動商旅的形成,人們因商業行為開始離開家園外出遠行經商。經商途中,個人日常的食衣住行各方面的需求,個人均無法面面俱到,必須部分或全部仰賴他人協助或幫忙才能達成外出經商的目的。基於市場供需的原理,有需求就有供給,於是提供外出商人經商途中生活照料的服務市場形成,這包含:飯館、客棧、服裝、馬車等,這些服務的提供,使人們離家不但能滿足其日常生活所需,保有其在家的感覺外,更進一步能讓人體會與感受各地的獨特觀感與風情文化。這種美好的回憶,促使各行各業人們頻繁的向外移動,商人為滿足這些人們外出時的需求,在人們經常移動的重要路線上,安排滿足外出客日常食、衣、住、行的基本需求與舒適設備,使外出的人們能夠經由專門人士的特定安排與照料,愉快地完成他們原先想達成的目的。這種周而復始的活動,造成旅遊的興起,且服務的觀念伴隨產生。此種人類由居住場所向外移動時,需經由他人有時或不斷地提供協助與幫助,才能達到自己本身目的的過程,就是「服務」。

　　西元1842年世界上第一家旅行社由Thomas Cook創辦(容繼業,

1996），這項創舉對近代服務業在觀念上、結構上是一大創新，它對後來服務所造成的影響有下列六項：

1. 將服務首次以企業的方式呈現出來。
2. 將服務項目的功能多樣化。
3. 將服務的範圍國際化。
4. 將服務的抽象內涵實體化。
5. 將服務由個體服務進入到組織團隊服務。
6. 將服務由食衣住行的需求向上提昇至育樂方面。

三、近代時期

自工業革命發生以來，交通工具的不斷發明與改良，縮短了人類交通往返的時間與距離，使得人們外出活動有了結構性的變化。火車的發明，能夠載運大量旅客翻山越嶺到達人跡罕至的地區；輪船的發明，突破人類長期涉水工具上能力的不足。昔日無法到達的地方或需長時間花費於路程上的場所，伴隨工業革命發源地——歐洲商業活動而來，促使國家與人際交流的頻繁。隨著商業的興盛、市場漸漸形成，商人為獲取利益，於是開始為顧客著想，經濟的方向由總體經濟漸漸朝個體經濟方向發展。「服務」的觀念，由以往的官方僵化形式，慢慢轉變成民間彈性方式。為了商業競爭，私人企業的服務方式有了與官方主導服務方式不一樣的多樣性面貌。

西元1903年飛機的發明，更是人類發明的傑作，它達成人類自古以來實踐飛行的夢想，使得人類的移動由二度空間推展為三度空間。

服務的場所與方式，地面提昇到天空，服務層次也由平面服務轉變成立體服務。隨著人們移動「量」的增加，「速度」的加快，導致提供服務的商業行為與方式五花八門。教育不斷普及的同時，人們對於知識或是新奇事物等精神層面探索與瞭解的好奇心增強，對於物質「量」與「質」的品質需求相對提高。第二次世界大戰後，交通建設突飛猛進，帶動觀光事業的蓬勃發展，大量製造的景象，恭逢其時，這種重「量」不重「質」的服務，在1970年代以前，大致滿足了消費大眾的需求。

第二節　現代、未來的服務

　　服務經過了幾千年漫長時期的演變，直到近二三十年，由於交通工具的進步和科技的發明與創新，使得服務的品質與效能大幅度的提昇。市場競爭的結果，形成服務的形式與功能，出現不斷的創新與改良。現在逐項說明現代、未來時期的服務意義：

一、現代時期

　　當人們對於提供服務的選擇增多時，便會對服務的對象與服務的內容有所選擇，市場競爭更加劇烈；企業為了要擊敗對手爭取更多服務顧客的機會，除了在服務的「量」上考量外，更進一步的在服務的「質」上也企圖一爭高下，儘可能地在自己提供的服務中表現出一致

性的品質，增加顧客的滿意而留住客人。1973年石油危機後，隨著油價高漲，國際觀光業成本增加，消費者在付出高額金錢的同時，對於服務內容的素質，也日漸挑剔。於是服務開始從大量化，調整到更高層的標準化與精緻化方面，以爭取消費者青睞。個別化、差異化的服務，是現代服務的特點。以往的服務，僅提供人們基本食、衣、住、行的需求，已經無法滿足現代顧客的品味，人們要求身體要更健康、更漂亮；生活要更充實、更多采多姿。因此，服務從食、衣、住、行，更進一步地跨入育與樂的範疇，向服務更高的層次提昇。同時針對個人差異化，服務也由面對團體操作，調整至面對不同的個人做差異化的服務。

　　近二十年來，技術的發展與觀念的調整，對於服務業的生產與傳送有著顯著影響。新型的醫療系統、法國的捷運系統、網路訂購機票與行程，以及利用衛星導航的汽車行動系統、行動電話通訊系統，這些技術的革新大大的改進服務業的服務品質及效率。最為人常用的就是自動櫃員機（Automatic Transfer Machine, ATM），它完全改變銀行的服務系統；同樣的是24小時超商，可以全年無休的深入各個角落，服務每一家庭的生活；麥當勞的免下車購物車道，使得到餐廳用餐的觀念更機動化。由於上述單一營業場所的成功，產生企業在適當的其他場所如法炮製，產生連鎖系統的出現。

　　企業提供更多的服務型態來服務顧客，顧客可在家由網路的電子商務進行購物，可不下車在車內購物，也可透過（080）免付費電話購物；顧客可選擇與服務人員面對面的接觸服務，如一般餐廳，可以選擇顧客自主性較高、人際接觸較低的非人員接觸，如ATM。各種服務包含更便捷、更快速的提供方式，其背後的驅動推力就是如何節

省顧客的寶貴時間，同時管理者應有所體認就是提供的服務必須增加資訊化服務和增進顧客知識的機會。越瞭解顧客需求與偏好，便越可以掌握與服務更好且具顧客導向的特色，這些服務技術、方式、型態的快速轉變，對競手的服務業來說，的確是高難度的挑戰。

二、未來時期

電腦的發明與個人電腦使用的普及，將人類生活領域由實體帶入了抽象的境界。21世紀個人電腦數位化，以及寬頻網際網路的發明，使得傳統的服務型態大幅改變，企業或人們不再僅能面對面的提供接觸式服務，還可以透過電腦螢幕與世界各地的企業或人們做遠距離的線上服務交易。網際網路已經不知不覺的進入人們的生活領域，不論是查詢各種資訊、閱讀新聞、上網購物、網路報稅、網路交友、遠距教學，網際網路都是不可或缺的工具。

但是，美國911恐怖攻擊以及印尼峇里島爆炸事件後，又使得世界的旅遊局面開始改觀。由於恐怖氣氛無所不在，使得人們旅遊會產生不安的情緒，這種恐怖的氣氛，漸漸瀰漫全世界，使得各行各業直接服務外來顧客的機會開始減少，企業獲利能力快速萎縮，而面臨生存的嚴峻考驗。近年來國內兩家國際級航空公司紛紛調高財測，就是因為兩家旗下的空運貨運艙位一位難求，獲利超出預期甚多。這反應出企業人士商務旅遊現象大幅縮小，能不搭乘飛機就留在國內，改採貨運寄送樣品方式操作，造成航空公司客、貨運此消彼長的現象。為了刺激顧客的光顧，企業不約而同的在服務的垂直系統與水平系統上，再做更細的劃分：加大垂直服務的深度，以及擴展水平服務的廣

度。在硬體設備方面，從普通服務、豪華服務甚至奢華服務，軟體功能方面，從一般服務、便利服務甚至快捷服務。寬頻網際網路的出現，消費者並非是唯一的受惠者，這也幫助企業以最小的成本達到全年無休的營業型態，徹底改變了傳統面對面服務的觀念與型態。在寬頻網路裡，企業只需將公司經營理念、組織結構、營業項目、產品型錄、促銷方式、回饋機制放在公司網頁上，消費者便可以24小時隨時上網瀏覽採購或詢問。

　　寬頻網際網路的各項服務，無非是要在提供最好服務的同時，贏得不同層次的顧客認同，賺取服務的利潤。這種經由網上電子貨幣或是塑膠貨幣的虛擬交易服務型態，除了能夠提供大量的資訊給消費者外，同時還能夠節省消費者大量蒐尋資訊的時間，對於標榜以「速度」取勝的21世紀服務方式來說，的確造成傳統服務的強烈衝擊。美國亞馬遜（Amarson.com）網站書店的快速崛起，以及雅虎（Yahoo.com）網站提供人們隨時快速便捷的正確資訊，都能輕易打動消費者的心意。這種個人或少數人的創意服務構想與知識的結合，能夠在短時間內顛覆企業百年經營的老店，美國的Sears與K-Mart兩家百貨公司相繼消失，便是一個很好的例子。

三、小結

　　世界各地不同的人種，因生活習慣不同，演變出的各式各樣特殊文化，使得人們有外出旅遊一窺堂奧的衝動，隨著旅遊文化衍生服務型態與服務方式的不同；交通工具本身和其他作為交通的工具，為旅遊帶來深度與廣度的提昇，大大增加旅行與遊玩的趣味性與豐富性，

服務因此介入越來越深。基於行業的不同，爲配合吸引消費者所引導出這一行業獨特的服務型態，此種型態必須經過一系列特別的訓練，凸顯出這一行業服務的特性。世界上第一家旅行社的出現，使服務的形態組織化、企業化，服務的內容多樣化、複雜化，服務的方式大眾化。工業革命交通工具的發明與改良，對旅遊有了突破性的貢獻，更由於飛機的速度加速旅遊的蓬勃，使得服務的型態國際化，服務的方式精緻化。

回顧歷史，人類因環境的變遷而向四方「移動」，產生日常生活上的需求，各種物品的需求搭配人們的從中傳遞，於是便形成所謂的「服務」。服務的發展是由大眾的共同需要而演變而來。先由個人的飲食、居住、穿著、交通，而後育（生育、養育、教育）、樂（安樂、快樂）。反映在服務個人而後群體的設備上就是飯館──餐廳、客棧──旅館、穿著──服飾店、馬車──火車、旅遊──旅行社。近代服務特色是在原先既有個別服務的基礎上，做服務的大量化。

雖然古代「法典」、「律令」中所提及的服務，以現代的眼光來看，實在是極其嚴苛得不可思議，可是「服務」的發展，畢竟是由三千年前遠古「專制法條化」的服務，經過漫長的時間，轉變成近代「封建教條化」的服務，最後進入現代「民主人性化」的服務。遠古時代統治階級對其人民「服務」的規範和嚴苛要求，經過數千年緩慢的演變，經由封建而形成現代的民主服務。吾人細心觀察現階段國內某些公家單位或公營企業所提供的服務，或多或少仍保存著過去「服務」所遺留下來的威權心態（Chon & Sparrowe, 1995）。

從另一個角度來看，「服務」是因爲消費者對「服務」有潛在需求，「產品」是提供一連串「服務」後能滿足消費者潛在需求的綜合

結果，也是解決消費者需要「服務」的手段與方法。「服務」是產品出現的因，「產品」是服務過程的果，彼此之間互存著因果關係；因為在產品傳遞給消費者的過程中，牽涉到消費者與產品提供者之間的互動關係，而這種互動關係良好與否，會使消費者對企業產生積極正面的態度或是消極負面的態度，嚴重地影響到企業生存與發展。如今的服務更要與知識結合，也就是要與電腦的硬體與系統的軟體整合，提供遠較過去傳統的服務為多、為強的系統服務給消費者。因此，在傳統實體與現代虛擬互動的服務狀態，更加速服務的不確定性與挑戰性。

第二章
服務業的範圍與種類

第一節　現代服務業

　　隨著一個國家的經濟發展與國民所得的不斷提高，國內產業的結構也會跟著調整和提昇。以聯合國認定國家經濟發展的情況來看，世界上大致分為以開發國家、開發中國家和未開發國家。

　　我國自從1949年政府遷台開始，推行了數期國家六年經濟發展計畫，國內產業由傳統農業著手，逐漸導入輕工業、重工業、資訊工業；國家位階也由未開發國家、開發中國家而邁入已開發國家之林。換句話說，我國的產業結構，由最初級的第一產業（農、林、漁、礦），過渡到第二級產業（製造業），最後進入目前的第三級產業（服務業）的地步。隨著一個國家服務業所占該國經濟活動比例的不斷提高，可以觀察出該國的國家發展程度到達何種程度。換另一個角度來看，一個國家的經濟發展，也是由第一級產業的生產導向，調整為第二級產業的製造導向，跨入現在第三級產業的顧客導向行銷的時代。

　　從世界的角度來看，90年代初，全世界服務業所占國內生產總值的比重平均為60%，其中有34個低收入國家平均為36.1%，48個中等收入國家為50%，22個高收入國家即已開發國家平均為65%左右。這22個已開發國家中，服務業總產值占60%以下的有5個，占60%-70%的有13個，占70%以上的有4個，以美國為首的已開發國家，比低收入國家的服務業比值高出一倍以上；可見一個國家經濟發展越高，該國服務業就越發達；這在該國經濟生活中占有舉足輕重的地位。這些國家每人國民生產總值約為18,000美元，其中有三分之二是服務業創

造的產值，物質生產產值僅約占三分之一。服務業吸納的就業人口占總就業人口的比重，先進國家為60％-75％，開發中國家為45％-60％，低收入國家為30％-45％。我國服務業人口約占67％，已屬先進國家。

　　歐美先進國家服務產業的蓬勃發展，分析其產業服務的內涵結構變化，不難看出現代服務已朝標準化、精緻化、多樣化方向發展，讓現代服務在感受上依據消費的多寡有層次上的分別，服務從量化到質化，由實體轉為抽象，服務品質取向調整為服務價值取向。

　　服務業在國際上也扮演著十分重要角色，諸如外交、文化、教育、科技、交通、通訊、廣播、資訊、金融、保險、不動產、貿易、旅遊……等，構成了國際社會活動錯綜複雜、相互依存和相互競爭的服務網絡。網際網路與電子商務的興起，使得服務業由實體性型態進入虛擬性型態，跨國服務可以經由滑鼠一按即可完成，服務更加方便與頻繁。

一、服務具有廣泛的產業特性

　　服務業之所以在先進國家得到迅速發展，很重要的一個原因是服務業是市場經濟的基礎產業，當物質生產達到一定普及水準的時候，民眾生活有向上提昇的需求與期待，使得產業都朝著「服務導向」的方向發展。服務業的發展快慢，關係到經濟以至整個國家的運轉方向。市場經濟發達與否，是通過市場的需求面和供給面結合而成的，它的核心是「交換」，它不但包括物質產品的交換，還包括資金、人才、技術、資源、知識、訊息和市場的交換；這都需要各產業所提供

的服務，爲各種交換工作的正常進行，提供完善的聯繫與結合。

現代市場經濟的交換活動不斷發展和壯大，產業交流更加錯綜複雜。單獨產業由於屬性獨特，無法生產出一放諸四海皆準的大衆遵循標準；再者，異種產業與產業之間，也並無共通的產業語言可以互相溝通，產生共鳴。若要擴大少衆產業在市場經濟中的影響力，或讓獨特型產業存活於21世紀市場經濟的機制中，將服務的特性與機制投入各產業，使得各產業的本身剛硬特性，經由軟體服務特性與機制的加入，轉換爲社會大衆耳熟能詳的親身經歷。產業從「生產導向」轉換成「服務導向」的過程中獲利，於是「服務」產生風起雲湧的感染效應，各產業爭相朝服務型產業方向調整步伐，服務的特性與機制被經濟市場肯定，服務性的相關行業遍及各行各業，服務業的加速發展是經濟發展必然的趨勢。可以說，市場經濟是在各產業不斷增強其產業服務概念的基礎下，才能維持生存與向上發展，先進國家產業模式即可充分說明。

二、服務業是經濟國際化的先行產業

世界上市場經濟發達的國家都建立了強大的外向型經濟，這種經濟以健全的服務業作爲對外聯繫的重要手段。在18世紀末和19世紀，先進國家對外發展，進一步擴大了金融、保險、運輸、通訊、不動產等方面的國際活動範圍，服務業隨著這些企業活動得到迅速的發展。第二次世界大戰以來，科技日漸發達，特別是電子技術與交通工具的飛躍成長，這些企業加入了先進的服務技術與觀念，效率更加明顯。尤其是電腦、金融和貿易等方面，發展更是一日千里（歐美先進國家服務業產

值占國內生產總值比重，超過了第一產業和第二產業之總和）。

三、服務業是一個國家的科技現代化指標

世界先進國家在金融、航運、教育、衛生保健、科學技術、貿易、旅遊等方面都有較強的實力與應變能力，一些西方國家就是憑藉這些來掌握世界經濟。人們在進行綜合國力的國際間比較時，爲服務業確立了相當的地位，一個國家綜合國力的強大，不但要靠發達的物質產業生產，還要靠強大的服務業體系川流其間，先進國家之間的經濟差距，往往與其國內服務業的發展水準有密切的關聯。

四、我國的消費服務

近年來我國的經濟不景氣，使長期以來具有強大消費能力的消費者，因所得縮水而消費方式趨於保守，故企業在面對消費者時，無不挖空心思企圖博得消費者的青睞。消費市場上感受到最大的變化就是「價格的破壞」，同樣一件產品，以往100元才能買到，而今80元，甚至更低的價格方能得到顧客的歡心。以往提供尚可的服務給消費者，仍能夠屹立不搖的企業，現在恐怕只有在過期的報章雜誌中才能找到他們的名字。

顧客總是不斷的在變，他們變得更瞭解狀況、更世故、更吹毛求疵、更懂得要求、更習慣於享受優異服務，但是卻嗇於花費（Levinson，蕭富峰譯，1992）。企業身處此一多變的環境中，爲了生存、發展，順應市場的需求，也不得不調整經營策略，否則消費者會

以「顧客滿意度」來質疑企業提供服務的品質，結果就是消費者用「品牌忠誠度」來反應對企業的支持程度。為因應外在環境的衝擊，企業常在策略上做調整，但無論政策如何改變，唯一不能夠打折扣的是企業所提的服務。相反地還要在服務的種類上、數量上多樣化，品質的層次上、密度上精準化，如此才有可能滿足那些使用有限的花費，卻有無限要求之現代消費者。

第二節　服務業範圍及分類

一、服務

「服務」與「服務業」經常被混為一談，即使是生產「物質」的製造業及流通業皆與「服務」有關；反之，在被稱為「服務業」的事業裡，其生產與銷售、物與設備，皆占有重要的地位。服務業並非僅與服務有關，因此若將服務與服務業等量齊觀是非常錯誤的觀念。同樣的誤解也見於「物」與「服務」上，在市場上作為交易商品的「物」與「服務」中，純粹只有「物」的商品或純粹只有「服務」的商品都不存在，真實的情況是所有商品都會包含部分比例的「物質」與「服務」在內。

何謂「服務」？服務就是指：「以勞務來滿足消費者的需求，而不涉及商品的轉移，或商品雖有移轉但並非是其主要的作用者，皆為

服務。」（王勇吉，1997）也有人將「服務」定義爲：「是個人爲達成其各自的目的，透過有意識或潛意識的相互交流活動，所產生的社會現象。」生產「服務」的最小單位是兩個人，期間的互動關係稱爲「動態的人際互動」（dynamic human interaction, DHI），這種以DHI的互動方式來生產「服務」，並於互動結束時，作相互的綜合評價（對相互間的印象觀感），也就是服務的結論 （Soloman, 1985）。服務是直接發生於顧客與提供服務之公司之間的社會行爲 （Norman, 1984）。服務雖然是一種商品，但是它與一般貨品不同之處有下列七點：

1.服務是一種自然產品。
2.服務在製造過程中與顧客有較多的互動關係。
3.服務人員也是服務產品的一部分。
4.服務較難保持一定的品質標準。
5.服務無法儲存。
6.服務與時間發生密切的關聯。
7.在整個過程中，服務是屬於中間傳送的部分。

換句話說，服務是一種「過程」（process），或是一種「表現」（performance），而不單單僅是「一件事」（Christopher, 1991）。對於「服務」作最佳定義者，莫過於聯邦快遞所言：「服務就是消費者在購買過程中，所接受到的所有行動與回饋。」

二、服務業

「服務業」則是：「以提供服務給需要者爲主要業務的『事業體』（going concern）；廣義言之，此事業體包含從家庭到國家的所有社會體制。」

經濟學是將財貨分爲「物質性財貨」（有形財貨）與「非物質性財貨」（無形財貨）。經濟學上認爲：「物質性財貨的生產是社會生活的基礎，所以物質性財貨特別受到重視。」這乃是因爲經濟學上認爲：供給人類生活的物質，相對於消費者的供給數量經常不足，基於「物質稀少性」的原則，才有經濟學的產生。故分析社會上物質性財貨的生產與分配的機制，以提出促使社會物質豐富的對策即是經濟學的課題；因此服務就被定義爲「非物質性財貨」（無形財貨）。就人類的勞動產物而言，服務與物質性財貨（有形財貨）是處於同等地位的。即使滿足人類的慾望上，亦被認爲與物質性財貨具有同等的功能。相反的屬於非物質性財貨的服務，在維持人類的生命上，只不過具有間接的重要性，它並非構成社會生活基礎的主要因素，故經濟學乃將其排除在主要研究之外。

三、服務業範圍

第三產業服務業在進入21世紀後，由於科技不斷進步的輔助，更使得服務業在所有產業中一枝獨秀，獨占鰲頭，占我國經濟活動比例接近70%，任何產業如今都得朝「服務導向」的方向設計、執行、調

整。一般而論，服務業的範圍包括下列十二大項：

1. 商業性服務
   （1）專業性服務：法律關係服務、工程設計服務、旅遊機構服務、城市規劃與環保服務、公共關係服務、安裝及裝配工程服務。
   （2）電腦及相關服務。
   （3）研究與發展服務。
   （4）不動產服務。
   （5）設備與租賃服務。
   （6）電子商務服務。
   （7）其他服務：包含翻譯服務、展覽管理服務、廣告服務、市調服務、徵信服務、檢驗服務、人力仲介服務、清潔服務、攝影服務、包裝服務、出版服務、會議服務、印刷服務。
2. 通訊服務：電腦及周邊產品、郵電服務、電訊服務、行動電話通訊服務、寬頻網際網路服務、視聽服務。
3. 建築服務：工程建築從設計、選址、施工的整個過程；橋樑、港口、公路的場所選擇、建築物安裝及裝配、施工、維修服務。
4. 銷售服務：產品銷售的過程服務，例如，批發零售服務、代理、經銷、網路銷售、特許等服務。
5. 教育服務：高等教育、國民教育、學前教育、成人教育、特殊教育、補習教育、遠距教育、遊學教育。

6.環境服務：污水處理、廢棄物處理、噪音處理、危險物品處理、有毒物質處理、放射線物質處理。

7.金融保險服務：銀行與保險業及相關金融服務，包含：存放款服務、經紀業服務、證券業服務、外匯服務、火險服務、產險服務、人壽險服務、意外險服務。

8.健康及社會服務：醫療服務、健診服務、社會服務、鰥、寡、孤、獨之照料服務。

9.旅遊及相關服務：旅館及餐飲服務、旅行社及導遊服務、航空公司及租車服務、風景及遊樂服務。

10.文化與娛樂及體育服務：廣播、電影、電視、KTV、演唱、歌劇、話劇、娛樂、新聞、圖書館、建築、體育、健身服務。

11.交通運輸服務：陸海空貨運服務、管道運輸、內河和沿海運輸、航太發射服務、貨物集散服務、倉儲物流、港口機場服務。

12.其他服務：未列入上述各項以外的服務，如塑身、美容、整型服務。

四、服務業的分類

（一）依服務活動本質分類

　　消費者參與服務過程是服務的特色之一，我們曾經描述過服務是「行為、行動或者態度」，因此我們要問：服務的對象為何？人或物；

服務活動的本質為何？有形的與無形的。依據服務業的活動內容可分為五類：

1. 有形的服務活動產生在顧客身上：如航空服務、算命、速食餐廳等以人為主的服務（people processing）。在傳遞的過程中，屬於必須本身在場接受服務，方能獲得所希望得到的利益。顧客為了滿足個人食衣住行育樂的需求，在接受服務時，必須親自到服務場所接受服務。其次接受服務的顧客必須花費時間來接受服務。管理者能細心觀察顧客接受服務的過程反應，可瞭解顧客真正的需求何在。

2. 有形的服務活動產生在顧客的物品上：如快遞、修補物品、看護嬰兒。此類服務顧客不需要在場，但是服務的物品必須在場，這是以物為主的服務（possession processing）。以物為主的服務往往重點是在顧客的財產或所有物，例如，房子、汽車、電腦，服務的活動類似製造業，必須限時完成，此活動過程顧客不太需要親自參與，這是因為不需要親自到現場陪伴其所有物。

3. 無形的服務活動產生在顧客身上：如通訊、教育、傳道。顧客的心思必須在場，這是以心靈為主的服務（mental stimulus processing），但亦可用於有特定的服務設施現場或遠距傳播。此類活動可以改變態度與影響行為，但消費者需要花一段時間雙方溝通才行，其核心是以資訊為基礎，如視覺影像過程中可轉換成數位資訊而成CD，如此一來服務就轉換成有形的產品。

4.無形的服務活動產生在顧客的物品上：如保險、投資、顧問。
此類服務是以資訊為主的服務（information procession），顧客
在提出服務需求時，可以無須直接參與。資訊包含電腦與專家
的頭腦，此處所指的為後者。各種不同領域的專家，運用他們
的大腦將有效的資訊（經驗）傳送給顧客，這些資訊可以表現
在信件、書籍、磁帶當中，這類諮詢特別需要靠資訊蒐集來處
理工作，如財務、法律、企業診斷等，如表2-1所示。

表2-1　瞭解服務行動的本質

服務行動的本質	接受服務的對象	持有物
有形的行動	人的本身 乘客運輸 健康照顧 旅館住宿 美容沙龍 物理治療 健康中心 餐廳／酒吧 理髮 葬儀	實體東西 貨物運輸 設備修理維護 倉儲 警衛保全 零售配送 洗衣乾洗 加油 景觀與草地維護 廢棄物處置與回收
無形的行動	人的心靈 廣告 藝術與娛樂 廣播／有線電視 管理顧問諮詢 教育 資訊服務 音樂會 心理治療 宗教 電話諮詢	非實體東西 會計 銀行 資料處理 資料傳送 保險 法律服務 程式設計 研究 有價證卷投資 軟體諮詢

5. 有形的與無形的服務之間夾雜有兩者皆有特質的服務：我們所購買的事物，會落在商品與服務的連續帶裡面，一端是有形產品，一端是無形產品，中間則可能是有形的產品，也可能是無形的服務，或者是兩者都有的產品，如表2-2所示。

表2-2　有形、無形服務、搭配兩者兼有的服務

有形	兼具有形與無形	無形
高爾夫俱樂部	球具兼果嶺費	果嶺費用之服務
計程車	燃料相關費用	駕駛的服務
西裝	修改服務的西裝	代客修改的服務
飛機	附午餐的班次	無餐點的班次服務

（二）依不同基礎下的分類

現在我們列出一些疑問，試圖尋找出可能將服務業分類的問題架構。

1. 服務如何傳遞？
2. 服務的需求本質為何？
3. 服務的經驗屬性為何？
4. 組織與顧客間有何型式關係？
5. 顧客化程度與員工自主判斷性在服務提供者身上有多少空間？

接下來就以上述這些疑問為基礎，逐一的來探討與說明：

1. 依「服務傳遞方式」分類：所謂傳遞的方式就是接觸的形式，

如表2-3所示，包含：

（1）顧客須至服務場所作直接接觸。

（2）公司派人至特定場所。

（3）雙方以通訊來接觸。

表2-3　依服務的傳遞方式分類

顧客與服務組織之間互動的本質	服務據點的有效性	
	單一據點	多重據點
顧客自己到服務組織	戲院 理髮廳	公車服務 速食連鎖體系
服務組織到顧客的地方	保養草皮服務 除蟲服務	郵件服務 道路救援服務 計程車
顧客與組織間透過通訊來接觸	信用卡公司 地區電視台	廣播網路 電話公司

　　服務如何傳遞會影響顧客對服務經驗的本質，而且對特定服務人員的感覺以及獲得服務所面臨的成本衝擊都會產生影響。從服務一開始，服務的便利性與快速性，對顧客而言，是一項非常重要的影響因素，不管是顧客需自己到服務地點，還是服務組織到顧客指定地點，還是雙方透過通訊來接觸。

2. 依「服務需求本質」分類：製造業可儲存貨品避險，服務業因受時間、空間的限制，無法將「服務」預先儲存。譬如旅館的房間隔夜便無法出售，航空公司機位當飛機起飛後，當初一位難求的機位價值，頓時化成烏有。供需若產生失調，對服務提供者而言，都會產生困擾。但並非所有的服務都會產生供需失

調的問題，一般而言，產能問題在服務型組織是極可能存在的，特別是實體物服務較資訊處理服務更容易產生產能問題。當人員與實體均受限制的時候，管理需求變成為一項重大的挑戰，如表2-4所示。

表2-4　依服務需求本質分類

超過供給時	需求隨時間波動的程度	
	範圍寬	範圍窄
可滿足尖峰需求 （無重大延遲）	電力 天然氣 電信局 醫療單位 警局與消防局	保險 法律服務 銀行 洗衣店
尖峰需求超過產能	會計與稅務單位 運輸業 旅館業 餐飲業 戲院	與上格中的服務業相似，但以他們的規模基本水準而言，沒有足夠的產能

3.依「服務經驗屬性」分類：服務業的獨特性質就是無形性，因為服務的經驗是累積的，但某些服務卻具有高度有形性。如飛機客艙、旅館房間、銀行大廳等，當顧客造訪服務場所時，他們對實體的知覺就會形成他們整個經驗的重要部分。

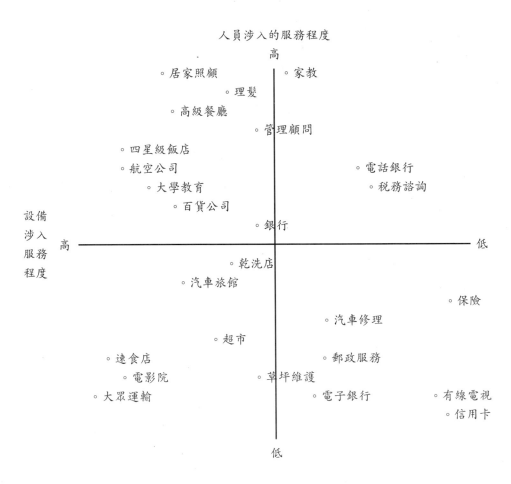

人員涉入的服務程度
高

。居家照顧   。家教
　　。理髮
。高級餐廳
　　　　。管理顧問
。四星級飯店
。航空公司   　　　　　。電話銀行
　　。大學教育　　　　　　　。稅務諮詢
　　　。百貨公司
　　　　。銀行

設備
涉入   高
服務
程度   低

　　　　。乾洗店
　。汽車旅館
　　　　　　　　　　　　　　　。保險
　　　　　　　　。汽車修理
　　。超市
　　　　　　　　　。郵政服務
。速食店
　。電影院　　。草坪維護
。大眾運輸　　　。電子銀行　　。有線電視
　　　　　　　　　　　　　　　。信用卡

低

圖2-1　人員與設備涉入服務程度圖

圖2-1中，包含：

（1）人員構面：顧客與服務人員。

（2）設備構面：傳達服務與實體設備。

顧客在服務的過程中接觸實體的程度越高，則服務人員、設備設

施成爲服務經驗中的重要部分也越大。所以顧客在選擇消費時，其選擇標準可能基於設施設備、服務人員等因素的評價，會超過實際的服務結果。此種型式的分類可顯示出相同產業所提供的服務，可能因爲彼此在人員與設備關切程度的不同而相似處卻很少，如汽車旅館與遊樂區旅館。強調人員屬性的服務業比強調設備屬性的服務業較難管理，因爲透過人爲的操作，比透過機器操作較難達成一致性，因此服務業均朝自動化服務系統轉變，或是顧客自己動手取代服務人員，如速食自助餐廳。

因此分類方式著重在消費者對服務傳達的知覺，每項特性構面是連續的、非間斷的。在此架構下，廣播電台播放音樂會被歸屬在人員與實體設備低接觸之類別中；高價位飯店會被歸屬到人員與設備屬性接觸高的類別中；管理顧問公司會被歸類在低接觸實體設備、高階觸人員屬性類別中；捷運則是高設施、高設備屬性但低人員接觸屬性的類別。

4.依服務組織與顧客關係類型分類：消費者消費時，很少與製造廠商建立正式關係，在工業市場中購買者常會與製造商建立關係。但在服務業中，家庭與機構的購買者都會在持續的基礎上獲得服務。因此可根據服務的關係和服務傳達的方式來分類，首先是業者要與顧客建立「會員」關係嗎？其次是服務是連續性的還是間斷性的？表2-5可清楚看出由這兩個因素所區隔的四種服務性組織。

表2-5　顧客的關係分類表

服務傳遞本質	服務性組織和顧客之間的關係類型	
	會員關係	無正式關係
連續性的傳遞	保險 有線電視用戶 大學入學登記 銀行業務	廣播電台 治安維護 燈塔 高速公路
非連續性的傳遞	電話用戶的長途電話 電影院套票的預約 通勤的回數票 保證期內的修護 會員的醫療行爲	汽車出租 郵政服務 收費的高速公路 付費電話 電影院 公共運輸 餐廳

　　與顧客保持會員關係的優點是能夠清楚的掌握公司的客源及其習性和動向，以方便提供顧客更滿意的服務。服務關係的本質對訂價具關鍵性，如屬於連續性服務，在合約期間內固定繳費便享有會員服務，會員關係通常會與特定的服務供應商有「顧客忠誠」的結果，服務性企業會儘量找出與顧客能建立正式且持續的關係和方法，如旅行業、航空業、旅館業等的會員制度便是。

5.依「顧客化與員工的自我判斷程度」分類：現今的顧客大多會找現成的商品或服務，很少會預訂消費性商品或服務。由於服務與消費同時發生是服務業的特性之一，因此提供適合的服務來符合個別顧客的需要是有可能的。表2-6所表示的是顧客組成的兩個構面：

（1）服務和傳遞系統有多少特性能夠提供給顧客。

（2）與顧客接觸的服務人員有多少自由判斷的空間爲個別顧客服務。

第一類型的服務是相當標準化的，例如，公共運輸按照先前排定的標準操作，餐廳的菜色是固定的，此類的顧客處於被動的地位。

第二類型的服務可提供顧客更多的選擇，如電話秘書，銀行帳戶個人化能定期收到個人財務狀況，旅館或航空公司提供多樣且彈性的服務選擇給顧客，這類服務業者與顧客的互動是有約束性的，除非操作過程有突發事件，否則仍依照標準程序操作。

第三類型的服務人員與顧客間互動有較大的空間，但顧客所接收到的服務特性和其他人並無二致。如老師上課方式富彈性，相較於大學裡教授其他同樣課程主題的方式而言，學生接收較多的上課訊息。

第四類型的服務包含了高度顧客化程度，服務人員在服務特性和如何將服務傳達給每位顧客項目上，能夠自由判斷，控制權由使用者轉到生產者手中。如外科手術、法律、醫療、會計、建築……等，此類的特性為白領階級、知識性產業；同樣也有像園丁、美容師，顧客購買的是他們的專業知識。

表2-6 「服務傳遞中的顧客化程度及員工自由判斷程度」分類表

顧客化的服務特性的範圍

		高	低
與顧客接觸的人員自由判斷能符合個別的顧客需求範圍	高	法律服務 醫療保健／外科手術 建築設計 房地產仲介 計程車運輸服務 美容師 水管工人 教育（依學分收費）	教育（大班制） 預防性的保健計畫
	低	電話服務 旅館服務 銀行業務（巨額貸款除外） 優良餐廳	公共運輸 例行性裝置維修 速食餐廳 電影院 觀賞運動比賽

服務部門與製造部門最大的差異是在面對消費者時距離的遠近。服務業的管理層需面對的是，行銷部門希望增加服務項目，但那需要更多的開支；而作業經理的目標是期望標準化降低成本，要解決此衝突需將策略放在「顧客導向」的介面上觀察，才能清楚分析那些是必然的支出，而那些可以刪除。

　　對成功的服務業者而言，服務的工業化可取得大量生產的經濟規模，且能提昇顧客滿意度。所以速度、一致性、價格，對多數消費者來說，較顧客化來得重要，如觀看運動比賽和藝術表演，其產品經驗中有一部分是和其他人共享的。又如航空公司或旅館，顧客期望與他人分享公共設施。一般來說，顧客喜歡預先知道他們購買的商品爲何，此產品的特性以及所能得到的服務。驚喜或不確定的服務情況並不受歡迎，當服務要以判斷爲基礎時，則專業服務人員的角色，就更顯重要。

　　6.分類架構

　　（1）依「利益的久暫程度」分類：在服務研究的領域中較具潛力的是「比較商品持久性和非持久性的差異」，亦可根據服務利益持續時間長短，作爲分類的標準。如洗衣的服務是直到衣服穿髒換洗爲止，墨水的利益直到整盒用罄爲止，又如回流教育、終身學習教育的服務利益直到百年。而一般企業辦理教育訓練的利益常是相對短暫，因爲新知識或新的訓練方式出現，之前訓練的服務利益就會消失。這種重複性需求的服務因顧客忠誠度隨時都會轉向，必須在每一個環節投入關注，才可能與顧客利益結合。

　　（2）依「服務傳遞的持續時間」分類：提供服務的時間有短至

幾秒鐘的個別詢問和長達數年的基礎教育。服務傳遞時間越長，表示顧客參與傳遞的時間相對延長，此時服務的組織可能需要提供額外有關食、衣、住、行、育、樂方面的附屬服務（supplementary service）。例如，顧客久等時要提供茶點或娛樂讓顧客解悶，以解久候的不耐。又如航空公司遇到飛機延誤，常會提供餐點，甚至提供交通、住宿等。Thomas將服務業依其投入的主要資源是靠人或靠設備區分為「以人為基礎」和「以設備為基礎」的服務業。Enrich又補充一混合兩者之間的「混合式」。如圖2-2所示。

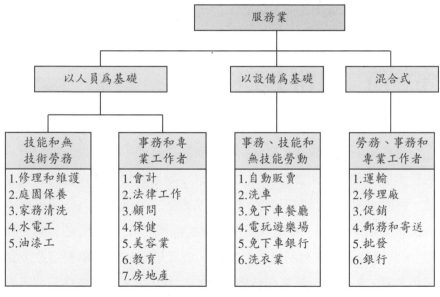

圖2-2　Thomas 的服務業分類圖

資料來源：〈服務品質管理策略之研究（上）〉，《品質管制月刊》，第27卷，第一期，頁29，翁崇雄，1991年1月。

黃俊英認為服務業依據行業性質，大約可劃分為五種：

1. 分配性服務業：批發業、零售業、量販業、國際貿易業、運輸業、倉儲業、通信業。
2. 金融服務業：金融業、證券業、期貨業、保險業、租賃業。
3. 生產者服務業：法律及會計服務業、土木工程業、廣告業、設計業、出版業。
4. 消費性服務業：餐飲業、房地產業、進出口業、資訊服務業、其他工商服務業、電影業、廣播電視業、藝文業、娛樂業、旅館業、個人服務業。
5. 公共服務業：環境衛生及污染防治業、社會福利業、公共行政業、國際機構及外商機構。

第三節　服務業業種介紹

企業競爭愈見激烈，以往的生產與製造產業，在進入21世紀後，由於大量生產，企業獲利空間大幅下滑，於是紛紛調整自己產品的定位，將產業由生產導向或者製造導向的產品，漸漸轉型為以服務為導向的企業範疇內。不論是高科技產業的晶圓代工「台積電」與「聯電」、軟體製造的「趨勢科技」公司，或者是傳統的汽車製造業及食品加工業，都標榜以顧客服務為目標的企業文化。這也是為何我國服務業自1990年以後，占國內所有產業比重快速上升的因素之一。

雖然如此，我們在劃分服務業的範疇與內容時，仍然會從傳統服

務業的範疇說起；也就是一般大眾認知與經常接觸的企業談起，本文納入的服務業業種共有十三種，分別為：餐飲服務業、旅館服務業、教育服務業、醫療服務業、廣告服務業、通訊服務業、銀行服務業、人壽保險服務業、證券服務業、信用服務業、金控服務業、旅遊服務業以及航空服務業。現在分別說明如下：

一、餐飲服務業

（一）外食產業

「餐飲服務業」在廣義上來說，是指「人們口中所吃食物的市場」，若從「在哪裡吃這些食物」（即消費場所）來說，內容可定義：「外食」：在餐廳店面內用餐；「內食」：買菜回家中做菜並用餐，以及「中食」：購買一些家常菜料，在店鋪以外的地方吃，如便當、煮好的家常菜外帶食用等。這三種型態。本單元針對「外食」這類餐飲業的領域來探討外食產業的狀況。

「外食」被認定為一種產業，是始於1970年代，而當時在大阪舉辦的萬國博覽會，可說是它成型的一個契機。在此之前，「外食」都無法脫離規模生產的「餐飲業」範疇，但是後來為因應高度成長期，急速經濟發展的背景，開始採行大量生產的構想，許多具有大規模財力的企業紛紛出現，並朝向店面化發展，就是以美國引進技術（know-how）的速食業及家庭餐廳為中心進行連鎖作業（chain operation）開始大力拓展。各企業紛紛設立中央廚房，採行各分店都不設主廚的體制，所有的接待工作均採用高度手冊化，並利用兼職服務人

員實施最有效的店鋪經營，這種經營方式漸漸形成新的發展方向。

餐飲業首先要瞭解的是顧客是根據「什麼」才願意付這個價錢用餐？在原有的市場中，有日本料理、法國餐廳、義大利餐廳、中國菜餐廳等皆具有獨特民族色彩的餐廳，當然賣排骨飯、牛肉麵及清粥小菜的餐廳也比比皆是。各家餐廳提供不同的菜單、菜色、裝潢、音樂及服務人員，顧客在經過整體綜合判斷之後，才選擇去哪家店或餐廳消費用餐。顧客是針對自己的需求產生消費行為，企業站在經營的角度，正可塑造自己餐廳和其他餐廳之差異化，培養本身的「核心競爭力」，使自己出類拔萃，具不可替代的實力。

（二）餐飲服務業經營特色

1. 品質管理困難：由於服務業本身是「無形的」，提供無形服務的是「人」，人員的品質不確定性因素相對而言會提高，故在商品的設計服務、製造以及品檢過程中，要訂定出一致的品質標準，是頗困難的課題。對於硬體「量」的控制，基本上是可以做到品質的一致性，但若加入人的操作或服務，則會使原有的品質純度降低。

2. 成本管理困難：因為中央廚房能夠徹底實施「分量控制」，所以在管理作業上，食材的成本控管部分可以執行得相當精確；但是在變動性較大的開銷部分（如兼職員工或計時員工的薪資成本），雖能夠以詳細的管理表清楚地列出細項，但是在執行目標管理時，仍伴隨著相當程度的困難。

3. 難以透過規模經濟來降低成本：因為餐飲業是「民眾事業」（people business），所以多半是由「人」本身所提供勞務的一

種「商品」；然而一位服務人員所能服務的顧客人數，有其物理上的限制，有時會因為業種不同，或是為了降低成本，並將降低成本的好處反應在售價上，而採行「自助式服務」。

4. 商品難以標準化及規格化：服務業有「不可儲存性」的特徵，來自顧客的事後服務評價也多半屬主觀性的判斷；顧客在接受餐飲服務之前的事前期望，很難先與其他的餐廳做比較，經常是以第一次光臨的印象作為評價好壞的基準。同時利用規模經濟所生產的規格品，常會因為業種的不同而使人產生負面的印象。自助餐廳的標準化規格化與主題餐廳的特殊化和個別化，對於消費者而言，除了消費金額的多寡外，顯然是後者優於前者；假使顧客創造價值的最主要訴求是「個別化」的話，那麼商品大量生產，即商品的經濟規模，的確會令顧客無法接受，這類議題在企業經營時是需要嚴肅面對的。

二、旅館服務業

在1980年以後，旅館的類型大致可以簡單分為都市飯店（city hotel）及休閒飯店（resort hotel）。在都市飯店中，除了以餐飲為主的傳統都市飯店之外，也出現了以住宿為主的商務旅館（business hotel）或歐美高級飯店。其中有在大都市周邊設立的城市型飯店（urban hotel）或鄉鎮型飯店（community hotel）；也有以機場及特殊機構（如國際會議中心）為中心所設立的飯店，甚至也有美食飯店（gourmet hotel）或小飯店（petit hotel）。在飯店經營中，會因為客房的獲利率使得旅館設施的投資產生變化。由於客房住宿的利潤常常遠

勝於餐飲部門的獲利率，因此客房部門一直都是飯店的根基。在飯店多元化與多樣化的今天，住宿服務業是否能夠自立門戶，早在飯店建築物開始興建到正式營業時就已經定型，未來如何行銷飯店將會是經營成敗的關鍵。

　　飯店的行銷及客房銷售在建築物興建時就已經完成了80%，「飯店之王」史達托拉曾大力主張飯店銷售的利器「地點、地點、地點」（location, location & location）。其中的「地點」會因時代的差異而有不同的解釋，「地點」有可能會因為交通工具、都市開發或再開發等因素，而使其條件變好或變壞；因此新蓋的飯店在規劃時，「地點」就成為最重要的條件，而且永遠不變。在旅館經營上，對於旅館位置、設備、客房數目及客房種類等，以往飯店業的經營指標都非常重視其數值的提昇，也就是「客房銷售率」。「客房銷售率」的提昇是營運良好的現象，亦可將資產效率活用到100%。在提昇營收的具體方法中，顧客的結構與單價政策是不可能達到的，各種組合房價（如團體價格、特價優惠、打折優惠）若過多，會造成實際上的控制變得很困難。一般來說，銷售率是由銷售出去的房間數乘以房間單價等於客房營業額；進一步，從客房銷售出去的數目分析，到客層分析和單價分析；從客房單價分析去瞭解市場強弱的反應，若很明確的話，其經營方針應該就可以確立了。以日本市場為例，他們大多隨著季節的變化（淡季、旺季）及競爭力等因素來決定價錢，價格策略乃是依照團體的數量來決定的，藉此可控制整體的銷售額，更進一步能夠控制飯店的品質。旅館可以將前來住宿的客層分成下列幾類：

1.團體客戶（日本人、外國人）。
2.長期住宿客戶（包括使用辦公室）。

3.會員制客戶。

4.個人客戶（日本人、外國人）。

5.飯店簽約客戶（航空公司組員、跨國企業員工出差）。

6.法人客戶（日本法人、外國法人）。

這些分類會因為飯店的不同而有所差異，而且分類的方法也有很多層次。基本上分類的考量必須是單價政策所容易採行的區分法。為了控制營業額，必須致力於調整量（占有率）或調整質（單價），當然因為兩者是相反的要素，所以時代潮流是市場狀況不同時，就必須重新設定目標或變更目標。

通常飯店所設定的年度基準價格，包括：公定價（一般公定價）、團體價和年度契約價，其中有公告出來的是公定價及團體價。除此之外，也設定了特別促銷方案價格（如中秋方案、春節方案），而企圖改變客層結構最重要且有效的要素，乃是價格策略。在每個客層上也都有其市場價格存在；以外國團體客戶中的招待旅行團為例，企劃海外旅遊的公司從決定目的地開始，全程費用以及目的地的魅力，會影響其價格的最後決定。換句話說，在客層的價格考量上，存在著世界各地不同規模的市場價格考量。

季節性的特別方案也不例外，各飯店每年都會推出「中秋方案、春節方案等」，由於競爭非常激烈，加上恐怖分子攻擊美國造成全球經濟不景氣，住宿行情價幾乎已經跌到成本邊緣甚至賠本銷售。航空公司也開始與飯店結盟，採取優惠促銷方案，以較為低廉的價錢，一方面推銷機位，一方面銷售房間，對外出自助旅遊者而言，的確實是一大福音。

在歐洲有許多阿拉伯巨賈利用「石油外匯」（oil dollar）大勢收購著名飯店；挾其龐大的售油資金投資於年代久遠的飯店，再加以重新裝潢，接收百年飯店長期經營之高品質高單價的顧客。同樣的在美國也開發大型連鎖飯店，依據客層的需求設定不同的連鎖型態，進一步整合歐洲、美洲飯店，甚至進軍亞洲、澳洲等地，達到飯店全球化經營的目的。

三、教育服務業

世界貿易組織（World Trade Organization, WTO）旋風橫掃全球，我國亦不例外。在成為會員國之一，必須遵循該組織的規章，將其國內市場完全對世界各國開放，相對的我國的教育服務業也會直接面對衝擊。未來外國對我國教育服務業的衝擊，不可謂不小。首先，我國教育長期以來，是依據歐美國家教育體系為主的學習方式，以往我國對外國常採取貿易保護主義或與各國訂定雙邊貿易互惠協定，以保障我國國內尚不具競爭力的產業。但是隨著WTO加入，我國教育服務業的內憂與外患接踵而至。外患方面，一則由於歐美各國可隨時隨地進入我國開辦教育服務業，也就是說，從前我國學生要接受西方教育必須離鄉背井，遠赴他鄉求學；如今歐美各國可以就近到台灣開設分校或推廣教育，吸收本地學生；由於歐美國家在教育服務業上的先天優勢，將直接衝擊國內的教育服務業。二則因為大陸也是WTO會員國之一，我國既然同為組織成員國之一，自當遵循相關規章對組織內各國採取一般國民待遇。大陸在同文同種的優勢下，當地升學進修花費遠較台灣低廉，知名大學不在少數，學生畢業文憑世界各國普

遍都給予承認，這兩項外患對國內殺傷力不小。內憂方面，國內已進入已開發國家，與先進國家相同的情形是國人生育率連年下降，出生嬰兒減少，相對來說，未來就學人口數也會每下愈況，在國內中、高等教育學校遍布全國各地，但是相對於學齡人口數卻逐年遞減，使得原本已經供過於求的國內教育服務產業，捉襟見肘。外加我國進入WTO後的教育開放政策，國外名校的強力競爭，無異使原本已經惡化的國內教育產業雪上加霜。面對未來的困局，國內教育單位無不秣馬厲兵、枕戈待旦，一來加強自身教學上軟硬體的設施與師資，二來不斷行銷學校，打出招收外籍學生、全英語教學課程或提供高額獎學金等口號，提昇學校知名度，希望能夠引起學子們的注意而選擇就讀。

四、醫療服務業

國內全民健保的實施，政府對照顧國民的健康，的確花了很大的心思，對一般民眾有莫大的助益。但是事情總是一體兩面，由於醫療觀念的落後，也產生了各大教學醫院天天門診人滿為患的窘境。「三小時的等待，換來三分鐘的診斷。」由於醫療品質快速滑落，病患抱怨連連，迫使著名的大型醫院不得不採取醫療總量管制的方式來限制多如潮水的病患；問題雖然得到舒緩，但是根本的癥結還是無法解決。

根據日本厚生省（1995）報告，世界先進國家人口高齡化現象比較如表2-7。

表2-7 世界主要先進國家高齡化比較表（單位：%）

	日本	美國	英國	德國	法國	瑞典
1995年	14.5	12.6	15.5	15.2	14.9	17.3
2025年	25.8	18.1	19.0	22.9	21.3	21.2

在西歐先進國家的高齡化比率由7%上升到14%，總共花了80-100年的時間，而日本卻在短短的24年內便已達到該百分比，結果由於社會福利制度的落後，以及老人數量的龐大，使得基礎設施跟不上進度。

醫療服務業有幾項製造業所沒有的特色，因而引發出幾個固有的問題。例如，「醫療」本身無法像製造業那樣庫存或運送，而且沒有特定的形式；需求者（病患）在時間、空間上的變動，難以訂定生產計畫（醫療行為）；此外醫療的品質容易產生參差不齊的結果，因此難以進行客觀的評價。一般而言，在服務業中，似乎與技術革新完全脫節。醫療服務業雖然不斷地引入先進的醫療科技以及新型的醫療機器，但是在「管理技術」或「服務的提供」等方面，其技術更新的速度還是極為緩慢（如預約系統、候診室巡迴診療系統）。此外，長期以來醫院體系存在醫療觀念，即不管是醫生或是病患，皆存在著病患有求於醫療人員的一種偏差想法。提昇醫療品質，不一定與醫院的層級、硬體設備完善與否有直接關係，反而是與醫療機構中「人」的品質有關，但是要如何提昇醫療機構中服務人員的品質，則與該機構的企業文化息息相關。反觀國內某些醫療機構之陋規相沿成習，特例變成常例，該想法已被醫療系統視為理所當然。病患為求本身疾病能夠早日順利治癒，對於就診時醫療行為中的一些不合理的現象，大多採

取息事寧人的容忍態度，這也使得醫院系統的管理體系上，始終無法跟上其他服務業的腳步。

五、廣告服務業

廣告公司業務五花八門，從平面媒體到立體媒體，應有盡有。在廣告服務業的行銷中，廣告公司本身能發揮的功能歸納有三種。

（一）版面與時段的流通市場

這是自有廣告公司以來就擁有的功能；廣告的最初功能是替報社代辦廣告業務，也就是尋找廣告主，填滿廣告欄為主。此項工作當初是媒體公司（報社）的銷售代理，現在則有不少人認為此項工作應該是接受廣告業的委託，以確保報紙上的廣告版面或電視廣告的時段，這就是廣告主的代理業務。事實上，廣告公司的本質乃在於聯繫廣告主與媒體兩方面之功能。

廣告公司的功能就是結合供給面（媒體）的銷售商品——「廣告版面」（在報紙或雜誌廣告中所刊登的頁、欄）或「廣告時段」（電視或收音機廣告所播放的時段），以及需求面（廣告主）的「刊登廣告需求」（支付廣告費登出廣告之欲求）。此為「需求與供給相調和」的功能，亦即完成「流通市場」（市場交易）的任務。

一提及流通市場，馬上會讓人聯想到魚市場或果菜市場等批發市場，或是以零售業為中心的流通機構。的確，若是以商品流通交易的情況而言，流通市場即是指流通交易機構本身，但是服務的流通交易市場與物品的流通交易市場是截然不同的。因為服務本身無法儲存或

運送，不能像物品般的移動、寄到需求者的手邊，因此服務的流通交易是供給者與需求者之間相互以資訊交易來顯示其存在，並藉由資訊來謀求供、需雙方的調和。「廣告版面」與「廣告時段」這種商品是屬於服務的範疇，而流通交易市場則是採取資訊流通交易的形式。廣告公司兩方面蒐集的需求資訊（廣告主的廣告需求）及供給資訊（媒體的商品資訊），而在公司之中擁有使供、需雙方相互配合的功能如圖2-3所示。正如同房地產業界是指房地產本身的流通交易市場一樣，廣告業者擔任著版面及時段資訊流通交易市場的任務。在廣告主與媒體業者之間，若沒有供作資訊流通交易市場功能的廣告公司存在的話，那需求與供給雙方就無法順利配合，各取所需了。

需求資訊情報（刊登廣告需求）　　　　　供給資訊情報（版面與時段提供）

圖2-3　版面與時段的資訊流通市場關係圖

資料來源：《服務業行銷──理論與實務》（頁244），淺井三郎、清水滋著，鄒永仁等譯。

針對此類流通市場的功能，各方也出現了不同的看法，如前所述，有人認為廣告公司為廣告商品銷售，另一方面，也替媒體廣告業者做版面設計。具體而言，廣告公司扮演了上述兩種角色，也結合此兩種的功能。

在廣告公司的組織中，藉由業務（AE）部門及媒體部門的相互

作用來實現此項功能。因此在廣告業界「版面交易流通市場」被稱為
「媒體經紀人」（space broker）。其收費系統是採「回扣」（back margin）方式，從廣告主支付給媒體公司的廣告金額中，取一定比例作
為手續費來支付廣告公司。

（二）爲廣告主提供服務

廣告公司的此項功能相當於行銷、創意、PR及調查等，廣告主
與廣告公司之間所進行的服務交易情形，廣告公司爲廣告主提供服
務，並獲得等價的報酬如圖2-4所示。

圖2-4　廣告公司與廣告主互動關係圖

資料來源：《服務業行銷──理論與實務》（頁245），淺井慶三郎、清水滋著，
　　　　　鄒永仁等譯。

這些工作具有共通性，這些本應由廣告主來推動行銷業務，但委
託外在專業的廣告公司來執行，其理由是因爲廣告公司是較爲傾向企
業導向服務業，較能掌握廣告主的需求。是由屬於外部專業機構的廣
告公司來擔任原本應由廣告主企業所推動的行銷活動之部分業務，其
理由乃因爲一般認爲廣告公司是典型企業導向的服務業之故。

這種功能可以看成是廣告公司與廣告主之間的服務交易。從廣義
功能來看，「版面交易流通市場」爲廣告主及媒體公司提供了雙向的

服務，這有別於最初「只爲廣告主提供單向服務」的功能。

（三）傳播領域之組織者

　　時至今日，特別是多國籍廣告公司已經開始代辦奧林匹克運動會、萬國博覽會與國際會議等大型活動的廣告業務，甚至包含都市計畫或區域開發等領域的廣告活動，而廣告公司的「傳播領域的統合者」角色，其功能是指在傳播相關領域中，做複合統合如圖2-5所示。透過與各種關係機構之接觸，互補其不足之處，正如同推動一個活動來從事統合性組織功能。近年來，在舉行國際活動或運動、文化活動中，廣告公司所扮演的角色已經日趨受到重視。

　　上述是廣告公司的三項基本功能，經由環環相扣的關係，即可建構出現實生活中廣告公司的各種不同風貌。由於大型代理商完全具備了上述三項的功能，並從事多方面的經營，成爲「綜合廣告公司」。

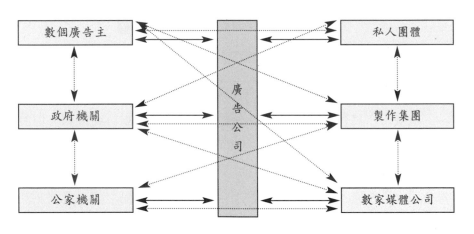

圖2-5　傳播領域之組合關係修正圖

資料來源：《服務業行銷──理論與實務》（頁246），淺井慶三郎、清水滋著，
　　　　　鄒永仁等譯。

六、通訊服務業

我國通訊產業整體而言，應該包含電信服務及通訊設備兩大產業。電信服務業為了滿足用戶日益提昇的通訊需求，因此加速其本身基礎網路建設的拓展；另一方面，近年來隨著無線通訊技術的進步，在用戶對移動通訊需求不斷提昇的情況下，亦加速了相關業者在行動通訊網路的建置。通訊業成長最為耀眼當屬通訊軟體產業中的行動電話和寬頻網路兩種。

（一）行動電話

第1代行動電話為類比式行動電話，起源於1920年為美國警車通訊使用，1979年全世界第一套商用的類比蜂巢式行動電話系統在日本正式啟用，其技術是採分類多工（Frequency Division Access, FDMA）的方式。第2代行動電話則發展至數位式行動電話，以「分時多工」（Time Division Multiple Access, TDMA）和「分碼多工」（Code Division Multiple Access, CDMA）技術為兩大主流。採用頻率800MHz、900MHz，為了提供更佳的通訊品質，部分業者朝更高頻的PCS服務邁進，如GSM頻率為1800MHz、1900MHz，CDMA常用的PCS頻率為1700MHz、1900MHz。全球行動電話用戶中有約80%用戶採用第2代數位式行動電話系統。GSM標準發展於1982年，因它是由歐洲訂定的標準，故又稱為泛歐系統，其主要目的為提供泛歐的「漫遊」（roaming），可讓用戶能在歐洲的任何地方使用他們的設備。在全球行動通訊用戶數包括我國在內，有一半以上用戶使用GSM系

統。GSM系統架構係透過行動交換中心（Mobile Switching Center）對外連接公眾交換電話網路（Public Switched Telephone Networks）、公眾數據網路（Public Switched Data Networks），以達到兼具語音與數據通訊的功能。在GSM系統中主要包含行動交換中心（Mobile Switching Center）、基地台系統（Base Station System）與終端設備（Mobile Station），如手機，預估2003年占全球用戶53%。

　　第2.5代行動電話是在第3代行動電話（3G）標準尚未明朗化之前，為解決行動通訊數據傳輸與多媒體應用之需求，許多過渡時期之行動通訊技術紛紛問世。無論第一代類比式或是第二代數位式行動通訊系統，都是以語音通訊為主，在網際網路風行下，行動電話也逐漸加入行動數據的功能，即2.5代之行動電話通訊系統。

　　第3代行動電話（3G）是要讓用戶能達到隨時（anytime）隨處（anywhere）之個人化通訊目標，將提供寬頻、達到快速上網、文字與圖像的高速傳輸、企業內部網路傳輸和視訊會議等，即是多媒體高速語音及數據之傳輸服務。第三代行動電話原名稱IMT-2000（International Mobile Telecommunications-2000），其主要精神為整合陸上細胞系統（Terrestrial Cellular System）、無線系統、無線接取和衛星系統之單一家族式標準系統。目前3G發展尚未有統一的標準，歐洲和日本計畫發展由GSM技術所衍生出的HSCSD、GPRS、EDGE到第三代的W-CDMA標準，美國和韓國將延續CDMA的技術，計畫推出cdma2000的標準。第三代無線通訊寬頻可到2Mbps，預估2020年的第四代無線通訊技術OFDM（正交多工分頻技術），將可達到156Kbps，屆時之無線寬頻應用將無遠弗屆。

（二）寬頻網路

當上網瀏覽網頁或下載資料時，是否因為速度太慢，浪費時間又花費金錢，尤其要下載音樂與影片的多媒體檔案更可能動彈不得。原因是網路寬頻不足，上網人數與資料量太多，造成網路壅塞。寬頻網路正可解決此問題，包括ADSL、Cable Modem與衛星等寬頻網路均已經開放供申請。衛星傳輸速率高且不會壅塞，但其上網費用偏高且天候不良時，傳送速率與品質會有缺點。Cable Modem就是使用家中有線電視寬頻網路，不需另外架設路線，而且可同時收看電視與好幾部電腦上網。台灣目前有東森多媒體和和信超媒體兩家業者，有線電視用戶達80%以上，有500萬戶之多，這些用戶都已經鋪設好路線，只要再加上一台Cable Modem即可上網。ADSL（Asymmetric Digital Subscriber Line，非對稱數位用戶迴路，非對稱名字由來是因為其下載速率較上傳速率快很多，兩者不對稱）寬頻網路可提供64K到1544K的傳輸速率，用戶端離電信機房越近其通訊品質越佳，速率越高。缺點是離機房超過4公里即無法申請架設，對用量不高的個人戶還是太貴。

網際網路快速的進展和網路商業活動的日趨活絡，導致網路新經濟體的崛起。網際網路經濟體制的構築如下：

第四層　網際網路商務（Internet Commerce）。

第三層　網際網路媒介（Internet Intermediary）。

第二層　網際網路應用（Internet Application）。

第一層　網際網路基底（Internet Infrastructure）。

網路化的結果，將造成對傳統交易生態的改變。如集體採購概念

的形成，線上即時互動，客源、店源、貨源互利相生，如此對提供電子商業網路服務的業者而言，電子商務拼到最後其實是電子服務。能不能建構一個大的網路社群，用合理的交易成本，提供很安全的交易環境，對提供便捷商務服務的廠商而言，未來的競賽是「質與量的競賽」。如電子商務架構圖2-6。

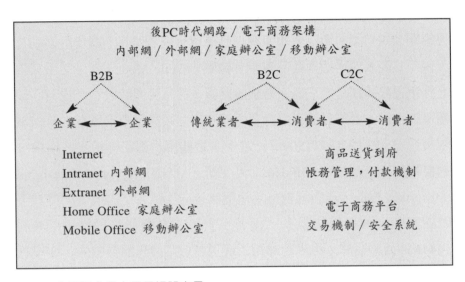

B2B：企業對企業之電子網路交易
B2C：企業對消費者之電子網路交易
C2C：消費者對消費者之電子網路交易

圖2-6　電子商務架構圖

七、銀行服務業

　　一般企業是專門仲介物品的流通交易，以經營結合生產與消費的
業務活動；相對的銀行則是仲介金錢的流通交易，以促進貨幣流通網
絡，從事創造信用等金融業務。具體而言，銀行乃從事下列三項業
務，並從中賺取利潤。

　　1.以存款或其他形式接受希望能運用資金者的資金。

　　2.以此資金發揮「創造信用功能」，並針對資金需求者給予融
　　　資。

　　3.必須針對某些東西進行資金清償，並提供此項功能。

　　因此銀行的行銷是指：「透過金錢的交易去發現顧客的需求，並
將此需求與銀行相結合的過程，使更多人能夠享受銀行的功能。」在
財貨與服務相當豐富，買方能夠自由選擇的時期（買方市場），提供
者如何使利潤達到長期極大化的想法，正是其行銷概念的根源；然而
在財貨或服務不足、互相爭奪的時期（消費者須排隊領取物品時），
行銷就不成立了。銀行的商品是存款和放款，放款在戰後復興期及高
度成長期，經常呈現互相爭奪的狀況而形成銀行的賣方市場，因此很
少考慮到行銷的問題。另一方面，為了確保擁有足夠的資金可供放
貸，對銀行而言，吸收存款乃是極其重要的課題。

　　大多數銀行都高喊「朝向金融服務機構邁進」的口號，同時與顧
客接觸的頻率絕不少於一般服務業，可見銀行是屬於服務業的一支。
此外，銀行也類似零售業；例如，除了有「批發銀行業務」（whole-

sale banking）及「零售銀行業務」（retail banking）的術語之外，存款被稱爲「金融商品」，也有「購買存款憑證」的方式，對於顧客的拓展更是多樣且大量的，自動櫃員機的使用更加速銀行服務的深度與廣度。餐飲、住宿及教育等典型的服務業具有「接受服務時顧客需要與業者接觸，商品使業者與顧客間產生交易作用」的特性，但銀行業在這方面的表現似乎稍嫌薄弱一點。要區分銀行的顧客，圖2-7是標準分類。

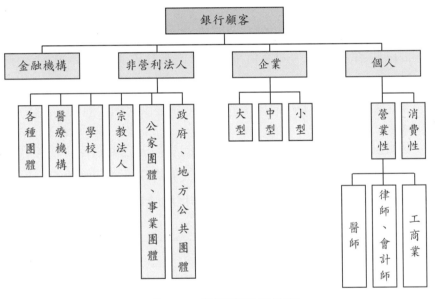

圖2-7　銀行顧客細分類

在行銷活動上，銀行可分爲下列四大層面：

1.市場調查：在總行所進行的市場調查，也可說是經營環境的調查。包括國內外的政治、經濟、財政、金融、利率和匯市的動向，以及其他競爭行業（郵局、票券、人壽保險）的動向、各

產業及個別企業的動向調查，而且更重要的是，還必須能夠將調查及分析所得到的結果，正確地反映在經營的決策過程中。分行所做的市場調查，在本質上和總行並沒有什麼不同，但其主要特點乃在於調查對象僅侷限在分行本身所負責的領域，以及必須做到個別具體的情報蒐集。

2.商品計畫：在總行方面，商品計畫的內容是新商品及服務項目的開發，以及對既有商品及服務項目給予新的評價。此外，隨著銀行大眾化，也推出多種新產品。分行的商品計畫，乃是從總行所提供的商品中，選擇適合本身市場環境的項目為訴求重點。

3.行銷通路：銀行中所推出的商品，其整個銷售過程幾乎都在銀行內進行；換言之，其通路即指分行服務網。在總行的商品銷售過程中，所採取的最重要措施即是分行服務網的建構完備，以及對分行的管理與支援。另外，所謂的「分行」其涵蓋範圍甚廣，除了一般的分行外，也包括設置在代理店及分行外面的自動櫃員機。對於分行的管理與支援，重點即按照人員、放款範圍及各項經費等所謂「營業資源」的分行特性，給予確實的分配。分行將重點放在有效的運用分配到的經營資源，以便隨時強化分行本身的銷售體系。

4.促銷：總行方面推行的促銷活動，所涉及的層面相當廣泛，從電視、廣播電台、報紙及雜誌等媒體廣告，到海報、日曆等廣告宣傳品的設計，以及各種銷售手冊、DM、銷售軟體製作等。在促銷商品之際，需具備專業知識的商品或顧客層，如廠商銀行業務（firm banking），以及有效運作資產的大資本家等

顧客層，如在總行設置專門銷售小組（sales team），以便直接銷售。

八、人壽保險服務業

在探討人壽保險業之前，先對人壽保險業現狀作一簡單描述；人壽保險業創始於1762年的英國，全世界的人壽保險業在1992年底的資料顯示：日本的人壽保險契約金額高居世界第一，其次為美國，法國第三、德國第四、加拿大第五。而若以每人平均保險金額來看，日本仍然高居第一，美國、加拿大分居二、三名。

一般所謂的銷售或營業，多半是指與行銷有關的職務，但依人壽保險商品、人壽保險的行銷通路及監督法規等，簡單敘述人壽保險行銷的特質。人壽保險的特質就是提供無形的服務。因為人壽保險商品與汽車、鐘錶等有形商品不一樣，其主要功能是提供眼睛看不見、手摸不到的服務，再加上它所提供的所有服務都是在人們發生意外事故（死亡、受傷、生病）時才能生效，此點也可以說是人壽保險商品的最大特質。此外，它還有下列數項特點：

1. 隱性需求商品：因為人壽保險商品提供的服務只有在顧客發生意外時才能生效，所以實在很難期待一般大眾主動購買，必須藉重人壽保險公司的積極推動，才能將一般大眾的潛在需求凸顯出來；它是一種隱性需求的商品。
2. 提供無形的商品服務：顧客在繳交保費後，便期待公司提供此項服務，這中間會有時間上的差距，此一差距很難估計。

3.發生意外時才能獲得服務：人壽保險長達20-30年，甚至終身，因此無法預估人一生發生意外事故的時間，因此很容易產生顧客付款後與業者提供服務時的時間差距。

4.具備一定條件與標準的人才能購買的商品：為了促使人壽保險的經濟制度能夠商品化，必須在人壽保險契約訂定之前，預先估算意外事故的發生率，而這也是很多人購買人壽保險的考量重點之一。為了防止不良契約的簽定，除需嚴格執行醫師診斷外，還必須慎選保險服務的主辦機構，這也是人壽保險商品的特質之一。

5.標準化與統一化的商品：人壽保險商品的銷售是以締結人壽保險契約的方式進行，也就是在這份人壽保險契約裡，保險公司會是先將條款內容加以統一化及標準化，並提供給所有員工，員工便可依此條款儘可能和顧客達成共識，進而簽訂契約。這是人壽保險商品能夠大量販售高度普及的原因。

人壽保險的銷售過程中，當然不能忽略保險商品的特質。基於人壽保險商品的特質，必須要來探討人壽保險銷售過程的兩個特性。

1.人壽保險銷售的每一個過程都需業務員參與：因為其具有隱性需求商品的特性，所以在對一般大眾說明人壽保險的運用方式時，甚至在激發其購買人壽商品時，營業服務人員的重要性實在是無可取代的。從顧客簽約、醫師診斷、支付保費給保險公司，一直到領取保險金額終止契約為止，期間每年的保費繳交，都必須要由營業人員提供服務，人的重要性極大。

2.商品銷售的方式是以拜訪銷售為主：人壽保險商品的銷售是以

人生的意外事故為對象，如果能夠瞭解顧客的內心想法，即可說已經掌握了成功銷售的關鍵。因為很少人能夠正確估算自己發生意外時所需的花費，很少人會主動願意以自己一部分的積蓄來購買人壽保險商品，故一般人大都經由業務員的推銷才購買的，所以拜訪銷售是人壽保險商品的主要銷售方式。

九、證券服務業

證券業中的顧客分為法人（企業）與自然人（個人）兩種。若從行銷來聯想，顧客對象主要應是自然人（個人）。因此，在此亦將對象限定為個人投資者進行探討。首先我們要討論證券業的環境變化，其中又以法規的放寬（包含電腦情報通訊技術的發展）以及高齡化的趨勢最為重要。所謂法規的放寬，是指像投資信託運用規定的放寬，與獎金發放制度的開放等有關商品開發方面的鬆綁，以及放寬號子（營業場所）的規定，銷售通路方面的放寬與證券業有關的業務範圍，銷售成本面的放寬等。不論是哪一種規定的放寬，在力求證券公司與其他同業公司及異業的金融機構差異化情形下，彈性往往更為特別及自由。其次資訊技術的發展，是指因個人電腦價格的急速下降與電腦功能的進步、網路技術的發達、電話與傳真機等資訊傳達方式的進步，促使傳統號子以外的銷售網路有擴大之情形。隨著高齡化社會的來臨，許多人為追求退休後的安穩日子而增加有價證券的投資，進而提昇證券公司的重要性。當戰後嬰兒潮的人們逐漸邁向高齡化的同時，可自由多重選擇投資對象的定期定額的金額日益提高，這類包含投資信託的有價證券之角色，將會隨著高齡化的快速發展、大眾對有

價證券投資認識的加深，以及包含確定籌款型年金的創設、可減稅的投資信託、個人年金的擴大等而日益重要。

證券公司的主要業務是促進證券交易的順利進行，而證券公司的最終機能則是順利促成各種交易的成交，因此證券公司為了促進交易成功，不但需要提供各種事務性作業，同時也必須提供投資者在投資時所需的經濟、金融、產業及企業等相關資訊，提供交易的相關資訊進而收取相對的手續費，其實也算是證券公司的營業內容。而此地若與消費財相比較，前者是從消費者購買商品到使用產品結束前即算完成的商業活動；後者則是從提供商品情報、購買商品、購後追蹤、商品脫手後才能算是完成，而所謂事務性作業的效率化，是指能使此項行銷活動循環地順利進行。在提供商品情報與購買後的追蹤服務階段中，適時的提供資訊與服務也是必要的。

此外與顧客的交往，也是證券公司在行銷上的重要工作之一，其中要考量的事情有兩項：

1.能夠應對往來的顧客與不能應對往來的顧客。
2.按照交易的重要程度來劃分顧客層。

證券公司主要的行銷通路有下列幾項：

1.號子：號子至今對證券公司而言，依然是重要的行銷通路，它除了具有設立戶頭及銷售商品等重要機能外，尚能提供消費者商品組合與證券投資等相關資訊。證券公司將產品告知顧客，都會在號子裡準備各種相關資料，每項商品的計畫書與廣告單，都是將既有商品和新商品介紹給顧客的重要方法。號子也

要掌握顧客的層級，充分利用電腦將公司與顧客間交易的內容、顧客的投資活動，以及顧客的需求等重要的資訊作一紀錄，並加以利用。從顧客的資料中可觀察出顧客行為模式與市場環境間的相互變化，這對商業活動而言，是相當重要的資訊，是掌握顧客行為變化不可或缺的工具。

2. 24時服務：現今許多服務業中，在「顧客資料的取得」到「利用通訊銷售系統訂購」等，很多人都是利用24小時提供服務的方式，其優點是任何人都能輕鬆、簡單的使用，這對金融機構在行銷上是相當重要的。當證券公司與銀行及郵局相比較時，不管是利用24小時服務的人數或頻率來看，都不難發現個人投資者利用證券公司服務的頻率相當頻繁。

3. 電腦交易：即是利用投資者手中的電腦與證券公司進行連線，並藉此取得投資資訊或與證券公司進行交易的系統，此一交易系統對顧客與證券公司雙方而言，都是相當有效率的工具。對顧客來說，這種交易方式不但可使其不受時間、地點的限制，同時亦可減少了來往證券公司辦理繁雜手續的次數；同時對於證券公司而言，除了可減少因增加行銷通路所增聘的人員之人事費用及教育費用等問題之外，尚可獲得新的商品銷售通路。

4. 電話服務：電話服務是指利用電話亦可從事股票交易，不用進出號子，僅需透過電話即可進行股票交易，此方式大大提昇顧客的便利性。此外，電話服務系統亦可提供存款餘額查詢、股價查詢、股票資訊查詢等服務。雖然此服務存有顧客無法同時查詢他所需要的資訊，但僅僅透過電話就能進行股票查詢及交易活動的方式，的確是極為便利的方法。

十、信用服務業

（一）信用的沿革

「信用」（credit）多意指「消費者信用」（consumer credit）；它包含以個人消費者爲對象的「消費者信用」，以及公司法人爲對象的「企業信用」。消費者信用一般是指：當消費者基於消費的理由，購買商品、服務或借貸金錢時，因金融機構的信用提供而可延後付款的一種商業活動；相對於此，如果公司或法人爲了本身的事業而進行資金周轉時，那麼金融機構的信用提供將可促使公司或法人達到融資的目的，而這也是銀行等金融機構進行信用提供的主要目的。

現今經濟體系雖是建立在信用交易制度上，但以消費者個人爲對象的信用交易制度，卻是近年來才建立起來的。信用交易制度的開始，是以商品生產者及商人們的商業信用交易制度爲主，而後才隨著資本主義經濟的發展，逐漸改爲銀行信用交易制度。產業界雖持續擴大發展，但在消費者信用交易制度（大眾消費社會）尚未出現之前，基於人們相互信賴的賒帳制度，一直遲遲無法存在，但現在以個人爲對象的信用交易制度，已經逐漸在消費市場中誕生，且與現代經濟體系關係密切；也就是說，在現代的消費市場體系中，如果不對無購買力的消費大眾提供信用借貸，協助他們預先取得「未來需求」的話，將無法維持經濟的持續發展。因此，在消費與生活流通快速的消費市場中，唯有利用能夠取代貨幣成爲「物」與「服務」交換的消費者信用制度，才能達到大量銷售的可能。因此，我們就不難瞭解，最早促

進消費者信用體系的國家，即是最早邁入消費市場的美國。

　　提供消費者信用交易的金融機構，主要分為銀行、無人銀行及信用業等幾類。因為銀行與無人銀行的主要對象是企業信用，所以信用服務業的定義：「對基於消費理由，而購買商品服務或借款的個人，提供包含信用審查、信用審核、債權管理回收業務等服務。」提供信用服務的機構包含：信用銷售公司、信用公司（銀行系、製造系、流通系）、中小零售業團體、消費者金融、銷售信用的零售業或服務業等以提供消費者信用的信用業務之業界，以及與上述各單位相結合的信用資訊機構和資訊處理公司等。但最近隨著金融自由化後的規定放寬，公司法人從間接金融移轉到直接金融的行銷環境變化、銀行與無人銀行亦積極加入消費者信用服務等情形來看，預計將來金融與服務業的差別將日益減少。

（二）消費者信用

　　消費者信用與企業信用雖同為信用，但其過程仍有幾點差別：

1.消費者信用
　（1）為小額、多次的貸款。
　（2）僅提供個人財務狀況諮詢。
　（3）不需花費過多審查時間。
　（4）較難取得信貸後的個人資料。
2.企業信用
　（1）給予高額、少次的貸款。
　（2）多半能夠取得申請者的各項財務報表及財務資訊。

（3）審查時間較久。

（4）容易取得信貸後的法人財務情況。

因此，僅由信貸的審查過程來看，兩者間即有很大的差別，可說是完全不同的商業活動；也就是說，消費者信用，因需服務的對象人數眾多，所以必須迅速審查其信用，且因多半毋需擔保，所以風險較大。因此，通訊技術的好壞直接關係到信用卡公司的存廢，故唯有積極開發通訊技術並活用電腦系統才能有效降低信貸風險。因此，信用產業需較一般金融業更具系統化的原因即在此。

消費者信用又分為「銷售信用」與「消費者金融」兩種，銷售信用是指讓消費者在購買商品或服務時，可利用支付替代貨幣的方式來達到延後付款、分期付款或周轉的目的，但需符合「分期付款銷售法」的規定，並受財政部的管轄。另外，對消費者所提供的消費者金融貸款，則需符合「貸款業法規」、「出資法」及「利息限制法」等規定，並受財政部的管理。

十一、金控服務業

銀行業、保險業、證券業以及信用（卡）業，由於在我國加入WTO後，外國金融機構陸續加入國內市場競爭，外國金融財團挾財力雄厚、市場廣大以及產品多樣，直接促使國內單一金融機構所販售之之單一金融商品漸漸失去競爭力而開始整合、併購、多角化，於是衍生出了銀行金控業。金控主要的服務對象是消費金融，而非以往的企業金融。如何設計出具有吸引力的多功能理財商品，吸引不同階層

的消費者，是金控公司面對的挑戰。實際上，各主要的金控公司都設有產品開發部門，專責設計具有利基的跨類種產品。目前在台灣，虛擬的網路商品透過網路交易的金額逐年快速成長，但與國外規模相比，尚屬初級階段，實質商品交易仍是金融市場的交易主流。

銀行據點代表的是一處「信用單位」，由於國人畢竟喜好實體，透過銀行所銷售的商品，較之網路虛擬購物，容易得到民眾的信賴感。同樣產品在保險公司或證券公司銷售不佳，若能更換據點至銀行，就會變得容易銷售的多了。因此，掌握銀行通路，是銀行金控必經之路。因此，銀行金控業內，除了有傳統的銀行外，還會有保險業、證券業、人壽業、信用（卡）業的加入。未來金控公司發展的目標，是要朝讓銀行顧客能夠「一次購足」的概念；也就是讓客戶和一家金控公司往來，就可以得到包括銀行、證券、保險等各種領域的理財服務。金控公司拉攏客戶的同時，也多能同步培養出顧客的忠誠度。

十二、旅遊服務業

（一）旅遊業本質

旅遊服務業的定義：「個人或公司行號，接受一個或一個以上的『法人』委託，去從事旅遊銷售業務，以及提供相關服務。」這裡所謂的法人，係指航空公司、輪船公司、旅館業、遊覽公司、巴士公司、鐵路局等（觀光局，1996）。旅遊服務業的主要對象，通常是指

外出旅遊超過一天者，我國在2000年從事國外旅遊的人數超過700萬人次；在市場力求個性化、多樣化及情報化的情況下，旅遊服務業實有必要以新的行銷策略加以因應。其方法有二：一、隨著市場分工日益精細，旅遊服務業基於行銷策略來確立商品政策、銷售政策及流通政策等行銷體制；二、在多媒體及情報網普及的情況下，努力追求社會的全體利益，而這些都是身為資訊流通業的旅遊服務業之主要目標。

在考量任何行業時，都必須要考量該產業的基本特性，旅遊服務業也不例外。旅遊服務業的基本特性有二：

1.源於服務業的特性：旅遊服務業的商品乃是勞務的提供，旅行業或旅遊從業人員必須以專業知識適時適地的服務客人，其擁有服務業之特性如下：

（1）旅遊服務業的商品是勞務的提供（勞力和知識），供給彈性小。

（2）旅遊服務業商品是無形的，因此塑造良好產品印象與提高服務品質是行銷方針。

（3）旅遊服務業商品無法儲存，必須在規定期限內使用，無須大量資金，故進入此行業障礙低，競爭激烈。

（4）旅遊服務業來自人，因此員工的素質及訓練成為服務成敗的關鍵。

2.居間服務的地位：旅遊服務業無法單獨生產製造其產品，必須受到上游產業（如交通、住宿、餐飲、景點及觀光行政單位），以及同行競爭之牽制，加上外部環境之社會、經濟、政治、文化等影響而塑造商品的特性，現分述如下：

（1）相關事業的僵硬性：上游產業供應商資源彈性少。

（2）需求不穩定：旅客的旅遊活動易受到外在因素影響，對產品無所謂品牌忠誠度。

（3）需求之彈性：旅遊消費者因所得和對產品的價格產生彈性選擇。

（4）需求的季節性：可分爲自然季節（淡季、旺季）及人文季節（嘉年華、雙十國慶）。

（5）競爭性：包括上游供應事業體（各交通工具、航空公司票價、旅遊點）及旅行業本身（人力資源、產品、行銷通路）之競爭。

（6）無法具體化之服務性：旅遊消費者無法立即辨認體會有形的價值內容，需加強公司公信力、形象品牌和員工訓練始得改善。

（7）專業化特性：旅遊作業過程繁瑣，需要具有正確的專業知識輔以電腦化作業才足以保障旅遊消費者。

（8）總體性：旅遊服務業是團隊合作的行業。

（二）旅遊服務業經營業務

根據觀光發展條例第四十七條規定訂定的旅行業管理規則共分爲五章，其中關於旅遊服務業的業務範圍如表2-8所示。

表2-8　旅行業之業務範圍

	國外業務	國內業務
綜合旅行社	1.接受委託代售國內外海、路、空運輸事業之客票或代旅客購買國內外客票、拖運行李。 2.接受旅客委託代辦出、入國境及簽證手續。 3.接待國內外觀光旅客並安排旅遊、食宿、導遊。 4.以包辦旅遊方式，自行組團，安排旅客國內外觀光旅遊、食宿及提供有關服務。 5.委託甲種旅行業招攬前款業務。 6.委託乙種旅行業代為招攬第四款國內團體旅遊業務。 7.代理外國履行業辦理聯絡、推廣、報價等業務。 8.其他經中央主管機關核定與國內旅遊有關之事項。	
甲種旅行社	1.接受委託代售國內外海、路、空運輸事業之客票或代旅客購買國內外客票、拖運行李。 2.接受旅客委託代辦出、入國境及簽證手續。 3.接待國內外觀光旅客並安排旅遊、食宿、導遊。 4.自行組團安排旅客出國觀光旅遊、食宿及提供有關服務。 5.代理綜合旅行業招攬前項第五款之業務。 6.其他經中央主管機關核定與國內旅遊有關之事項。	
乙種旅行社		1.接受委託代售國內海、路、空運輸事業之客票或代旅客購買國內外客票、拖運行李。 2.接待本國觀光旅客安排國內旅遊、食宿及提供有關服務。 3.代理綜合旅行業招攬第二項第六款國內團體旅遊業務。 4.其他經中央主管機關核定與國內旅遊有關之事項。

資料來源：《旅行業從業人員基礎訓練教材》（頁148），交通部觀光局，1996。

十三、航空業

　　自從萊特兄弟於1903年12月7日成功的發明能夠在天空中飛行的飛行器後，航空事業至今近百年的蓬勃發展，遠遠超出預期的想像。全世界第一家載客商業飛行的航線，出現在1919年的德國。從早先設計粗糙的三翼型、雙翼型，慢慢改良成簡單單翼型飛機，才具備現代

飛機的樣式。第二次世界大戰後，由於噴射引擎的發明，使得飛機的載重量大幅提高，因此，出現了客運航空公司、貨運航空公司和客貨運航空公司，同時也由於引擎推力的改良，使得載客人數可以根據飛行距離的遠近，分為短程（1500哩內）、中程（1501-3500哩）、長程（3501哩以上）的各式各樣飛機。

對於島國居多的亞洲交通來說，島與島之間的聯繫方式，以往除了船隻外，並無其他的方法。飛機的發明，尤其是大型噴射客機的出現，帶動的島國人民向外探索的興趣。1970年代的日本，開始大量海外旅遊；之後的台灣、韓國、香港、新加坡以及東南亞各國；近期中國大陸的海外旅遊，更是帶動亞洲航空景氣的助力。飛機的速度，拉近了人類彼此間溝通的距離，促進了國與國之間的文化交流。這其中穿針引線的，就是現代經營的航空公司。

航空公司的經營在整個餐旅事業鏈中，實扮演著上游火車頭的角色：因為若沒有航空公司的出現，就沒有航線的開闢；若沒有航線的開闢，就沒有旅客的到來；若沒有旅客的到來，就沒有旅行社的出現，也沒有國際級餐廳、五星級旅館的存在。因此，一個地區要繁榮觀光事業，首先必須建設國際機場有了通往國際路線的空中交通，客人就會出現在飛機上，他（她）就是航空公司的旅客；下了飛機，他（她）就成為旅館的客人、餐廳的客人、風景區的客人。

我國離島蘭嶼是一海島，島上雖有機場，但是跑道短小、設施簡陋，只能降落小型螺旋槳飛機，由於載客量有限，且飛機安全性不佳，對於蘭嶼的觀光事業並無幫助。反觀同樣屬於海島的泰國普吉島，有一國際機場，各國大型噴射飛機絡繹不絕，飛機帶來了大量的旅客，旅客造就了當地的旅館、餐廳、購物、旅遊、演藝、文化，以

及就業；可見一個地區若要發展觀光事業，基礎建設中的航空站規模重要性，可見一斑。

十四、小結

回顧餐旅事業中，我們可以整理出一條脈絡：人類的基本需求食、衣、住、行、育、樂經由「移動」而產生不能自給自足，古代「移動」的方式是靠人力和動物，近代蒸氣機的發明，使得經由陸路和海路的「移動」速度加快，但是由於某些區域距離過長，「移動」途中的風險加大。

飛機的出現，使得「移動」符合了人們「時間就是金錢」的觀念。由於飛機的出現，兩地的距離縮短了，人們參訪的地方增加了，人類更互相瞭解，綠色環保、愛惜地球的觀念更普世化了。

旅客上了飛機，增加了航空公司、保險公司的收益；旅客住進飯店，增加了旅館、餐廳、旅行社、風景區的收益；旅客使用塑膠貨幣，增加了銀行業、信用業的收益；旅客在當地的活動，增加了教育業、百貨業、醫療業、廣告業，以及相關的行業就業機會。經由政府的航空基礎建設，吸引餐旅事業中居於上游的航空公司前來，進一步帶動中、下游的百業蓬勃發展。因此，我國現在正推行「觀光客倍增計畫」，的確是一正確的作法。

第三章

服務業的特性與組成要素

第一節　服務業的特性

我們常常發現在服務業界，同一位服務人員，每天所提供的服務有些不同。我們也常常聽到顧客抱怨說，某某旅館或某某航空公司的服務有待加強，為什麼同樣作為企業對外銷售的產品：「服務」和「產品」，顧客對「產品」好壞的判斷力，會比「服務」好壞的判斷力較為準確。服務業到底有哪些特性，會造成一般消費者在判斷服務好壞的時候，有如此大的差異性。楊錦洲（2001）認為服務業有下列十二項特性，現分別敘述如下：

1.服務業的產品大多是無形的。
2.產品變化很大，幾無標準產品可言。
3.產品是不可儲存的。
4.服務人員與顧客之間有高度的接觸。
5.服務時會有顧客的參與。
6.服務業是勞力密集產業。
7.服務是無法大量生產的。
8.服務的品質會受到服務人員很大的影響。
9.服務的品質不容易控制。
10.服務的績效不容易評估。
11.服務的尖峰與離峰的差異很大。
12.某些服務業的進入障礙低。

也許我們還是不太瞭解「服務」與「產品」的差異在哪裡？又根據顧志遠（1998）所述，他認為「服務特性」的「服務特徵」與「產品特性」的「產品特徵」之間的差異性，如圖3-1所示。

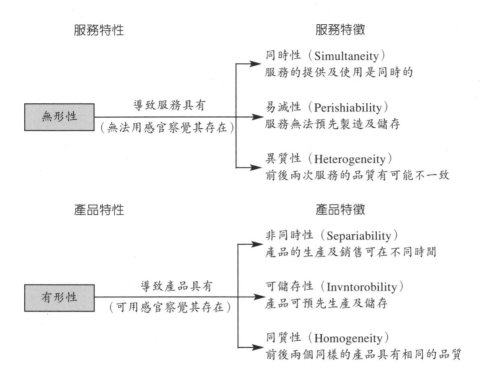

服務特性   服務特徵

                                            同時性（Simultaneity）
                                            服務的提供及使用是同時的

無形性   導致服務具有   易減性（Perishiability）
            （無法用感官察覺其存在）   服務無法預先製造及儲存

                                            異質性（Heterogeneity）
                                            前後兩次服務的品質有可能不一致

產品特性   產品特徵

                                            非同時性（Separiability）
                                            產品的生產及銷售可在不同時間

有形性   導致產品具有   可儲存性（Invntorobility）
            （可用感官察覺其存在）   產品可預先生產及儲存

                                            同質性（Homogeneity）
                                            前後兩個同樣的產品具有相同的品質

圖3-1　服務與產品的特性

資料來源：《服務業系統設計與作業管理》（頁49），顧志遠，1998，華泰。

既然「服務特性」與「產品特性」有如此大的差異存在，企業在從事於「服務導向」的價值鏈與「產品導向」的價值鏈分析時，會產生如圖3-2所示。

產品導向	1/2（產品＋服務）導向	服務導向
需求與期望10%	需求與期望20%	需求與期望25%
服務成分10%	服務成分25%	服務成分50%
作業成分40%	作業成分30%	作業成分15%
產品成分40%	產品成分25%	產品成分10%

圖3-2　服務導向與產品導向的價值鏈分析圖

資料來源：《服務業系統設計與作業管理》（頁134），顧志遠，1998，華泰。

因此，我們瞭解到服務業的主要產品－「服務」，從產出得到回饋的是「品質」的提昇。航空公司經營客、貨運輸送事業，屬於第三產業的服務業，其特性與服務業之特性不謀而合，所以航空服務業跟服務業一樣，根據卜奭年（1977）的解釋，航空業亦同時具有服務業下列的四大特性：

1. 無形性（Intangibility）：航空公司雖然有大樓、飛機、廠棚等硬體設備與設施，但旅客之需求除了豐富的餐點，愉悅的視聽節目，乾淨清潔的周遭環境外，主要還在於飛行安全平穩，乘坐舒適愉快，服務親切有禮，而這些感受都是無形的。
2. 不可分離性（Inseparability of production and consumption）：

航空公司生產服務，旅客（消費者）使用服務，因此航空公司生產機位等待旅客前來消費。消費者若不登上飛機，航空公司則無生產可言。同理，若飛機內僅有旅客存在，而無從事生產的服務人員在場服務，對消費者而言，是一件不可思議的事。

3. 異質性（Heterogeneity）：同樣的空、地勤服務，會因為服務人員的不同、服勤時間或地點的改變、天候的變化，以及飛機機種不一、修護人員的不同，使服務無法達成一致性。這也是消費者對服務業抱怨的主因之一，航空公司無不努力消除異質性的差距。

4. 不可儲存性（Perishiability）：航空公司從事客、貨運營運事業，所有無法銷售出去的剩餘機位、貨艙空間，過期（飛機起飛）即失去再利用的價值。也就是說，同一班機的服務，不可能儲存至下一班次使用。這也是為何航空公司在面臨淡季時，會以降價或升等配套方式大力促銷機位，以增加營收的方式之一。

一、航空業的服務特性

航空業自從1903年萊特兄弟成功的發明飛機後，在近百年的航空發展史上，可謂突飛猛進，一日千里。我國政府早年在大陸時期的航空業，初具規模；但在政府遷台時期，由於「兩航事件」，使得稍具雛形的航空業，毀於一旦。政府遷台後，歷經數十餘載慘澹經營，才使國內航空業漸入佳境。對於航空運輸業的研究，長期專研航空業的學者張有恆（1993）認為航空運輸業的特性有下列四點：

（一）飛行距離遠且速度快

在古代遠行是一件極為慎重的大事，時至今日噴射時代，藉由飛機的運輸，大大縮短兩地間的距離。

（二）飛機與機場所有權分離

提供飛機降落及上下客貨的機場，由政府興建設置，而經營航空運輸的業者只需購買飛機，然後向機場承租場地，便可營運飛行。

（三）使用範圍廣泛

飛機的用途非常廣泛，除了載客運輸外，尚有郵務、軍事、觀光旅遊、救災等功能。

（四）有全球性及國際性

航空事業是屬於全球性之多國籍私人運輸企業，具有跨國服務的功能，故需考慮提供國際化之服務與合作關係。

二、服務業擴張的推力

服務業自20世紀50年代進入21世紀，從萌芽、成長、發展、茁壯，成長率迅速的超越第一類的傳統農業，也跨越了第二類的製造業，成為各國經濟發展的主流；在其不斷擴張的背後，有一股強大的推力，造就它成為今日的規模，這股推力的內容，包含有下列十二項：

（一）潮流所趨

隨著加入世界貿易組織，我國服務業必須全面對外國開放。外國服務業如律師業、教育業、會計業、觀光業等，都將大軍長驅直入，促成國內服務業更蓬勃發展。

（二）政府及相關職業工會服務標準的放寬

為因應世界規範，政府服務相關法律需隨著WTO的服務規格而修法，其結果便是法條的鬆綁；各種服務業單項職業工會，無論在典章制度或廣告促銷手法上，均有大幅度的放寬。

（三）民營化

「民營化」這個名詞來自英國，描述國有企業經過釋股的手段，轉變為民營機構的過程。例如，美國的AT&T，日本的國鐵，台灣的中華電信等；隨著服務風強烈的吹向資本主義國家，過去政府為照顧民眾基本生活需求而設的國營企業，經不起民間企業服務的強力挑戰，紛紛轉換體質，組織再造，迎接服務業的艱鉅挑戰。

（四）電腦科技的創新

新科技與通訊的結合，快速的改變服務供給者對顧客提供服務的方式，透過科技的創新發展，一些傳統產業或高科技產業，經由網際網路傳輸，由實體產業轉成虛擬產業，全天候24小時在網路上進行電子商務。企業經營本質與範圍可轉變為全國性，甚至全球化。

（五）服務連鎖與服務網的成長

自從國內第一家麥當勞在台北開設，以及7-11連鎖超商經營成功的範例顯示，跨國性的服務連鎖系統或全球網路系統，已形成全世界風起雲湧的經營型態。特許權、加盟店、直營店等，服務業更向上提昇。

（六）租賃業的擴張

租賃業可視為服務與生產的結合。也就是說，顧客可以享受並使用到產品，卻不一定要擁有該產品。直接也擴張其周邊的相關服務行業。例如，小汽車出租業，便牽動洗車、維修、輪胎、汽油、證照、道路支援、保險、二手車等服務業的發展。

（七）製造業也成為服務的提供者

國內的裕隆汽車跨足進入租車業、旅遊業；航空公司修護工廠跨足航太工業，為飛機工業提供製造與維修的工作。中國鋼鐵公司、台灣糖業，轉型進入購物中心等便是製造業轉換成服務業的例子。

（八）公共或非營利組織也採行服務導向策略

公共或非營利組織，在面臨財務壓力時，也會考慮轉型到能夠營利的項目，為了縮減成本、增加獲利空間，不得不在顧客需求與競爭者動向上，投入更多心力，同時也試著採行服務導向的工作方式。

（九）全球化

在WTO的架構下，航空公司、旅遊業、國際快遞、銀行、創業投資等行業，早已發展成全球化的服務性企業。

（十）服務品質運動的衝擊

第二次世界大戰後，戴明（Demin）將品質管制技術傳入日本，世界便開始掀起一場品質的戰爭，企業將品質導入生產流程、行銷體系、人力資源、財務管理，以及研究發展等方面，造就出服務業的全面服務品質運動。

（十一）服務業僱用具有創意的管理者

過去的服務產業非常狹隘，管理者傾向於將自己的職業限制在某一特定產業內或組織內，很少跨出自己的專長，接觸其他陌生但重要的領域。如今少數管理者除本身本身專長外，尚具有其他專長如旅館管理、航空管理、銀行管理等，能夠全方位經營企業。

（十二）個人化企業的興起

經濟不景氣使得企業裁員以求生存，同時也不斷的將不屬於企業核心競爭力的產品或服務採取「外包」經營方式。電腦科技的進步，造就了硬體設備與其周邊的軟體設備功能不斷地增強和多元。企業內的個人藉由工作經驗的累積，配合企業組織扁平的機會，紛紛離開企業開始成立個人工作室，利用個人的智慧財產，提供企業所需的服務。

第二節　服務業的組成要素

一、服務與產品

　　服務業整合了服務產品本身和服務系統支援，他的組成要素也就是服務與產品。服務本身包含四個要素，分別是：核心服務、周邊服務、附加服務和潛在服務。如果將核心服務看作是原子核，則其他三種就是包圍在原子核外圍不同層次的電子。核心服務也叫做基本服務，是服務最基本的要求；例如，旅館的核心服務一定有一張過夜的床，銀行的核心服務是能夠提供存款和貸款業務。周邊服務是支援核心服務所需的條件，例如，航空公司的旅客購買機票搭乘飛機，航空公司必須提供一個座位，這個座位就是核心服務。除外，還需要一些條件如舒適的候機環境、良好的客艙服務、可口的餐點以及安全準時到達目的地等周邊服務。附加服務是使自己的服務與其他服務企業的服務區別開來的重要方法；例如，IBM擁有良好售後服務的聲譽，儘管在技術上不一定是最先進的，但是顧客可享受到優質的售後服務和支援服務系統。潛在服務是指所有可能的或潛在的能夠給顧客帶來的附加利益或價值；例如，新服務的優先購買權，現有服務發展後的享用權，購買軟體的免費升級等，都是潛在服務的一個好例子。

　　服務的四個層次從顧客和行銷服務人員的不同角度來看，實際上

也不盡相同，如表3-1所示。

表3-1　各種層次服務

服務層次	客戶角度	行銷服務人員角度
核心服務	必須滿足顧客需要。	顧客基本利益。
周邊服務	顧客最低期望組合。	行銷服務人員在有形、無形單元上的組合。
附加服務	服務人員提供超過顧客預期的服務。	行銷服務人員在價格配銷、促銷上的基本決策。
潛在服務	一切可能對顧客有利的事情。	行銷服務人員為吸引和保持顧客所採取的措施。

資料來源：《服務業營運管理》（頁174），劉麗文、楊軍，2001，五南。

製造業的設備核心是工廠技術開發及倉庫等，相對於此，第三產業之服務業中，尤其是零售業或消費服務業，其硬體設備大部分被當作為搭配軟體服務營業項目之一。例如，餐飲服務業的顧客，對餐盤內菜餚之滿意程度，不只是受到材料、烹飪技術及味道的影響，同時亦受到環境的影響。服務與產品的差異，可用硬體與軟體來比喻，產品是硬體（物質），服務是軟體（感覺），而服務與產品間又存在其不可分割的關係，現說明如下：

1.產品的本質：產品是一種「物體、裝置、東西」，服務則是一種「行為、表現、努力」。將服務視為表現的觀念，它就是服務管理中抽象化的部分。所以，將服務過程想像成一齣戲，服務人員是演員，顧客是觀眾，服務就是從頭到尾的表演過程。

2.顧客在製程中的參與：服務的組合與傳遞通常需要實體的設施或人工加以完成，顧客參與服務製程，以幫助自己獲得「服務」

這項產品，如速食餐廳、自助洗衣。

3. 人是產品中的一部分：在高接觸的服務業中，不僅是服務人員與顧客有接觸，顧客之間也會有擦肩的機會，而服務的好壞，很大一部分是在於服務人員的經驗與素質。

4. 品質控制的問題：有形產品的標準化可用科學化控管，無形服務的標準化卻難以控管，尤其是服務人員與消費者的互動，使得服務品質會因人而異，這是提供服務一致性的難處所在。

5. 顧客難以評估：顧客在購買之前，可經由產品的特性，如性能、顏色、外型、硬度、感覺等進行評估。但是有些以服務為重的產品，在消費者的自身經驗上幾乎無法區別出來。例如，從容易自我評估高搜尋品質的瓷器、椅子、摩托車；慢慢轉變至高經驗品質的理髮、吃飯、施肥；最後到不易自我評估高信任品質的修電腦、法律服務、手術。

6. 服務無法儲存：服務是一種及時的表現，現場當時若沒有展現出來，過後服務就立即失效。當「服務」供過於求時，顧客通常滿意的程度會高；一但「服務」供不應求時，顧客的抱怨會較正常時期為高。

7. 時間的重要性：許多的服務都是現場及時提供的，現場必須要有消費者同時出現，服務才能夠進行，如醫院、航空公司、餐廳。消費者對於服務所需之時間長短的要求，往往也是滿意的指標。

8. 不同的配銷通路：服務不像製造商需要實體的配銷通路，服務業在電子通路上，結合服務場所、零售管道以及消費者於一身；甚至設置專職服務人員與顧客接觸，去除中間商管道。

二、服務業的產品

　　當顧客購買一件有形產品時，他們會擁有一件實質的物品。但是服務是無形的且短暫的，消費經驗勝過實際物品的擁有，即使顧客購買的是實體要素：汽車、熱狗、泳裝，顧客所支付的價格裡有一部分是無形的服務要素所構成的附加價值。在餐廳中，用餐後需付總額10%的額外服務費用，這可視爲顧客願意爲舒適的用餐過程所感受的綜合體認，付出愉快的代價，這也是服務的附加價值。

　　所有製造業、農業、林業、漁業、礦業、高科技工業等，其部分產業內容是所謂的「隱償性服務業」，或可稱爲「內部服務」，範圍有人力資源招募、出版、法律服務、薪資管理、辦公室清潔、交通運輸。

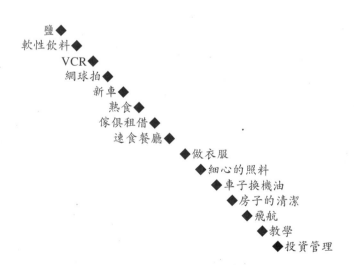

　　　　　　鹽◆
　　　軟性飲料◆
　　　　　VCR◆
　　　　網球拍◆
　　　　　新車◆
　　　　　熟食◆
　　　傢俱租借◆
　　　速食餐廳◆
　　　　　　　◆做衣服
　　　　　　　◆細心的照料
　　　　　　　◆車子換機油
　　　　　　　◆房子的清潔
　　　　　　　◆飛航
　　　　　　　◆教學
　　　　　　　◆投資管理

圖3-3　產品和服務的有形VS.無形位置

「產品」是一個名詞，是服務業中重要的核心輸出，產品與服務之間的主要差異，通常消費者得到的是由實體搭配虛體的服務所轉化成的綜合體，也就是類似製造業中的「模組化」觀念，將半成品實體經過顧客出現的場所加上服務的一系列要素進去，這些服務是配合核心產品而建立的，這也是說服務有時是提供感覺的價值，而沒有得到實體的擁有權。例如，消費者可租用實體（汽車、旅館房間）或在短時間內僱用勞工。消費者有興趣的可能是最後的產出，但是消費過程中消費者被對待的方式（及服務傳遞過程），對顧客的滿意水準有相當程度的影響，如圖3-3所示。

三、服務企業之人員

服務業的人員的組成要素，包含管理者和被管理者：

1. 管理者：管理者就是藉由他人力量完成工作的人。管理人員指揮別人工作，也可能負責某些作業性職責，如餐廳領班、訂位督導、櫃台主任等，他們除了要監督其他服務人員的工作績效外，還要親自參與做基本的客人帶位、旅客訂位、客人住房等基層員工必須要做的份內工作。

2. 被管理者：被管理者也就是服務人員。為簡化起見，組織內分為管理者與被管理者（服務人員）。服務人員所從事的工作內容是無須擔負監督別人工作之責的基層工作人員。在汽車修理廠的安裝檔泥板工人，在麥當勞煎漢堡的服務員工，在監理所換發證照的作業人員。此外，越來越多的企業捨正式員工不用

改採兼職，或是計時等臨時人員來填補正式員工的工作，他們
也要與服務人員一樣地受到管理者的監督與輔導，如圖3-4所
示。

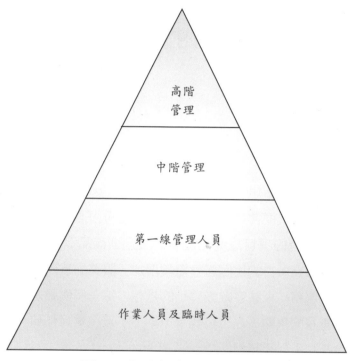

圖3-4　服務性企業之組織階層

管理者與被管理者之間的界定，會因為時空的不一樣，而產生不
一的解釋。例如，第一線服務的督導、領班或是主任，在服務時當然
責無旁貸的要負起監督與輔導基層服務人員的服務績效，包含獎勵與
懲罰。同時，這些負責管理的人員在組織中，也扮演著被管理者的角
色，較低層級的管理者要受制於較高層級的管理者節制，中階的管理
者要受到高階的管理者約束。即使是最高管理者的總經理，也要定時

的像董事會報告公司營運狀況；也就是說，他也要受到董事會的監督管理，這就是企業組織的管理機制。

第三節　服務過程內涵

一、前言

　　由於企業在商品類別上的差距越來越小，因此銷售服務的差距乃決定企業的優劣。換言之，顧客滿意度的比重由商品轉向服務，以往顧客滿意度調查的項目以商品最多，最近則商品與服務幾乎各占一半，而今後服務所占的比例還會繼續增加。服務的難處在於從與顧客接觸開始到服務結束顧客離去為止的過程，每一個與顧客的接觸點，都是顧客重視的焦點；在市場競爭原則下，若企業對任何一個環節疏忽，便會被競爭對手超越。

　　服務既然是一系列的過程，它從服務的事前準備，經過服務的事中發生，到服務的事後回饋一連串動作，其動作內涵到底是由什麼要素所組成的呢？何種服務內涵會使這種具有連貫性與互動性的機制發揮其功能？據作者的觀察與瞭解，服務的組成結構內涵應該包括：服務前準備的「前期醞釀內涵」、服務發生時的「中期過程內涵」和服務結束後的「後期知覺內涵」三個階段，現在分別詳述如後。

二、前期蘊釀內涵

（一）服務要有空間的環境

　　營造服務成為可能的有形或無形的空間環境條件。古代商人外出經商，對於旅途中自身食衣住行的基本需求，無法自給自足，必須仰賴外援；如此經由空間的轉換而衍生的服務需求，便是服務形成的空間環境。資本主義國家的服務業之所以普遍優於共產社會主義國家，就是因為在資本主義國家的服務業較共產社會主義國家，有較大的經濟發展空間所致。服務要能夠精緻，要視一國之經濟成熟度和社會成熟度而定；相較之下，資本主義國家在上述兩項成熟度，都普遍優於共產主義國家。

（二）服務要有時間的過程

　　經由時間的連續性或間斷性，產生最後服務的完整性。服務的提供或完成必須經過時間的累積，例如，旅客住進旅館消費、進入餐廳用餐、行動電話、信用卡的售後服務等，時間的過程是必要的因素。雖然說，顧客對於現代服務業的要求是快速，但那仍然需要時間的經過來完成；同樣地，資本社會歷經近百年的時間過程，先進各國的經濟成熟度就是由社會成熟度慢慢演變形成的，這也是大陸改革開放轉變體制後，希望與資本社會快速接軌，大量引進現代西方服務觀念，從1978年改革開放以來至今，如今大陸在服務的軟硬體上，均有長足

的進步，這就是時間的累積所造成。

（三）服務要有觀念的聚集

服務的環境成形，是社會觀念長期演變調整後聚集而成的結果。早期時代提供他人的臨時性協助，範圍大都侷限於親朋好友之間，此種行為也通常被認為是熱情與好客的表示。現代化制度性的提供必要的協助予任何人，便是服務的範圍，這種觀念是需要社會經由長期觀念的累積而形成的。同樣的，中國大陸在過去封閉的共產社會主義國家內，對於服務的觀念，完全不同於資本主義國家的服務觀念，所以在改革開放中，便大量引進長期浸淫西方資本主義社會的台灣專業人士在服務領域的經驗。但是引進服務的觀念，是否與大陸共產社會長期以來的根深蒂固觀念相容，尚須視該服務的觀念對共產社會衝擊的大小而定。一般而論，要調整甚至改變對資本主義服務的看法，很難在短時間形成的。

（四）服務要有經驗的累積

為了提供舒適愉快的服務，使接受服務的對象感受美好的回憶；服務提供者必須對他提供服務的有形無形內涵，有充分的瞭解與體認，如此才能展現高水準的服務。「平常不是本領，非常才是本領。」這裡指的平常就是一般服務的例行公事，也就是牌掛或表列的服務項目；但是現代的顧客，服務的狀況層出不窮，應付這些經常不在表列或牌掛的服務項目時，便需要有經驗的服務人員才能勝任。提供讓顧客咒罵或抱怨的服務項目，並不能算是提供服務，因為此種服務並沒有令人感動的經驗累積。當然服務顧客，可以從客人的抱怨中得到寶

貴的經驗，作為下次改進的參考。服務做得愈來愈好，便是經驗累積的結果。

（五）服務要有需求的期待

消費者或服務者雙方若對服務沒有需求的預先期待，服務就沒有方向性，這不能算是服務。服務在交易時，提供服務與接受服務雙方都必須要有需求方面的期待。顧客要有事先接受服務的期待，希望能夠得到物超所值的服務；服務人員看見服務的對象滿懷而來、滿載而歸的喜悅神情，對自己的服務能力會更有自信；企業老闆希望能經由提供高品質的服務，使顧客事後滿意度增高而能再次光臨惠顧，如此將會是三贏的局面。

三、中期過程內涵

（一）服務要有人際的接觸

在服務的中期過程中，包含人與人的接觸、人與物的接觸，或是人與形象的接觸。這其中，不管是服務者或是消費者，「人」都占有絕對重要的地位。換言之，服務是顧客與企業的「有形服務」搭配「無形服務」的接觸，層次或許有深淺之別，但在服務過程中，這是最主要的關鍵互動因素，也是現代企業主要探討的內涵之一。金融服務、通訊服務、旅遊服務、教育服務等，均是透過人際互動的接觸，達成服務的目的。

（二）服務要有感覺的互動

業者與消費者之間的接觸互動過程，會導致雙方心理認知上對此次服務本身或服務對象的不同評價。業者提供服務過程中，會對消費者產生愉快的或痛苦的服務體驗。同樣的，消費者也可從雙方服務的互動中，依據個人的經驗與體認，認知到提供服務的個人，甚至對提供服務的業者，作出一服務好壞評比的結論。這種服務好與服務壞的綜合感覺，就是由服務提供時的買賣雙方互動所產生的。

（三）服務要有物質、精神作交換

業者與消費者雙方，對於提供服務與接受服務之過程中，一定要有一個有形的財貨物質或無形的精神物質，作為促成服務交換的媒介；而此媒介通常是金錢的回饋、社會的關懷或是口碑的擴散。提供旅館的房間、保單的保障、通訊系統的流暢、衛生安全的食品、社會諮詢的服務、急難救助的服務等，任何一種營利性或非營利性的服務，都參雜著有形的物質交換或無形的精神支持在內。

四、後期知覺內涵

（一）服務會有精神的回饋

提供服務與接受服務雙方對服務過後，雙方的精神層次上，所感受到的舒適與不舒適的程度，經由雙方互動的接觸，業者得到消費者

對服務的肯定，這種除了金錢之外的精神鼓勵，是業者能夠再接再厲的支柱。消費者得到業者提供完善的服務，滿足其先前對業者的預期心理，達到消費者消費的目的，精神亦得到了滿足回饋，雙方均得到精神方面的滿足。至於非營利組織所提供的服務，則是強調社會的關懷、人際的互助或精神生活的滿足，當服務提供者瞭解經由服務的擴散使得社會更加祥和、人們精神更加充實、家庭更加美滿，便達到精神的回饋。同樣地，個人在接受非營利性組織所提供的服務後，不管是個人、親友或是家庭，得到更多的身心關懷、更好的生活規劃、更融洽的人際互動，這種精神回饋是無價的。

（二）服務會有物質的滿足

不可諱言的，大多數服務的提供，往往都會有金錢的交易；也就是說，業者經由提供良好的服務，來換取消費者事後給付的酬勞或者是消費者以其他相對的物質交換，以達到物質滿足的目的。購買家電用品、購買交通工具、購買機票船票、手機門號等，買方得到立即的物質享受，賣方得到金錢的回饋，企業與消費者之間，各取所需這也是經濟社會買賣的常規。

（三）服務會有擴散效應

服務經由上述各項服務流程，提供與接受服務雙方對提供服務後與接受服務後，雙方動態互動的結果，對相互接觸一定會產生正面或者負面的服務評價，這些正反評價，包含消費者和業者，敘述如下：

1.消費者方面

（1）消費者對業者的正面擴散效應：消費者若對業者提供的服務產生正面看法與評價，則可能對其服務技巧的模仿或服務技術的創新，產生深刻的良好印象，同時也可能會將自身感受傳播與擴散出去，這也是企業或是服務個人戮力以赴的目標。

（2）消費者對業者的負面擴散效應：消費者若對業者提供的服務不滿，產生負面看法與評價時，除了個人可能拒絕再接受同一業者類似服務外，尚可能將此次服務的痛苦經驗，傳播給他所接觸的任何個人或團體。企圖經由個人的影響力，影響他所接觸的對象前去消費的意願，這對企業的殺傷力極大，企業或個人必須極力避免此種情況的發生。

2.業者方面

（1）業者對消費者的正面擴散效應：業者（或服務人員）提供服務後，其公司或個人對消費者或消費團體，也會形成一種看法，表達企業（或服務人員）對消費者或消費團體的總體評價。若此評價結果為正面的，則往後雙方的互動會朝良性方向發展。其結果就是業者會更努力發展雙方的良性關係，希望消費者對業者（或個人）產生忠誠度，進而變成企業的常客。

（2）業者對消費者的負面擴散效應：業者（或個人）在提供服務後，若對消費者產生負面評價，經過持平檢討認為錯在消費者，而此種情況發生頻率不低時，理論上業者（或個人）可能調整、限制或改變本身以後遇到特定個人、團體或類似個人、團體時，所能提供服務方式的範圍；這也是

許多服務業對外說明服務項目時，明確的告知消費者，在某些情況下，業者保有不提供服務的權力，預設未來若碰到上述情況發生時的企業（或個人）退路。同時業界之間也會將此不愉快的服務體驗交流，達到擴散效應。

但是在實務上，由於企業的經營目的在獲利，有了獲利企業才有永續經營與發展的可能。否則在競爭激烈的環境下，若企業（或個人）針對特定個人或團體採取選擇性的服務方式或策略，其方式或策略本身對企業就是一種負面的宣傳，對企業的殺傷力非同小可。因此，企業若再次遇到特定或類似顧客、團體時，多採「順從原則」；即「顧客永遠是對的」方式服務消費者。但是私底下，業者（或服務人員）對特定服務對象的負面評價，仍會保有自己的看法。

（四）服務會有趨良的現象

服務業存在的目的就是要消費者前來消費，促進業者的生存與發展。「消費者有限的花費，往往有無限的需求。」為了達到消費者前來消費的目的，業界與消費者的不斷互動，外加自由市場的同業間激烈競爭，消費者對單一服務有多重選擇性，業界為求生存，在需要充分滿足消費者物質與精神需求的前提下，會挖空心思將所提供的服務儘可能的試圖超越同行，以便達成下列十項目標，博得消費者的青睞；因此，產業界間的服務會朝競合的良性互動發展。

1.提供更價廉品質的服務。
2.提供更耐用品質的服務。

3.提供更具安全品質的服務。

4.提供更具信賴品質的服務。

5.提供更具環保品質的服務。

6.提供更多功能品質的服務。

7.提供更具時代性品質的服務。

8.提供更具價格合理品質的服務。

9.提供更具容易維護品質的服務。

10.提供過程更趨人性化品質的服務。

　　企業經營的方式是競爭，任何的服務業也不例外，如果競爭很激烈的話，每一家公司都不斷的推陳出新各式各樣的服務，則顧客對服務的期望就會不斷的上升。發行信用卡便是一個很好的例子；信用卡的發卡銀行原先都向持卡人收取年費，持卡人也樂於繳交年費。但是因為競爭的緣故，某一家發卡銀行率先推出免年費措施，於是發卡銀行一家接著一家跟進，這種趨良的現象演變至今，收年費的信用卡銀行反倒成為同業中的異數。

　　在激烈競爭的產業內，業者為了生存和發展，必須不斷地提供更好的服務給消費者，同時為了超越同業現行的服務水準，企業會挖空心思提供更優良的服務討好消費者；歸根就底乃是顧客對企業服務品質不斷上升的期望。「顧客若不會挑剔，企業就不會爭氣。」

　　綜合以上「服務前期」、「服務中期」和「服務後期」三個階段所述服務的組成結構內涵，我們對於服務的形成，有了一個完整的瞭解，現為求更進一步認知服務的內涵，以圖3-5之服務內涵觀念模型，將上述服務各階段的互動關係以圖示之。

　　「服務」是行銷系統內的核心項目之一，服務內涵觀念模型所顯

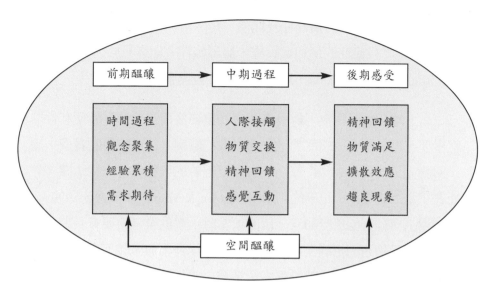

圖3-5　服務內涵觀念模型

示的是，所有服務過程中買賣雙方互動的各項細節。當然在行銷系統中，還有為顧客設想了更佳解決方法的動力，我們稱之為服務創意。威斯康辛大學教授Dick Berry （1981） 認為現代行銷組合中除了4個P（產品——product、價格——price、地點——place、促銷——promotion）之外，還有一個S，代表行銷組合中的服務（service），以及兩個C，代表顧客敏感度（customer sensitivity）和便利性（convenience）。以下就依據貝利理論的重要性列出行銷組合七大要件：

1.顧客敏感度：員工態度、如何對待顧客和回應顧客。

2.產品：產品品質、可信賴度與特色。

3.顧客便利性：易於購得、方便及銷售。

4.服務：售後服務、售前服務及顧客取得服務的便利性。

5.價格：索價、訂價條件及開價。

6.地點：供應商的便利與設施、訂價條件、顧客易於購得。

7.促銷：廣告、公關、銷售、售前及售後服務。

　　在上述七大要件中，對服務顧客的重要度而言，顧客的便利性非常重要，但是顧客敏感度卻是服務成敗的關鍵。此項特質的具備，除了服務人員需要有服務特質外，尚需要經驗的累積與博學的知識，才能在正當的時機做出正確的判斷（Schewe & Hiam, 杜默譯，1999）。當市場上已經不能接受60元一個的便當時，餐飲業者便要有長期以來一直以60元銷售的招牌便當必須要順應市場需求而做調整價格的敏感度，才能繼續生存，也就是說，企業經由提供下列五項差異化服務來提昇服務：

1.服務的內容與範圍的差異。

2.價格差異。

3.可獲性差異。

4.品質差異。

5.獨特性差異（Heskett, 1986）。

　　不論在何種情況下，理想的業務員一定具備某種程度的支配力、自信和操控力；另一方面，服務人員不可以有絲毫的顧忌或自我懷疑。他們不會使自己吃虧，不害怕贏得勝利，不願意成為失敗者，這些特質都是可測的。當企業遭受抱怨時，組織內分子會產生共同善意（mutual good will）；亦即每個人都瞭解，如果服務（或產品）不佳，任何類型的顧客都會抱怨，唯有製造更好的服務（或產品），才會使顧客回心轉意。

第四章

服務系統與服務互動模型

第一節　服務系統

　　服務從粗糙進而精緻，從單純變成複雜，提供服務的時候，如何讓顧客感受到滿意的結果，業者必須提供一系列的活動。這一系列服務活動的組成就是服務系統，而服務系統有下列特性：

一、可視性和不可視性

　　不管是「物品」或「服務」，由過程觀之，其功能是看不見的，但在結論上看，功能也可能是「可視化」；但這只是將功能的結果可視化，而不是功能本身可視化，例如，將服務的過程記錄下來。但是對他人的「愛」是人的功能，但仍是「不可視的」。可視化的第一個觀點是將服務「物化」或「量化」。可視化的第二個方法是從效用的觀點來看表現服務的功能。美國經濟成長最快速的部門，並不在於可視性的有形生產，而是在於不可視性無形的服務。消費者在無形服務的花費上，已經超過了總支出的50%；可見不可視性服務的重要性，已經超過了可視性的物品了。

二、直接服務與間接服務

　　「間接生產」適用於「物」的生產觀念，對服務而言，「物」本

身是一種間接生產:「物」介入了服務的中間過程,完成了更經濟完美的結果(淺井慶三郎、清水滋編著,鄒永仁譯,1999)。商品是有形部分,這是對顧客直接達到的功能,和無形部分所發揮的功能相結合,就能產生服務。企業的服務系統包含服務作業系統(service operation)與服務傳遞系統(service delivery);服務系統的組成因子有三項:顧客(customer)、設備(facilities)(包含人員——human resource)、資訊(information),如圖4-1所示。

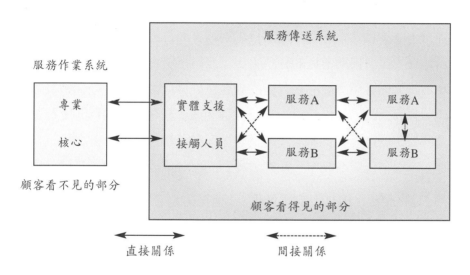

圖4-1　服務作業系統及服務傳遞系統圖

由圖4-1中我們可以瞭解服務作業系統中的製造系統,是硬體預先之準備工作,服務傳遞系統與服務的時機、地點及對何人,以何種方式來傳遞有關。此服務系統之功能,不但牽涉到服務設備與服務人員,而且經由服務過程傳送後的產出,可以直接影響顧客。顧客之間

亦會因服務傳遞而產生互動影響。

三、服務作業系統

　　誠如表演一樣，服務作業系統是顧客看得見的部分，包含演員
（服務人員）與舞台布景（即實體服務設備），顧客對於服務產品的評
價大多建立在服務傳遞過程中的眞實經歷及其所知覺的服務結果（即
戲的前場部分）。而後場的部分雖然對企業很重要，但是相對於顧客
而言，並不具太大意義。雖然後場對顧客而言不具有直接的關係，但
若是在支援與輔助前場的任務上出了差錯，將會影響到前場的績效表
現而降低顧客滿意度。如餐廳的顧客也許發現菜單上有些食物沒有供
應，只因爲後場的人員早上忘記採購，或者顧客對食物新鮮度質疑，
這些皆源於後場人員無法及時察覺、即刻通報且立即改善之故。

　　在服務作業系統中，顧客看得到的部分依據服務的本質可分爲三
類：

1. 高度接觸的服務：高度接觸的服務，需要顧客親身參與其中，
   並牽連到顧客個人的實體部分；像航空公司的空中服務以及旅
   行社的導遊。
2. 中度接觸的服務：中度接觸的服務中，顧客所需接觸的服務程
   度就較前者爲少，如電話秘書。
3. 低度接觸的服務：在低接觸的服務，顧客與服務提供者的接觸
   程度大爲減低，因爲服務作業的大部分工作都是在後場完成，
   前場部分只需透過郵件或電子媒介即可完成工作。

四、服務傳遞系統

　　服務傳遞系統牽涉到在何處、何時以及如何將服務傳送給顧客。圖4-1中之系統不僅包含服務作業系統中可看見部分（實體設備的支援與服務人員），還包含與其他顧客接觸部分。

　　傳統上，服務提供者與顧客間的互動關係應是緊密的，但是由於作業效率與顧客便利性考量，人們會尋找不需要親自到場的服務，以致於與服務組織接觸的機會逐漸減少；亦即當傳遞系統改變以及服務從高接觸移轉為低接觸，服務作業系統可見的部分便會縮減。由高接觸服務轉變至低接觸服務，例如，航空公司人工訂位系統轉變至電子商務自動訂位系統，也存在值得重視的缺點，顧客會發現從以往對人工接觸的熟悉到對機器接觸的生疏，會讓人一時不知所措。所以在做這些轉變時，需要透過一些訊息來教育顧客，並回應顧客的反應。

　　用劇場來作比喻，高接觸與低接觸服務傳遞的差別就像現場的舞台戲劇與收音機裡所展現的戲劇。這是因為低接觸服務的顧客通常看不到進行中的「工廠」，最多他們僅可以透過電話與服務提供者說話，沒有建築物、家具，甚至連服務人員的形貌都看不到，因此無法提供有形的線索來得知組織及其服務的品質。基於此，顧客通常會依據電話是否容易打通，及電話中服務人員的聲音與回應態度來對服務作評斷。當服務是透過非人員的電子產品來傳遞時，顧客並不需要身處在「劇場」中，如自動櫃員機、自動語音信箱。廠商會透過為特殊服務取名，來彌補與顧客缺乏接觸的遺憾，但顧客有時會看穿此花招。並不是每一個人對於低接觸服務的趨勢都會感到舒適，這也是為

什麼企業會讓顧客選擇交易形式與方式。例如：

1.親自到服務場所（銀行）與行員進行交易。
2.使用電話來進行交易。
3.使用自動櫃員機。
4.使用電話語音服務來進行交易。
5.利用電腦透過數據機或特殊軟體來查詢及進行交易。
6.經由網際網路進行交易。

對於服務傳遞系統的責任，傳統上是落在作業管理人員的身上，但行銷的需求也需要被考量在內，因為一項服務系統要能成功的運作，對於顧客需求的掌握將是相當重要的。管理服務業現場之作業標準，通常分為三種：

1.物品標準：為了利於管理，對於物品的管理有規格大小、數量多寡、效能強弱、設計包裝，均應詳加規劃。
2.作業標準：在管理作業流程方面，對於時間控制、時段切割、服務種類、先後順序、放置地點，均應斟酌再三。
3.管理標準：流程規劃、人員調度、操作監控、事後檢討、從新調整。為避免服務有先入為主的觀念，一般管理都會導入上述的P-D-C-A循環管理模式（planing-doing-checking-acting）。

至於如何遵守服務業現場作業標準，大致有下列三項：

1.公司或單位訂定的作業標準，必須事先充分告知操作此標準的服務人員。

2.訂定作業標準，內容需容易被接受且容易操作。

3.服務個人及組織士氣需要適度激勵與提昇。

隨著內外在環境時空的轉變，服務標準也需跟隨當時現況做修正，通常修訂時機發生的時候如下：

1.依據操作標準（Standard of Procedure, SOP）操作，卻產生不良狀況時。

2.依據標準作業操作，但是標準作業未被全體共同遵守時。

3.標準作業本身存在缺陷時。

4.品質規格已經不符需求時。

五、服務管理系統

Richard Norman （1991） 從外部適應與內部適應兩方面的觀點，提出生產高品質服務管理系統架構。其中包含五項：

1.市場區隔：服務管理的前提，根據企業的特性與競爭優勢，將顧客分割成若干階層，挑選其中一個或者數個，針對區隔過的顧客，採取企業的優勢服務特定的顧客。

2.服務理念：企業提供顧客有關個別需求、方便或利益，它使服務活動更商品化、具體化和系統化。

3.服務提供系統：英語中的delivery表示提供服務，即是指以人、物、技術為媒介去提供服務的一個組織結構。

4.形象：顧客、外部關係者（股東、經銷商）及從業人員等對服

務之企業及服務本身所抱持的印象與觀念。

5.組織理念與文化：引導、統制整個服務生產活動的各項原理、
　價值觀而言。

　　這五項要素並不能各自發揮功能，他們是互相關聯形成一個整體
的體系。其中1與2是屬於外部適應，3是內部適應，4與5兩者的適應
活動都有關係，詳細關係如圖4-2所示。

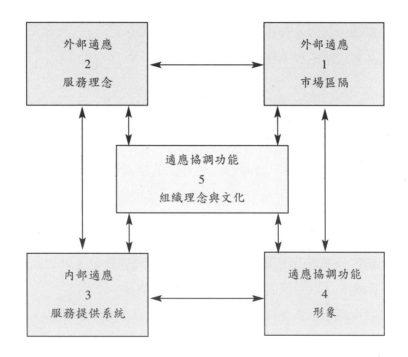

圖4-2　修正後服務管理系統圖

資料來源：Richard Norman （1991）. *Service Management*, John Wiley & Sons,
　　　　　p. 83。

顧客也是服務系統的要素之一，是因為顧客並非完全是外部要素，它同時也是參與生產的內部要素。顧客參與服務的生產可分為「直接參與」與「間接參與」。「間接參與」是指顧客當場產生的影響：餐廳和旅館的氣氛與「等級」決定他的使用者之層級，使用者的舉止也會對提供服務的場所之氣氛與形象造成影響。對於提供服務的一方而言，如何去處理那些不進入狀況的顧客、高聲談笑的顧客及顧客違反規定的脫軌行為，是一項重要的課題。企業有責任提供優良的服務給顧客，所以如何控制服務現場的「狀況」，也是一項重要的任務。「直接參與」服務生產部分，有六類（近藤隆雄著，陳耀茂譯，2000）：

1. 規格的決定：顧客指定服務的內容，如美髮院。
2. 共同生產：活動的一部分是由顧客自行操作，如自助餐。
3. 品質管理：這是基於生產與消費同時進行的關係。
4. 職場習慣、精神的維持：顧客與服務人員良性互動的人際關係。
5. 發展：顧客消費行為能夠作為指引企業發展的方向。
6. 行銷：顧客口碑會使得企業產生優劣的可能。

六、服務容量系統

在服務業中，服務即是在提供現有設施、空間與人力之使用權（所有設施、空間與人力資源運用統稱服務容量），因為服務是不可儲存，服務的提供與使用是同時發生，故業界常以服務系統的最大容量

作為服務資源需求規劃之基礎。例如，規劃1000間客房之旅館容量，而服務業的資源規劃有以下兩種方式：

1. 服務速率為基準：服務業中如售票窗口、洗車場，其服務方式類似加工方式（洗車場是洗車機器對一輛輛汽車服務，售票員也是一位位服務顧客），故可以服務速率作為資源需求之規劃基礎。

2. 服務容量為基準：大部分服務業如旅館、醫院、航空公司空中服務，由於其主要的是提供空間或時間的服務，由於是具有異質性的，顧客對服務的需求量不一（旅客住房天數不一、機內旅客喜好靠窗或靠走道也不一）；又服務是提供整批服務（航空空勤服務），故我們常以提供服務容量的多寡（多少病床、多少餐桌、多少機位）作為服務資源規劃的基礎，如表4-1所示。

服務容量是各項資源的加總生產函數，但是也受到所有服務品質、服務時間以及服務水準層次的影響。服務容量包含：一、最大服務容量（業者能夠提供最大服務量）；二、最佳服務容量（服務量與顧客需求量平衡之容量）。一般服務業提供的服務容量，大多在最大與最佳服務量之間。實務上，由於來客的速率不定，故服務容量不論

表4-1 服務速率與服務容量比較表

服務速率為基準	服務容量為基準
車站窗口賣票數／每分鐘	提供1,000立方公尺倉儲空間
自動提款機提款數／每分鐘	提供1,000個房間／每間旅館
洗車數／每小時	提供1,000個機位／每架飛機

設定在哪個水準，都可能發生服務量閒置或顧客等候的情況。如何消除閒置容量？業者可用改變供給或改變需求策略因應。至於如何消除顧客等候，可將服務系統的重新設計，以降低顧客等候感策略因應。

　　服務容量的計算是一個相當模糊、抽象及困難的工作，因爲許多投入的服務資源是無形的，如醫師的醫術、大廚的手藝、教師的經驗等。亦因爲服務業提供的服務量，性質差異大，故較難建立一直接服務容量計算公式，表4-2顯示旅館、醫院、餐廳、銀行的服務容量決定因素。

表4-2　服務容量決定因素表

	設施 （時間、空間）	人員 （時間、空間）	設備 （時間、技術）	物品 （媒介）
旅館	房間、游泳池、健身房	服務員、櫃台員、清潔員	洗衣機、洗地機	清潔用品、日用物品
醫院	病床、診療間、急診室	醫師、護士、技術人員	X光機、救護車、檢驗設備	藥品、清潔用品
餐廳	餐桌、包廂	服務人員、櫃台員、廚師	煮飯機、炊飯用品	肉類、乾貨、蔬菜、水果
銀行	分行、保險箱	服務人員、操作員、分析師	影印機、自動櫃員機、電腦	錢、紙張

　　服務容量計算模式可分爲三個階段如下：當業界要興辦某服務業時，會依該服務業所需資源向市場購買包含設施、人員、設備及物品等四種服務因素。業者之所以購買此四種服務因素是因各服務因素對於服務容量各有不同貢獻；如人員主要提供的是時間及技術容量因

素，設施則提供時間與空間容量因素，最後再由時間、技術、空間與媒介此四項因素共同決定服務容量如圖4-3所示。

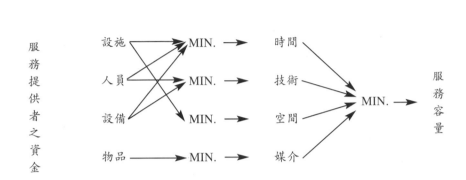

圖4-3　服務容量三階段計算模式

資料來源：《服務業系統設計與作業管理》（頁181），顧志遠，1998，華源。

1. 人員：服務業多半要以人力方式提供服務，因此人員的多寡對服務容量的大小，具有決定性的影響。人員有專任、兼任、臨時聘僱人員等多種，因此相對其他服務因素而言，人員因素是具有高度調節彈性，人員也可經由管理、領導、激勵方式來發揮質的功能；人員主要提供的是時間和技術。

2. 設施：服務是具有同時性的，也就是顧客的參與。因此服務地點的空間大小、設施多寡、設施布置、動線規劃等都會影響到服務顧客的容量。相對其他服務因素而言，設施的取得與興建要較長時間才能完成，故調整的彈性很低；設施主要是提供時間和空間。

3.設備：由於自動化及電腦化技術的發展，原先要靠人員提供的服務漸漸可被設備代替。而設備不需要休息，可以24小時運作，大大提高了服務容量的供應。又因為設備是標準化作業，如ATM能夠提供24小時品質一致性的服務容量，又由於它是可大量生產的設備，故亦具有高度調節彈性。設備的取得有相當多管道，如租借、購買、租賃；其提供的主要服務是時間與技術。

4.物品：服務用品在服務過程中扮演著媒介角色，雖然其金額不大，但是若缺貨，則對服務的進行亦會造成困擾與不便。其對服務容量仍具有影響力，若醫院某項藥品供應不足，必會造成病人的不便。物品是四項服務因素中，唯一不具有時間容量因素者，因其可大量製造所以沒有互斥作用。

第二節　服務行銷系統

其他有關廣告與銷售部門的溝通能力、專人服務的電話與信件服務、會計部門的帳單服務與服務人員或設施的隨機接觸，以及以往的顧客口碑等，對於顧客在評估整體服務組織的觀感上也是具影響力的。

一、行銷接觸

　　服務必須親身經歷過，才能真正體會、瞭解，因此上述這些要素除提供服務產品的本質與品質線索外，各個要素間的不一致性亦會削弱組織在顧客眼中的可信度。圖4-4為高接觸服務的服務行銷系統，在不同形式的組織裡，服務行銷的範圍與結構可能會有很大的不同。

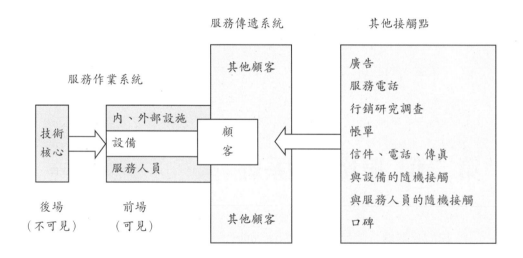

圖4-4　高度接觸服務的服務行銷系統圖

資料來源：Chiristopher H. Lovelock, *Services Marketing,* 《服務業行銷》（頁62），周逸衡譯，1999，華泰。

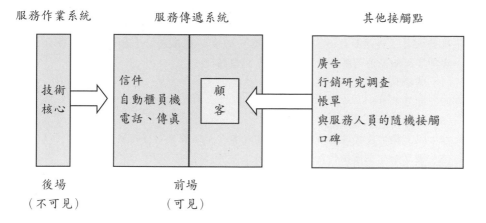

服務作業系統　　　　　服務傳遞系統　　　　　　　　　其他接觸點

技術核心　→　信件　顧客　←　廣告
　　　　　　自動櫃員機　　　行銷研究調查
　　　　　　電話、傳眞　　　帳單
　　　　　　　　　　　　　　與服務人員的隨機接觸
　　　　　　　　　　　　　　口碑

後場　　　　　　　　前場
（不可見）　　　　　（可見）

圖4-5　低度接觸服務的服務行銷系統圖

資料來源：Chiristopher H. Lovelock, *Services Marketing*,《服務業行銷》（頁62），周逸衡譯，1999，華泰。

　　圖4-5則顯示處理低度接觸服務時，行銷系統如何改變。顧客對於服務組織的觀點，由外部觀點來透視系統而非從內部作業觀點來觀察。管理者應該記住：顧客如何知覺到這個組織，才使他們決定選擇這項服務。

表4-3　服務行銷系統中有形要素與溝通要素表

1.服務人員：透過面對面、通訊（電話、傳真、電報或電子郵件）或信件方式與顧客接觸並傳遞服務。這些人員可能包括：

（1）業務代表。

（2）會計人員。

（3）顧客服務員。

（4）沒有提供直接服務給顧客的作業人員（如工程師、管理員）。

（5）顧客知覺上直接代表公司的人。

2.服務設施與設備

（1）大樓外觀、停車場、周邊景觀。

（2）大樓內部、家具。

（3）交通工具。

（4）顧客自助服務的設施。

（5）其他設備。

3.非人員溝通

（1）正式信函。

（2）小冊子／目錄／指導手冊。

（3）廣告。

（4）新聞稿／傳媒上的評論。

4.其他人員

（1）顧客在服務傳遞過程中所有可能接觸到的。

（2）親朋好友甚或是陌生人間的口碑評論。

　　雖然作業部門有很明確的功能來管理服務作業系統，但確保顧客滿意和作業部門所關切的效率與成本控制兩者間的平衡卻是行銷人員的責任。雖然大部分的作業是在舞台背後執行，且只有最後的創造結果和傳送部分才能和行銷有某種程度的關聯性。但是作業系統中可見的部分，以及服務傳遞過程發生的地方，必須以較廣泛的服務行銷系統來透視。簡言之，在行銷與作業兩個與服務相關範圍間是具有相當

大的重疊部分，而雙方管理者都必須相互瞭解對方的觀點，以期能達到最高的顧客滿意水準，如表4-3所示。當服務的定義被解釋為：「顧客消費後所知覺到的所有行動及反應。」這就清楚的說明服務的產品基本上是一系列的活動。如航空公司旅客服務提供的核心產品（運送旅客前往目的地），另外加上一些附屬服務，下圖是核心服務及其包含的附屬產品，其中包含：訂位服務、票務服務、機場運務、貨運服務、餐勤服務、機務服務、航務服務、客艙服務、安全服務、會員服務、旅遊服務、客訴服務。

　　服務業與製造業相同，當競爭增加或產業進入成熟期時，核心產品很快變成為一個基本商品。因此，競爭優勢通常顯現在附屬服務項目上的優異績效，如果一家企業之核心能力無法做好的話，遲早會被市場淘汰，像航空公司一樣，如圖4-6。航空公司的核心產品或輔助產品若有任何表現不如其他航空公司，最後將被迫退出航空市場。乘客共同關心的安全與個別關注的議題，對航空公司服務而言，都是屬於同等重要的因素。

訂位服務　　　航務服務　　　票務服務

機場運務　　　旅遊服務　　　貨運服務

餐勤服務　　　客訴服務　　　機務服務

客艙服務　　　會員服務　　　安全服務

圖4-6　核心與輔助的服務要素圖：以航空公司為例

二、服務行銷的任務

　　由於行銷的外部不確定性，或許因為季節變化、或許因為消費者對服務或產品的偏好、或許因為市場容量過剩或有限，都會造成企業在行銷的操作手法上，採取不同的策略。服務行銷的任務，是要將企業的產品或服務，能夠在企業規劃的期限與範圍內，達到銷售的目的。基於上述各項變數的不確定性，企業因應的對策，有下列八項：

（一）轉變行銷

　　這是對負性需求的操作策略；消費者對產品或是服務產生排斥感，表面上普遍產品滯銷或抱怨服務不周的情事發生時，企業應當要轉變消費者注意力，將負面衝擊降到最低，並試圖引導消費者朝正面思考方向移動。

　　當國內某航空公司發生澎湖空難後，該公司立即決定派員參加在交通部觀光局在澎湖所舉辦的促進旅遊活動，便是一個典型希望轉移消費者注意力的轉變行銷策略。

（二）刺激行銷

　　這是對零度需求的操作策略；市場上對於該項服務或是產品，並無特殊的好惡時，企業必須採取刺激性行銷，鼓勵消費者使他們對服務或產品產生興趣。一般的電扇，各家都有，需求度幾乎是零，但是企業若採取價格差異化行銷，或者是幅度很大的折扣刺激買氣，消費

者也許認為產品較為新型，價格也有誘因，這樣便可以達到企業的刺激行銷目的。

（三）發展行銷

這是對潛在需求的操作策略；當產品或服務尚未推出，及造成市場上的轟動，這種未推出即先轟動的盛況，企業應把握這潛在市場的機會，針對行銷活動，權力配合服務或產品的調度，滿足市場的需要，增加企業獲利。微軟公司推出視窗95時，產品試賣時佳評如潮，造成市場瘋狂搶購，該公司立即調派公司所有可能的資源，權力協助行銷部門推動產品正式上市，這是典型發展行銷極為成功的案例。

（四）復興行銷

這是對已上市產品突然暢銷的操作策略；對已經上市的服務或是產品，經過若干時日後，突然間因為某種因素，造成供不應求的局面，企業為配合市場，應緊急調度企業資源，滿足消費者需求。數年前，政府修法要求全國機車騎士，於六月一日起，必須配戴安全帽，於是長期以來市場上一直在販售的安全帽，突然之間，洛陽紙貴，造成空前的需求，這就是一種復興行銷。

（五）調和行銷

這是對不規則需求的操作策略；季節性的變動，會造成供需失調，此時，便需要利用調和行銷策略。例如，城市內的旅館因為商務旅客居多，每到假日，住房率下滑，於是採取假日打折的方式，刺激消費者購買意願；相反地，風景區的旅館，每到星期假日經常爆滿，

但是平日旅客住房的情形，與城市型旅館剛好相反，於是大力促銷平日的住房率，便是調和行銷的策略作法。

（六）維持行銷

這是對已經飽和的產品或服務需求的操作策略；許多日常用產品不論是品牌種類或型式大小，早已充斥市場，企業對於此種情況，唯有有效的執行日常工作，穩定通路，確保既有的市場占有率。家用衛生紙已經行銷多年，可說是一種飽和型產品。但是新品牌還是不斷的進入市場促銷，老品牌面對市場飽和的情況，不但要努力維持既有通路，同時還要開發新客源，保持領先地位。

（七）低行銷

這是對產品或服務已經無法負荷市場需求的操作策略；此種情形是在特定時空環境下，企業對產品或服務的最大產能，還是無法滿足消費者無限的需求，所採取的策略。航空公司每到寒暑假或者是過年旺季，即使是增加班次仍然無法滿足旅客出國旅遊或返鄉過節的殷盼，所以航空公司便用階段性提高票價的策略，企圖來阻止可能由於機位不足會造成的旅客抱怨。

（八）反行銷

這是對產品或服務嚴重瑕疵的病態行銷操作策略；此種行銷方式有違正式行銷的產品或服務需求，當產品或服務出現無法挽回或是無法維修的局面時，採取此一非常手段。電腦視窗95版本出現市場之

前，市面上通用的是程式集（DOS）版本，但是WINDOW 95視窗版與以往的程式集版本軟體是完全不一樣的介面操作模式，因此，廠商對於市面上使用的舊版，即採取反行銷策略，無非希望新產品能早日成為市場產品主流。

三、服務行銷的障礙

服務行銷領域所能發揮的想像與創新，可能甚於產品的行銷，但是很不幸的是許多服務業者，在行銷上並未發揮多少創意。即使是今日，過去表現良好的服務業者，在行銷活動上，也未能善加利用各種機會。服務行銷不彰，究其原因，大致可歸納為四個原因：有限的行銷視野、缺乏強有力的競爭、缺乏管理概念、沒有過期的問題。現分述如下：

（一）有限的行銷視野

許多廠商都已成長，將行銷作為主要的營收內容。但是直到1995年才開始理解要注意人口成長的問題，更要設法滿足人們的需求。因為，教育水準的提高，促進了人們需要更多元化的服務。

（二）缺乏強有力的競爭

行銷缺乏創新，主要是因為缺少競爭。例如，鐵路和公用事業上服務的發展，通常少有競爭可言。在缺乏競爭的環境下，不太可能在行銷上能夠推陳出新。

(三) 缺乏管理概念

服務業的經營管理階層，都蒙受不夠積極且缺乏創意的批評。但是許多業者還是堅持著既有的服務模式，不願意因應顧客所需的新服務。

(四) 沒有過期的問題

許多服務因為無形，就沒有像商品一樣有過期的問題，這明顯的優點導致業者怠惰於行銷的求新求變，往往無法體會變革的重要性；整個產業都會被某種新服務業所取代。例如，老舊電影院被多元化的電影院所取代。

四、網路行銷

網路市場的發展，為行銷部門開了一個嶄新的行銷空間，由於網際網路是24小時的服務、無分距離的遠近，各種大眾、小眾產品或服務，或是社群的互動，國際間組織或團體的聯繫結合，使得網路行銷變得無遠弗屆、四通八達。網際網路的出現，完全改變了人們之前熟悉的溝通方式。由於電腦科技飛躍的進步，使得電腦主機容量大到超乎常人的想像地步，大量的書面資料，瞬間便可以跨越國界、洲界，由世界的彼岸送達到家。隨時隨地都有成千上萬的資料，透過網路傳輸，迅速正確地送到需要它們的地方。網際網路的出現，對於在知識經濟時代，人們需要大量的資訊作為後續知識管理研究的根基，有著

不可磨滅的貢獻。

　　網際網路行銷的定義：「利用電腦網路來進行商品的定價、推廣、配銷、服務等活動，期能快速回應顧客的需求以達成組織賦予的目標。」網際網路行銷的發生，並不是在網際網路本身或是技術，重點是在「網際網路上的消費者需要的是什麼？也就是說，還是要回歸到消費者的需求導向上。」網際網路進一步與通訊科技結合，使得人們原本只能固定的在電腦放置的場所，作線上交易。現在，人們可以毫無拘束地在任何時間、任何地點，經由手中的通訊器材之液晶顯示畫面，透過按鍵與外界作即時的線上交易，增取時效。「寬頻無線網路」可以加速雙方交易的達成，避免了中途輸送的阻滯。

　　「網站行銷」就是讓你（妳）經由滑鼠這一介面與消費者直接接觸，如此可以節省供應者與消費者雙方大量的時間與金錢。網站的行銷工具包含：網站營業性商店、電子郵件、電子報、電子專業刊物、網上服務性商店，以及其他活動。

　　目前就我們所知的網路行銷交易內涵，大致有下列四個方面：

1.資訊流：對於企業，網際網路可以在很短的時間內提供更多、更大量的商業資訊。對企業來說，這些重要的訊息，對企業在作重要決策時，能有較正確的判斷，減少決策失敗的風險。由於各行各業的資訊蒐集都需要極為專業的知識，因此，網站的策略聯盟蔚為風氣，如此可以結合各行各業的專業服務網站讀者，如亞馬遜網路書店、Yahoo、Netchange、Vstore、中時電子報。

2.商流：對於各企業對外交易的條件、規格、數量、期限、優惠

等，提供交易雙方交易成功前會談所需的資料，增加契約簽約的速度與效率。

3. 物流：現代企業經營，不管是傳統產業或高科技產業，對於公司內部的物流管理成功與否，會直接影響到公司的營運績效，根據調查，有相當比例的顧客抱怨內容，與物流管理上的問題息息相關。

4. 金流：網際網路的另一項優點，就是金流的傳遞。人們再也不必捧著一疊鈔票，到銀行或是郵局匯款，也再也不必趕搭三點半列車。只要面對螢幕，滑鼠一按，瞬時間，金錢就到達預期的地方，完成交易。當然，消費者在操作按鈕，將費用傳送之前，會對網路交易的安全性產生懷疑。先前也發生過網路交易漏洞，使得消費者蒙受損失的案例；不過，此種現象，已經逐漸改善過來。

我們常常從報章雜誌上看到「網路使用人口」目前已經到達多少多少；「網路使用人口」的計算方式，大致是從下列四個方向統計而來。

1. 上網管道：所有擁有上網管道（access）或上網帳號者。

2. 上網經驗：曾經接觸過、使用過網路的人口。

3. 上網時數或頻率：某期間內，必須達到最低上網時數或上網次數的網路使用者。

4. 年齡限制：主張網路使用者的年齡，關係著其是否具有代表性，認為某個年齡層以下的網路使用者，對網路市場的影響甚微，或者是因為其他的考量因素，而將此類網路人口排除在計

算行列之外。

服務品質領域是目前服務行銷領域中最重要的一環（Fisk, Bitner & Brown, 1993; Berry & Parasuraman, 1993），以服務的好壞來界定，是它最主要的探討焦點。其和服務行銷的關係如圖4-7所示。

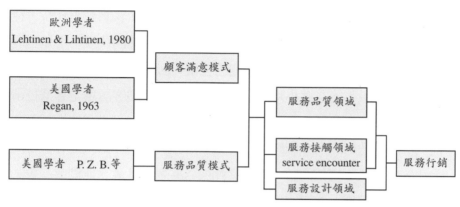

圖4-7　服務品質和服務行銷關係圖

資料來源：本研究依據Fisk, Bitner & Brown（1993）文整理而得。Fisk, R. P., Bitner M. J. & Brown S. T. "Tracing the Evolution of the Services Marketing Literature", *Journal of Retailing.* Berry, L. L. & Parasuraman, A., "Building A New Academical Field—The Case of Services Marketing," *Journal of Retailing,* Vol. 69. Spring, 1993, pp. 13-60.

第三節　服務設計

如果一種核心產品或服務，在設計時未將顧客服務納入考量，則絕無可能提供傑出的服務。不斷故障，會使成本提高；維修困難，會使服務人員和顧客同感困擾。服務設計是指在一開始設計時，就要讓

第一線員工有參與表達意見的機會，同時也會讓顧客在服務過程中扮演某種角色；同時會提供彈性服務能力並以科技來取代昂貴的人工。

一、設計的服務哲學

　　設計與顧客服務並無明顯的關聯，消費者或顧客想到服務時，往往只想到「滿意與否」這一簡單的問題，即在適宜的代價下，是否能得到細心妥善的服務？通常這問題的答案與服務員工的行為有關。維修工程師如果不能在兩小時內把電腦修妥，會被顧客認為是專業技術有問題。服務生如果在你點菜後45分鐘還不能上菜；汽車技師如果不能第一次就把你的汽車修好；百貨詢問櫃台工作人員如果對各樓層商品內容的位置不清楚的話，也同樣會被認為毫無專業。他們或許會認為這是公司制度上的問題，但是任何顧客都知道服務人員才是問題的所在。只有在極少數的情況中，問題癥結才不在員工，他們跟顧客一樣是受害者。他們既受制於「產品設計」，使他們很難或根本不可能進行維修。又受制於「服務制度」，甚至連最能幹和最有心的員工，都不能做好顧客服務。正如品管大師戴明在幾年前所指出的「製造過程中的瑕疵，不能怪罪工人。製程設計是管理階層的責任。」產品之設計亦然。技師修不好的汽車，很少是他們的錯，多半錯在汽車設計人員，以及負責建立服務部門的管理人員。這些設計師們利用美學設計出優雅的零組件、製程或系統，但是在欠缺實務考量的情形下，著眼於美學的設計鮮少是容易維修的產品，或是不會出差錯的服務系統。因為關於公司服務技師、抱怨連連的顧客意見，是很難進入設計人員的腦袋，等到問題產生，設計已經完成，為時已晚了。

忽視產品設計對服務可能造成的影響，將使公司付出高昂的代價。最輕的損失是產品維修難度高，或根本無此維修服務，感到沮喪的顧客從此將公司列為拒絕往來戶。當更換火星塞要拆卸引擎才能維修時，你認為如何？當旅館夏天冷氣不冷時，你還有意願再次光顧嗎？產品設計未能考慮到維修服務，這種設計是有問題的，甚至會惹來麻煩。

　　麥唐納・道格拉斯飛機公司（McDonnell Douglas）（現已被波音飛機公司併購）所設計的DC-10廣體客機（1970年8月首航），是為了要與波音747最成功的廣體飛機相競爭（1969年首航）而匆忙設計出來了。貨艙門由於設計不良而問題叢生，該設計曾經使得一架DC-10班機墜毀巴黎近郊，造成346名旅客死亡的慘劇。至1979年5月20日又有一架美國航空公司的DC-10在剛從芝加哥機場起飛二分鐘後墜毀，造成273人死亡。原因是左引擎在起飛時脫落；進一步探究其原因是有一條支撐引擎2000磅重的塔架，出現一條約10英尺長的裂縫。此裂縫又因為設計上的問題，使維修人員若要維修必須大費周章地先將引擎拆下檢查其後的塔架是否瑕疵，若一切正常則需再將引擎重新安裝回原位，所費不貲，因此飛機修護技師採用偷工省時的方式來維修，卻因此不容易發覺塔架的問題，終於釀成巨禍。由此可見，產品設計時的多重考量，是多麼的重要。但是當FAA（美國聯邦航空協會）調查人員針對飛機設計作檢討時，飛機設計師仍然認為飛機的設計完美無缺而據理力爭。但是市場的反映是無情的，自從該空難原因公布後，航空公司接二連三的退訂DC-10，使得麥道公司原本想以此機型獲利的計畫，變成泡影，且在飛機出廠的第六年離原訂計畫仍有34架的差距；此時的波音飛機公司正以每年80架的速度，迅速占領

民航空運市場。時至今日，當時同期出廠的B-747現在仍遨翔藍天，但是相同裝載量設計的DC-10如今安在？

要在產品設計時兼顧維修服務，實非易事。傳統的設計過程必須因而增加某些步驟：你必須算出當產品故障時，會造成顧客多大的損失，包括立即性的損失和持續性的損失。例如，手錶壞了，顧客立即遭受損失要看他當時的狀況是在看電視還是正在潛水而定，這也是爲何潛水錶在設計上要比一般手錶堅固。汽車臨時突然無法發動，使得任何可能的工作都停擺，造成個人的損失不可說不大。

要找這些問題的答案，唯一的方式就是在進行產品設計之初，就讓服務人員、維修人員，甚至顧客參與設計。全錄（Xerox）是在開始生產新型影印機後，才擬定維修手冊，而且在產品推出時，才詢問維修人員的意見。相反的，該公司的子公司日本「富士全錄公司」，在一開始進行產品設計時，就讓維修人員參與設計。最後設計了一種少故障、易修護的影印機，此產品的設計比設計一件只要求容易維修的產品難度要高出很多。產品的技術規範，是要使設計人員能找出可能發生故障之處，以及發生原因。如果讓顧客及早加入設計過程，從他們描述的使用方式中，可以找出解決可能故障之道，以及哪一種服務最令他們滿意。

在設計新服務時，針對單項服務技術規範對服務顧客並沒有多大意義。一家銀行或許規定櫃台員工對於存款業務要在30秒內處理完畢，並達到98%的準確率；但是櫃台職員不是機器，他們的效率會起伏不定。再者，他們提供服務是要跟顧客一起合作完成的，顧客遞來的存款單如果書寫不確實，會立即影響到交易進行的速度。因此在設計一項新服務時，絕不能閉門造車，必須到現場觀察，並對顧客進行

測試，才能找到可能失敗的地方，進行修正。

在設計一項核心服務，或是替某種產品設計維修制度時，如果能用圖表繪出該項服務的流程，就可以發現可能會發生問題的地方，對日後維修會有莫大的幫助。DC-10在當初設計時，若利用這方法制定維修程序，或許該公司會注意到航空公司機務部門在維修飛機時拆卸引擎的困難，而趁早修改塔架設計，幾百條人命和幾百億美金的代價就不會白白的流失，更不會造成日後公司被波音公司併購的命運。

二、消費者導向的服務設計

服務設計者設法設計出賞心悅目的服務產品以滿足顧客的期望，而且要力求產品優越，也應讓廠商容易製造，能快速商品化，且製造成本低廉。服務設計是服務概念醞釀與實現的過程，經由此一過程，將概念具體的轉化成真正符合顧客需要的服務性產品。說明產品、服務及製程設計，如何影響未來服務作業的績效目標，如表4-4。

表4-4　產品、服務及製程設計對作業績效目標的影響表

績效目標	良好的產品／服務設計的影響	良好的製程設計之影響
品質	能夠消除產品或服務「容易出錯」的潛在因素。	能夠調配適當資源，俾有助於產品或服務符合設計規格。
速度	產品可快速製成或服務，可避免不必要的時間耽誤。	製程的每一階段可快速移動物料、資訊以及顧客。
可靠性	藉由標準化的製程，使服務的每個階段皆可預測。	能夠提供可靠的技術人員。
彈性	能夠提供給顧客產品或服務多種選擇的空間。	能夠提供可快速轉換的資源以產製不同的產品與服務。
成本	能夠降低產品或服務中每個零件的成本和裝配成本。	能夠充分利用資源，進而提高製程效能，降低成本。

一家公司給顧客的第一印象，往往是該公司所提供的產品和服務，因此產品和服務的設計務必迎合顧客的需求與期望，顧客也期盼這些設計能夠經常更新，以反映時尚流行。由於產品上游服務設計，以及下游的服務操作之方便性，有著密切的關聯，因此服務設計便需要充分考量下游提供服務時的方便與否。

　　美國西雅圖波音飛機製造公司於1985年開始研發新型B-747的替代機種，此種機型必須符合經濟、環保、低污染要求，以迎接世紀末的全球航空市場，於是一架與B-747同樣飛行距離、雙引擎、載客容量300人的長程越洋波音B-777進入設計階段。當1970年第一架B-747問世時，全球航空市場並無強勁的競爭對手。當時McDonnell公司的DC-10和洛克希德（Rockhill）的Tri-Star L-1101廣體客機此兩種機型旅客抱怨聲不斷，故航空市場B-747銷售一枝獨秀。但當1985年要開發B-777時，法國空中巴士集團出現了Airbus-330廣體客機，且在航空業界頗受好評，造成波音公司極大的壓力。為求落實新飛機能夠確實符合航空公司的實際需求，該公司特別邀請八家潛在的航空公司客戶，包括聯合航空、美國航空、達美航空、西北航空、英國航空、日本航空、中國民航、新加坡航空參加設計概念的建構計畫。經過多次研討，波音公司發現顧客確實有許多潛在的要求與原先波音公司欲設計的方向不太一致。

　　例如，在空間方面，顧客要求新飛機需要有比B-767更寬敞25%的空間，航空公司要求新飛機在客艙廚房的隔間設計上，也要採取與旅客座位區隔的彈性空間：一來可改善從前機種旅客座位太靠近廚房或洗手間的先天缺陷，二來可使航空公司機動調整頭等艙、商務艙、經濟艙的旅客需求座位，增加營收。如此的顧客導向設計，不僅使得

波音公司在飛機尚未出廠前就已經接獲近百架B-777的訂單,且飛機問世經顧客使用後,立刻造成轟動,也使得原先被市場看好的麥克唐納 (McDonell) MD-11廣體客機銷售一落千丈,終遭致該公司在市場上消失的結局。

三、顧客觀點

站在顧客立場,當顧客一旦決定購買,不單只是購買某一產品或服務,而是購買一組預期的效益,以滿足心中需求和期望,這就是所謂的產品或服務的概念。旅客購買一張機票,預期的效益可能包含有形的:

1.整潔的客艙、座位及洗手間。
2.種類多樣的書報雜誌。
3.賞心悅目的音樂、電影、電玩。
4.精緻多樣的美食、飲料、酒類服務。

除此之外,還要能夠提供無形的:

1.美麗大方、面帶微笑的專業空中服務人員。
2.無微不至的貼心服務。
3.輕鬆自在的人際互動空間。
4.悠閒安靜的乘坐環境。

由上可知預期效益是指產品或服務的概念,因此在設計產品或服務時,必須確實瞭解顧客所要買的是何種效益,即對顧客心中的概

念，要了然於胸。由產品或服務要素構成的配套中，產品一般指的是有形體的實物，如汽車、照相機。服務則泛指較為抽象的經驗，像用餐或搭機。基本上，人們所購買的大多數東西可以說都是產品與服務的配套。例如：

1. 產品：房間、座位、汽車、食物或飲料。
2. 服務：房間或座位的舒適感、汽車的售後服務、將食物送到客人面前的服務人員所提供殷勤周到的服務。

換言之，不管名稱是服務或產品，也不管設計成什麼樣子，他們往往是由產品或服務的配套要素所構成的整體設計。這整套的產品和服務，通常就是顧客所購買的所謂配套。一種產品的推出，服務的提供與服務本身密不可分。提供一桌佳餚的服務與將這桌佳餚送到餐桌的程序，很難區分。「程序」是整體作業的一部分，要實現服務顧客的概念，就必須將美食與相關的服務做成完整的配套，一起送給顧客，才算克盡其職。大多數產品和服務的供應，都需採用各種不同的程序。例如，洗衣機即包括下列三種主要程序：

1. 零件的製造和組裝。
2. 機器的批發零售。
3. 售後服務與支援服務。

每個程序可再分成很多較小的子程序。如零組件的製造和裝配，還包括機器主體衝壓、配線和存貨控制等子程序。餐廳也包括好幾個作業程序：

1.廚房做菜與食物烹調。

2.飲料調度、分配和控制。

3.餐廳營業場所的服務。

接著，每個子程序也可再分更小的工作程序，像餐廳營業場所的服務程序可再細分爲「招呼」、「帶位」、「點菜」、「上菜」、「服務」、「買單」等作業。這些服務設計的分類，都是根據服務人員與顧客開始互動到互動結束時的各接觸點，順序排列設計而成。

第四節　雙極服務互動模型

一、雙極服務模型

針對上面各節服務的探討，我們可以瞭解顧客對服務個人或業者在服務交易的互動過程中，會有正面與負面的兩種評價。若顧客對服務個人或業界的服務有正面的觀感的話，我們稱爲這是一次「成功的服務」；反過來說，若顧客對服務個人或業界的服務產生負面觀感的話，我們稱爲這是一次「失敗的服務」；成功的服務和失敗的服務，我們通稱「雙極服務」。這時就需要企業深入瞭解失敗的原因何在？爲何其他相關企業如此成功？這就是我們這節要探討的核心內容。因爲實務上，第一線服務人員面對顧客的時間最長，他們也非常瞭解企業追求利潤最大化的理性行爲，但是由於服務人員在服務時的精神、

生理和語言上皆會受到限制；自己認知的理性行為受到限制稱為「有限理性」（bounded rationality）。另一方面，服務者與消費者在交易時，雙方均會尋求自我利益，常會採取一些手段欺瞞交易對方，使交易成本增加，此謂「投機主義」（opportunism），這種交易環境充滿「不確定性」（uncertainty），使得交易雙方產生「有限理性」行為，這是「交易成本理論」中指出的交易缺點，對交易時的服務造成很大的交易成本。

基於「有限理性」的主客觀限制下，服務人員不可能每次滿足所有顧客的需求，在業界「顧客永遠是對的」要求貫徹原則下，服務個人心理上難免發生矛盾情結；這種不安定的潛在因子，可能會突然地做出企業規範外的「投機行為」；這種行為或動作殺傷力之強，可能會造成企業無可彌補的商譽損失。故企業如何未雨綢繆地防範於未然，的確是一門不能漠視的嚴肅課題，如圖4-8所示。

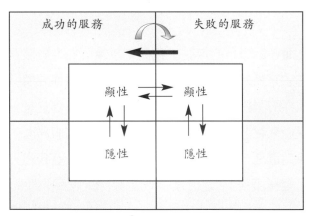

圖4-8　雙極服務模型圖

二、成功服務二階段論

成功的服務是交易雙方都樂意見到的情形；在服務者方面來說，這不但可以為提供服務的個人贏得榮譽與信心，更可為公司帶來商譽和利潤；同時對消費者而言，優良的服務不但使消費者有受到尊重的感受，同時也有物超所值的感覺。但是這成功的服務中間，尚有一些值得我們去探討的地方，若要細分成功服務的區別，則又可分為「顯性成功」與「隱性成功」兩種：

（一）顯性成功

服務人員或企業在對消費者一次的服務過程中，員工敬業精神和團隊合作的完美服務，不但使得公司全體上下滿意，同時更使得消費者對此次消費，感受一次愉快服務體驗；所以，單獨一次服務的完美，我們稱為「顯性成功」（explicit success）；如圖4-9所示。

```
顯性成功
是
短期性成功
即
暫時性成功
亦即
單獨一次成功的服務
```

圖4-9　顯性成功圖

（二）隱性成功

　　一次服務的成功，並不代表每次服務都會成功。由於一次成功的服務所需具備相當的必要條件，但是這其中是否完全是由提供優異的服務所致，還是含有部分的運氣在內。我們絕對相信優秀的服務人員或優良的企業提供給消費者滿意服務的比例，較其他個人或業界平均值為高；但是若要做到每一次都讓每一位消費者滿意的成功服務，在服務的其他相關條件需要同時配合的情況下，此種情形幾乎是不可能的任務；這也是我們常聽說：「一個人即使做對九件事，但是只要是做錯一件事，別人就會說他沒做好」的道理是一樣的。

　　但是根據「增強理論」（Reinforcement Theory）所述：「利用正性或負性的增強，來刺激或創造激勵的環境」。該理論主要源於斯肯納的見解，認為需求並不屬於選擇上的問題，而是個人與環境交互作用的結果。行為是因環境而引發的。個人之所以要努力工作，是基於桑代克所謂的「效果律」（Thorndike's law of effect）之故。桑代克所謂的效果律，是指某項特定刺激引發的行為反應，若得到犒賞，則該反應再出現的機率較大，若沒有得到犒賞，則重複出現的可能性極小，此亦即「操作制約原則」（principles of operational conditioning）。

　　假設個人或企業全力向不可能的任務挑戰的話，其接近完美境界目標的可能性會越來越高。當然消費者所感受到的顯性成功體驗次數會越來越多，當顯性成功的體驗次數累積到達相當的程度時，量變會產生質變，此時，個人或企業就達到顯性成功的境界了；同時，不管是服務個人或企業，在口碑或競爭力方面，已經是其他服務人員或其

他業界望塵莫及的了。我們常聽到病人要指定哪一位醫師看病；消費者在美容院要指定哪一位技師操作；出國要指定坐哪一家航空公司的班機；買電器要指定哪一家品牌等等，這些都是隱性成功（tacit success）的典範；如圖4-10所示。

```
隱性成功
即
長期性成功
亦即
個人優良績效的表現
企業永續經營的保證
```

圖4-10　隱性成功圖

　　一項家具業的調查報告發現人們在選擇交易時，受到影響最主要的四項因素：

1.是他們能夠「信任」的企業。
2.是選擇「良好品質」的企業。
3.是選擇提供完善服務的企業。
4.是選擇能夠提供多重選擇服務的企業。

　　因為顧客也有安全、尊嚴、自尊，以及需要他人尊重的人類基本需求。他們所找尋的是一個可以信任的關係，當他們提出欲望與需求時，你的工作就是去滿足與解決他們的問題。若你從中工作的越好，最終你的企業就會因為顧客的滿意而獲利越豐，藉由他們的重複購買與正面推薦，顧客變成了大多數成功企業的基礎。而顧客拒絕重複購買與負面推薦，則是許多企業體失敗的主因。

三、失敗服務二階段論

　　失敗的服務應該是交易雙方都應極力避免發生的事情；在服務者方面來說，服務的失敗不但使服務個人喪失榮譽與信心，更可能爲公司帶來信譽和利潤的損失；同時對消費者而言，惡劣的服務不但會使消費者有受到不被尊重的感受外，也會使消費者的不滿與抱怨，產生連鎖的負面效應。同樣的，在失敗的服務中間，也有一些值得我們去探討的地方，若要細分失敗服務的種類，則又可分爲「顯性失敗」與「隱性失敗」。

（一）顯性失敗

　　每一服務人員或企業都希望服務的結果是令人滿意的，但是根據資料顯示幾乎每四件服務中，會有一件服務是會遭到消費者抱怨的。這種壞的服務，也就是失敗的服務中，若只有單一次的服務造成顧客的抱怨，則稱爲一次「顯性失敗」（explicit failure）。賣方留心（seller beware）的原則，就是說顧客現在已經很懂得照顧本身的利益，在購物或消費時雖有風險，但是經驗可以累積。於是顧客會越來越聰明，只要上過一次當，下次他們再也不會上門消費。個人或企業發生顯性失敗的情況，時有耳聞。企業不願意探討失敗的兩個主因是官僚體系，以及在企業眼裡只有成功，卻容不下對它不利種不利的鴕鳥心態。美國運通（American Express）在1970-1980年代業績如日中天，漸漸由於威士（Visa）卡優異服務的蠶食，使得美國運通卡顧客大量流失，顧客忠誠度下滑。當顧客對服務抱怨時，基本上就可算是失敗

的服務；但是偶一為之的不成功服務，只能稱得上是「暫時的失敗」，暫時性的失敗只要提高警覺，努力減少暫時失敗的次數，其結果則會降低隱性失敗的可能性；如圖4-11所示。

```
顯性失敗
是
短期性失敗
即
暫時性失敗
亦即
單獨一次失敗的服務
```

圖4-11　顯性失敗圖

（二）隱性失敗

企業常常無法清楚地認知他們所處的市場環境，每隔數年甚至數月就會有所變化。《價值變遷》（*Value Migration*）書中提到各行各業的顧客需求與競爭力每幾年便會有極明顯的改變，去年的致勝策略可能造成今日的慘敗。

在失敗的種類中，不管是個人或企業，千萬要提防隱性失敗的出現。當個人或企業的服務不斷的出現失誤或錯誤的情況時，會遭致顧客不斷的抱怨；偶爾出現的失誤，我們稱為顯性失敗。但是顯性失敗若不斷的重複出現在個人或企業的服務時，我們則稱這種失敗的服務為「隱性失敗」的服務。根據統計資料，一個顧客會將不愉快的服務體驗主動告訴22個周遭的人士，這種經由一個失敗服務產生的擴散效果稱為「漣漪效果」（ripple effect）。漣漪效果會造成服務的個人或企業的利益或形象，因毫無抵抗能力而只能被動承受傷害的結果；這種毫無對策的殺傷力，會造成企業永久性的失敗。

一家曾有數十年時間被視為全球管理績效最優秀的零售經營者，顛峰時期曾占全美零售營業額的2%，"Sears"令人尊敬的經營之道在1964年的《財星》（*Fortune*）雜誌被讚美完美無缺，但雖在1992年經過大力重整後，仍然無情的被消費者唾棄而遭到市場淘汰。（Christensen, 吳凱琳譯，2000）1982年寫《追求卓越》（*In search of Excellence*）的作者承認他在書中所研究的企業中，目前仍舊「卓越」在市場上的僅剩原先的五分之一。這也可以說明隱性失敗對企業無比的殺傷力。對此解決之道，唯有努力消除永久性失敗的可能，才能挽救個人或企業在市場中消失；如圖4-12所示。

```
隱性失敗
即
長期性失敗
亦即
個人降級離職的預告
企業關廠倒閉的前兆
```

圖4-12　隱性失敗圖

四、知識螺旋

　　日本松下電器軟體設計師田中郁子提出了一個創意，她利用了「顯性」知識、系統化的產品規格、科學方程式，製造出全新的產品「麵包製造機」（只要將麵粉和水倒入機器內插上電，便可製成新鮮的麵包）。但是在進行構思如何將一個創意概念成為產品的過程中，最重要的是她加入了那種非正式的、難以言喻的"know-how"觀念技能。這部分的「隱性」知識，包括心智模式（mental model）及信念，

深植我們內心深處，嚴重影響我們對周遭事物的態度或行為觀點。

在這種「知識螺旋」（The spiral of knowledge）發展過程中，表達（把隱性知識轉化成顯性知識）和內化（利用轉化後的顯性知識擴大個人的隱性知識），是知識螺旋中最關鍵的步驟。以上述麵包機的例子為例，田中小姐將兩個單獨且毫不相干的經驗領域結合成一個單一、涵蓋一切的比喻或象徵，形成隱喻（metaphor）。一種象徵語言「隱喻」；是一種概念區隔方法。它是將不同涵義和不同經驗經由想像和符號去瞭解一些不須分析或一般化的直覺概念。經由隱喻人們可以將抽象概念表達出來，隱喻對早期創造知識的創新程序很有效。隱喻開啟了知識的過程，但是單靠隱喻仍不足完成整個程序，還需要下一步類推（analogy）隱喻多半是直覺，當隱喻進入知識創造程序，便需要類推。隱喻只能連結直覺和想像，類推是調和和區隔隱喻矛盾，將其結構化。換句話說，類推是邏輯思考和純想像之間的中繼站。

知識創造程序的最後一步是創造實體模型，實體模型將矛盾化解，將概念轉換成一致的系統邏輯。大阪國際旅館的麵包品質標準帶領出松下製麵包機的品質規格。類似「隱喻」、「類推」、「模型」階段是理想型態；在現實裡很難區分。這裡要說的是組織轉換無言知識為明確知識要經過三個步驟（Christopher & Ghoshal, 2000）：

1.用「隱喻」連接矛盾事情和概念。
2.用「類推」化解矛盾。
3.將「隱喻」經「類推」最後具體形成「模型」。

Nonaka and Takeuchi（1995）認為知識的創新，乃是四種知識轉化模式「社會化」、「外化」、「結合」和「內化」不斷循環的結

果。知識的創造是由個人層次開始,逐漸上升並擴大互動範圍,從個人、團體、組織,甚至組織與組織間。過程中不斷的社會化、外化、結合,以及內化的知識整合活動。他們將知識創造區分為四個轉換階段如下:

1. 內隱至內隱(社會化——Socialization):組織成員間內隱知識的移轉,這是透過經驗分享,從而達到創造內隱知識的過程,如心智模式與技術的分享。

2. 內隱至外顯(外化——Externalization):這是將內隱知識明白表達為外顯觀念的過程,在這過程中內隱知識可藉著隱喻、類比和模型等方式表達出來。

3. 外顯至外顯(結合——Combination):是將觀念系統化而形成知識體系的過程,而這種模式的知識轉化,牽涉到結合不同外顯知識體系,如學校教育。

4. 外顯至內隱(內化——Internalization):將外顯知識轉化為內隱知識的過程;當經驗透過社會化、外化和結合,進一步內化到個人的內隱知識基礎上時,就成為有價值的資產。

IBM在1960-1980年間持續優異的服務締造了空前的成功,但是由於狂妄自大、傲慢的服務策略,使顧客離他而去。Digital趁勢而起且提供優異的服務使得IBM在1992-1993年出現大量虧損,而不得不虛心地向以往它瞧不起的企業學習;由於服務的改善,至1995年IBM的利潤開始大幅上升,當初IBM因為背離顧客,那是企業賴以成功的唯一因素,種下日後企業衰敗的因子(Tom, 1997)。許多產品成長得力於良好的口碑,產品的口碑可以增強消費者使用滿足感的「滾雪球

效應」，滿意的顧客告訴其他的人，聽到的人成了滿意的顧客後，又告訴其他的人（Senge, 郭進隆譯，1994）。無論是服務個人或企業，要努力增加暫時性成功的次數，達到永久性成功的境界；也就是說儘可能地將顯性的成功轉換成隱性的成功。同樣的，也要減少暫時性失敗的次數，以免暫時性失敗的次數累積到一定的數目時，就會達到永久性的失敗。建立一個受到肯定的企業品牌，需要長時間的努力耕耘，其間會經過漫長的蟄伏、失敗，從痛苦中逐漸茁壯、成長。但是卻可能因為一個事件，讓企業在一夕之間，萬劫不復。日本雪印乳品公司，由於在處理民眾喝其企業所產的牛乳中毒事件失當，迅速的在市場上消失。

　　換言之，對永久性失敗而言，努力之道就是要儘量降低暫時性失敗的次數，先將永久性的失敗轉變成暫時性失敗，再由暫時性的失敗努力轉為暫時性的成功，待暫時性的成功次數增加到一定的數目時，由「量」的變化，轉變為「質」的變化，而使暫時性的成功變成永久性的成功；如圖4-13所示。

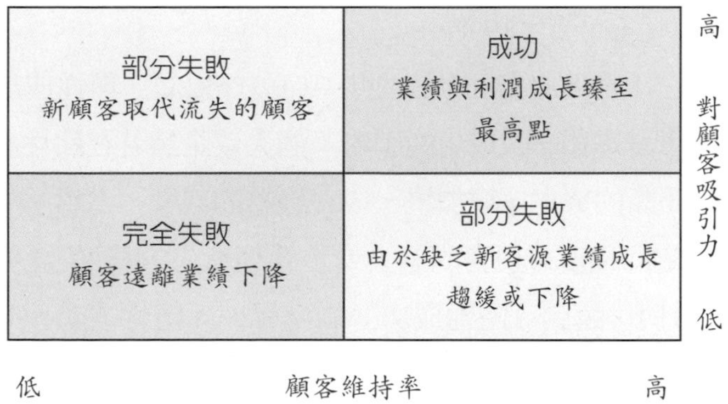

部分失敗 新顧客取代流失的顧客	成功 業績與利潤成長臻至 最高點	高 對顧客吸引力 低
完全失敗 顧客遠離業績下降	部分失敗 由於缺乏新客源業績成長 趨緩或下降	

低　　　　　　　顧客維持率　　　　　　高

圖4-13　行銷效率圖

資料來源：Charles D. Schewe and Alexander W. Hiam, *The portable MBA in Marketing,* 2nd Edition, 1996, John Wiley & Sons, Inc., p. 6.

根據圖4-13的行銷效率，吾人進一步將「雙極服務模型」中的「顯性失敗」與「隱性失敗」，「顯性成功」與「隱性成功」之間，經由上圖發展出一不斷互動，且可產生因果輪迴關係之「雙極服務互動模型」，如圖4-14。由圖中我們可以清楚的瞭解到當單一的服務個人或是單一企業，其個人形象或企業形象成功與失敗之間的遠因與近因，以及相互之間的關係如何。

五、雙極服務互動模型的輪迴現象

　　美國零售商典型的發展，哈佛大學教授Malcolm P. McNair 給予一個名字是為「零售輪迴」（wheel of retailing）。其意義為「新型的零售商店，通常是以較低身分、低利潤、低價格的經營者姿態進入市場，逐漸取得了較佳的設備、裝置，以及增多的投資，與增高的經濟費用，最後成熟為一高成本高價格之商品而漸趨沒落，於是較新型態之零售商再度興起，同樣地，後起的新型零售商又會按照上述路徑，由盛而衰輪迴」（王勇吉，1997）。

　　在圖4-14之「雙極服務互動模型」中，方格2之「顯性成功」是暫時性成功，也是單獨一次成功的服務；個人或企業若在顯性成功的基礎上，持續不斷的努力，增加單一成功服務的次數，當單一成功的次數累積到一定的程度，服務的個人或企業便會由方格2的「顯性成功」進入方格1內，達到「隱性成功」的境界。「隱性成功」不管是對服務個人或企業來說，都是長期性的成功，也是個人優良績效的表現或是企業永續經營的保證，此時的服務個人或企業，無論在口碑、個人形象或企業品牌，已經立於不敗之地，必須乘勝追擊，努力維持

長期性成功的時間，拉大與競爭對手的距離，遙遙領先對手。也就是說，服務個人或企業經由方格2的再接再厲、不斷努力，終會進入方格1的完美境界。

「顯性失敗」是短期性的失敗、暫時性的失敗，也是單獨一次失敗的服務；服務個人或企業若在顯性失敗的陰影下，仍然不斷的犯錯，造成單一失敗的紀錄不斷的累積，當累積次數達到一定的數量時，服務個人或企業便會由方格3的「顯性失敗」掉落到方格4的「隱性失敗」絕境。「隱性失敗」不管是對服務個人或企業來說，都是長期性的失敗，也是個人低劣績效的表現或是企業關廠倒閉的寫照。此

圖4-14　雙極服務互動模型

資料來源：〈服務性企業盛衰現象之研究──從消費者觀點〉，《產業論壇》，張健豪、袁淑娟，2002.8接受，將於2003.1刊登。

時的服務個人或企業，無論在口碑、個人形象或企業品牌，已經毫無立錐之地。當務之急必須立刻提出消除長期失敗陰影的策略，力挽關廠倒閉狂瀾於萬一。換句話說，服務個人或企業，若不斷的出現方格3的貧乏服務，日積月累定會沉淪墜入方格4深淵逆境。

當企業掉入「隱性失敗」的格局中，必須痛定思痛，立即盡全力創造出單次顯性成功出現的機率，並乘機脫離此方格4之災難區，暫時回到方格3「顯性失敗」喘息；然後需要持續穩定地增加單一「顯性成功」的次數，將企業由「顯性失敗」脫離失敗地帶，進入成功地帶中的「顯性成功」區；企業若能臥薪嚐膽逆流而上，進入此「顯性成功」的起點，往後只要依循「成功服務二階段論」的步驟，按部就班、循序漸進經營，則跨入「隱性成功」的境界，指日可待。

美國全錄在1974年全盛時期占有全球影印機市場的86%，但隨後因新加入競爭的日本理光（Ricoh）和佳能（Canon）的優異服務，使全錄銷售一敗塗地，至1984年時，只占全球使市場的17%；直到80年代後期，奮發圖強，改善服務及品質，才慢慢從深淵中爬出來，重新贏得失去的占有率（Castro, 1989）。全球知名品牌NIKE在面對外界一連串「濫用童工」、「剝削勞工」和「惡劣工作環境」批評聲浪，造成企業銷售受挫，該公司公開勇於認錯，並主動成立監督系統，透過公共關係，重拾消費者對NIKE的信心，對於維護品牌的努力，正是NIKE逢凶化吉的關鍵。

相反地，企業雖然進入方格1「隱性成功」的境界，但是若不思鞭策自己持續努力，個人或企業遲早會有降入「顯性成功」的可能性。陶氏化學公司（Dow Chemical）前董事長兼執行長法蘭克‧波波夫（Frank Popoff）曾說：「成功會孕育出保守主義，一旦安於現

狀，腦袋就無法接受外界的變化。」在詭譎多變的市場和日新月異的科技中，企業競爭速度加快太多了。過去的企業也許可以依據以往的成功而繼續在市場中取得優勢，但現在這種優勢越來越難維繫，當服務個人或企業因自滿或不思長進，由「隱性成功」區滑落至「顯性成功」區域內時，隔壁「顯性失敗」隨時會向他招手。當企業從理想的境界一路下滑掉到安全邊緣而仍不知警惕的話，遲早會沉淪到「顯性失敗」的危險區內。此時便是失敗的起點，除非服務個人或企業有突破性的作為或改革，否則根據「失敗服務二階段論」的輪迴，進入「隱性失敗」的悲慘命運，只是遲早的問題罷了。成功不會是一條向前無限延伸的線，它只能提供未來成功更進一步的優勢與機會，如果不能善加利用，一味沉溺於過去的光榮歷史，驕矜自滿，忽略新的挑戰，它反而會成為未來成功的包袱，阻礙向前的道路。

　　換句話說，一個曾經徹底失敗的企業有可能奮發圖強的慢慢轉危為安，甚至倒吃甘蔗的嚐到甜美果實，達到永續經營的境界；亦即由方格4的敗部車尾逆流而上，經過方格3和方格2階段的艱苦奮鬥，最後到達方格1的完美境界。同樣的，一個一路長紅的個人形象或金字招牌企業，也有可能因掉以輕心而敗跡浮現，進而每況愈下、越陷越深無法自拔，最後陷入萬劫不復的絕境；亦即由方格1的勝部冠軍順流而下，經過方格2和方格3的漫不經心，最後陷入方格4的悲慘下場。

　　成功的服務與失敗的服務最大差別的關鍵，在於有無「消費者導向」的服務意願；也就是說，「服務個人或企業當提供服務給消費者時，是否站在消費者的立場來思考提供的服務，每項服務環節是否真的對消費者有益」。例如，當消費者進入銀行買外匯時，首先銀行必

須瞭解消費者對銀行內部的各項服務部門的位置所在是否清楚。其次還要考慮消費者是否找對了提供服務對象。第三就是服務人員有無以專業的知識與親切的態度，提供消費者最想知道的訊息。最後也是最重要的，就是服務人員或企業有沒有站在消費者的立場來思考如何替消費者節省金錢與時間。雖然企業口中振振有詞的訓練屬下心中隨時要有「顧客」，隨時要「為顧客著想」及「顧客至上」的觀念，但是當顧客出現在服務人員或企業面前時，他們往往會利用「資訊不對稱」的「專業知識暴力」優勢，有限理性的「投機主義」行為油然而生，浪費消費者的時間與金錢。一旦消費者察覺服務個人或企業有欺騙不實的蛛絲馬跡，消費者一定會拂袖而去。當消費者採取「拒絕往來」策略時，服務個人或企業要避免「顯性失敗」轉成「隱性失敗」惡性循環夢魘。

相反的，假若消費者經歷過服務人員或企業「消費者導向」貼心服務，必定對該員工或企業留下深刻的印象，「再次購買」的機率就會大增，這就形成「顯性成功」服務的良性循環。所以在提供服務時，隨時隨地牢記：「凡事要站在消費者的立場，盡量給自己找麻煩的服務。」如此一來，顧客得到預期的，甚至超乎預期的服務品質，在整個服務過程中，顧客便不會有再來找服務人員麻煩的理由了。

第二篇

服務心理篇

　　本篇共分爲三章，分別爲第五章服務者與消費者的互動知覺；第六章消費者的消費心理認知；第七章服務互動的慣性思惟。

第五章

服務者與消費者的互動知覺

第一節　服務者提供服務的知覺過程

一、前言

　　商品是由有形的「物」與無形的「服務」所組合而成的結合體；也就是說，將商品有形的部分與無形的部分相結合，便有可能創造滿意的服務。以賣車為例，車商在賣車給顧客時，提供了各式各樣的服務，例如，提供顧客車種的相關資訊，回收舊車價款的議定，隨車附贈的車用配備；除了車子所具備的硬體功能外，還要提供車子的操作及保養須知等軟體功能，因此服務的產出是由軟的「無形的服務」和硬的「有形的物」所組成。

　　同時我們也可以瞭解在服務的過程中，一定有服務者（或業者）和消費者的直接或間接互動，才能完成服務。也就是說，服務的過程要有人直接或間接的介入，才能構成服務最重要的主體。一種人是直接提供服務的服務人員，他們與顧客接觸的時間和空間的場所，稱為「服務現場」（customer encounter）；另一種人是接受服務的人稱為「顧客」，參與服務現場過程交易的雙方，我們稱為服務的「參與者」（participants），以及與彼此有關的「實體環境」（physical evidence）。在一個完整的服務流程中，施與受的雙方對於服務的知覺都有截然不同的親身體驗，現在將雙方對服務的知覺體驗，詳述如後。

二、服務者（或業者）提供服務的知覺過程

（一）服務人員充分知覺所處環境的服務內涵與提供服務的對象

公司僱用員工需有職前訓練，使員工在進入工作職位前，對工作職掌有充分的瞭解與掌握。同時公司需要教導員工何謂服務？服務對象的範圍？以及面對消費者時的服務技巧，同時還要指導服務人員在消費者抱怨時，該如何回應。

（二）服務人員充分接到消費者需要我們提供服務的表示或意願

服務人員進入服務的位置，面對消費者逐漸接近我們，應該體認這種動作是消費者對於我們提供服務項目或服務相關的訊息，有所需求或想獲得進一步的資訊，服務人員要有隨時提供服務意願的認知，主動回應。我們常說，要給人良好的第一印象，此時就是開始建立良好印象的契機。

（三）服務人員依據身心狀況及專業知識提供服務

人是有情緒反應的動物，在服務提供的過程中，服務人員會因為本身當時的身心狀況、對消費者直覺的反射印象、周遭情境影響以及服務人員本身對提供服務的主觀認知與客觀意願，而嚴重影響消費者

事後知覺到的服務人員服務品質之優劣。服務業的異質特性，就是說在同樣的工作時段，但是不同的服務人員，因為其專業知識的不同，所提供的服務也會不同的。同樣的服務人員，雖然是在同一工作時段，但是若是在星期一和星期三，可能會因為當時個人的身心狀況不同，產生不同的服務結果。

（四）服務人員提供服務後，會產生立即或事後反映

一件服務提供完畢，站在服務者的立場，會結論出此次服務體驗對本身工作的意義。例如，若是感覺出這是一次良好的服務體驗，可能是因為服務者的優良服務所造成，也可能是因為消費者瞭解服務程序或規則，完全配合服務操作所致。若是感覺出這是一次不好的服務體驗，則可能是服務者的本身因素造成，也可能是消費者影響到服務者提供服務，而使服務人員降低服務的意願所致，或是其他因素造成。總之，對服務者來說，一件服務的過程，會產生立即或事後的服務體驗。

總結上述服務者提供服務的四項知覺過程，用圖5-1表現如下：

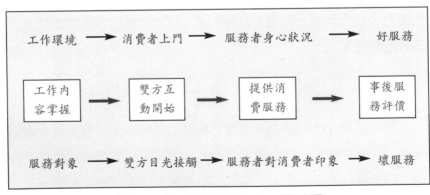

圖5-1　服務者提供服務知覺過程

企業爲滿足消費者需求，必須將產品「顧客化」（customeize），也就是將每一消費者劃分成一個市場區隔。行銷組合顧客化，也就是少量多樣化。這雖可造成最大顧客滿意度，但是卻會影響企業「標準化」（standardize）的程度；顧客化會使顧客滿意度增加，但是卻會造成生產與行銷效率減少，產品成本上升。生產以及行銷成本的上升和企業區隔市場的程度，是一種正向關係；企業越顧客化，產銷成本增加會越多，服務的難度相對也會增高，如圖5-2所示。

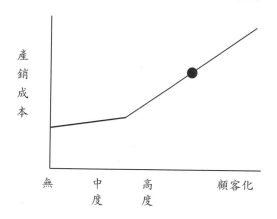

圖5-2　市場區隔程度與產銷成本關係圖

第二節　消費者接受服務的知覺過程

過去研究消費者決策的制定，一般是以動機、學習、態度、信念，以及對產品或品牌的知覺構面；晚近心理學家的研究，則認爲消費者購買決策的制定，是一連串的過程，這個過程即爲「資訊處理」（information processing）（Bither, 1975），本文採用Engel（1990）等

所提出的EKB模式，如圖5-3。

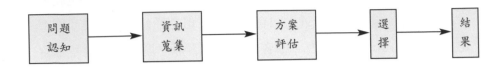

圖5-3　EKB消費者行為模式之決策過程圖

資料來源：James F. Engel, Roger D. Blackwell, and Paul M. Miniard "Consumer Behavior", *Hinsdale*, IL : The Dryden Press, 1990.

一、消費者決策的心理因素

行為學家認為人的行為基本模式，有三個主要的概念：

1. 人的行為有原因（causality）：環境和遺傳因素會影響行為，而外在因素也會影響人的內在。正常的人其行為必定事出有因。
2. 人的行為有動機（motivation）：人的行為背後有推力、需求或者驅力。人是理性的動物，行為的發生與結果是一連串活動的過程，其根本一定會有發生的動機。
3. 人的行為不僅有原因，還有目標（directedness）：人的行為受目標指引，人是有所為而為的。人的行為必定遵照當初設計的一連串活動，循序漸進的接近目標。

上述三個假設或許有不同的觀點，但是其基本假設是不變的。這些概念也可以視為一個封閉的循環圈，如圖5-4。

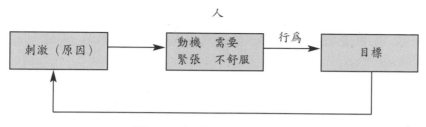

圖5-4　行為的基本模式圖

人的行為達到了目的後，行為的原因就會消失，行為的原因消失，行為的動機也跟著消失，行為的動機消失，行為也就終止。不論從什麼角度來看這些概念，人最後都是追求一種心理平衡狀況，當身心遭受外在不平衡的衝擊，會激發封閉循環圈的啟動，從中找尋消除不平衡的方式與行為，來達到平衡。例如，一個接受服務不滿意的消費者，不良的服務會使此人心理產生不平衡，這種不平衡的感覺會刺激他去尋找調整不平衡方式的方法與行為，例如，不再到此企業消費，或是以電話、寫信申訴抱怨。一旦心理重新回到平衡的狀況，原本造成人內在緊張或不舒服的不滿原因就會終止，尋找消除不平衡的方式與行為也就會停止（Leavitt, 劉君業譯，1984）。

二、消費者接受服務的知覺過程

消費者在接受服務的知覺過程中，基本上有五個過程。從消費者的立場來看，假若服務不好是服務人員造成的錯誤，這錯誤造成的擴

散效應是大是小，還要看雙方之前或當時的關係，或是事後提供補償性服務的效果好壞而定，如果效果好，錯誤便能消弭，否則情況就可能失控。

（一）消費者認知能滿足消費需求的可能場所或機構

當消費者產生消費需求時，會前往他所認知中能滿足或可能滿足他個人需求的場所或機構尋求解決。這屬於購前規劃作業，可影響消費者對資訊的蒐集速度與效率。由於企業在行銷的過程中，為贏得消費者的企業忠誠度，無不處心積慮的研究如何在消費者有需求的第一時間，就得到消費者的青睞。

（二）消費者依口碑或過去經驗從中選擇可滿足他消費需求的對象

當能夠滿足消費者需求的場所或機構並非唯一選擇時，消費者通常會挑選服務品質口碑好或消費者個人過去美好體驗的場所或機構消費。站在消費者立場，這是消費者主導企業生存的關鍵；這也是企業企圖討好消費者，希望得到消費者的認同，進而提供服務的機會。當然消費者也有根據其他原因前往特定場所消費的情形，但是其背後的動機可能另有其他特殊原因。由於購前規劃仔細與否，我們可以推論：購前規劃愈妥善的消費者，其搜尋資訊的強度越低。在「消費者導向」的市場中，企業必須隨時隨地注意企業的形象。

（三）消費者前往經過選擇後的場所要求提供服務

經過精挑細選後，消費者須有前往心中認定之特定處所消費的動

作或意願，以便能夠接受業者所提供的服務。這是消費者在做服務評價之前的體驗過程，對於企業總體評價優劣與否，有相當的比例是由此階段產生的。企業在做行銷系列活動時，若能吸引消費者產生前來消費的意願，便是一件成功的行銷企畫活動。

（四）消費者事後會對服務提供者所提供的服務作出服務評價

消費過程中，消費者對接受服務的知覺，會有一定程度的評估，這也可以評斷出業者是否具備核心競爭力的指標。企業在所有的服務過程中，最終的目的，就是希望獲得消費者正面的評價。如此一來，企業才有永續經營的利基。企業若將服務產品「顧客化」，就會影響到企業對服務產品「標準化」，這其中的差別在於成本，也是企業面對的兩難課題。美國賭城Las Vagas用免費的房間優惠顧客前來住宿，就是認為旅館所提供的優異服務，一定能夠得到消費者的正面評價。

（五）消費者會依服務評價，採取對該服務場所或機構的認同或拒絕的行動

「消費者導向」的服務觀念，實導源於企業是否能夠永續經營的經營哲學上，也就是顧客滿意度的高低決定企業的未來。企業開發一位新顧客的費用，可以用來維繫六位老顧客的開支，而且老顧客的忠誠度遠較新顧客為強，對企業生存以及發展的貢獻極大，所以企業無不希望消費者能夠對該企業的服務評價，給予肯定的態度。

總結上述五項消費者接受服務的知覺過程，用圖5-5表現如下：

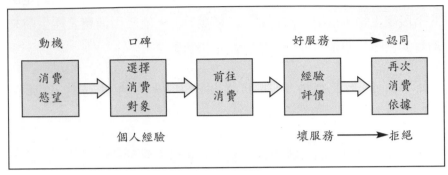

圖5-5　消費者接受服務知覺過程圖

第六章
消費者的消費心理認知

第一節　消費者特性

　　心理學家對「人格」（personality）一詞，相當分歧。精神分析學派、行為學派、社會心理學派、完形心理學派都站在自己的立場為「人格」下定義，一般而言，人格是指個人對他人、自己、事物各方面作適應時，於其行為上所顯現的獨特個性，此獨特個性，係由個人在其遺傳、環境、成熟、學習等因素交互作用下，表現於身心各方面的特質所組成，而該特質又具有相當的統合性和持久性。

一、消費者的人格特質

　　蔡瑞宇（1996）將人格定義為：「一種個人有別於他人且持久的行為方式或反應特質」。人格包含了下列四個概念：

1. 人格的獨特性：世界上絕沒有兩個人的人格是完全相同的，個別的差異性就是人格的獨特性。
2. 人格的複雜性：人格為個人在身心各方面行為特質的綜合。
3. 人格的統合性：個人的能力、動機、外表、經驗、認知、情感、生理特徵等結合在一起，構成了一個人的人格。
4. 人格的持久性：今天的我是昨天的我的延續，明天的我也將是今天的我的延續。

個體自出生後，即與他人發生社會依存關係，人格開始成形，直到成年形成一統合的人格。所以不論遺傳、生理成長至成熟，或環境因素如文化、社會階層、家庭、學校等，再透過學習來適應這些變化，都是個人人格形成的因素。顧客（消費者）的人格基本上分為四種類型，即關係為重型、邏輯型、實際型和整合型。

1. 關係為重型：多為社工人員、企管人員，他們重視與別人的關係，不直接表達自己的意見，較保守，小心謹慎。
2. 邏輯型：多為思考家，如律師、會計師、設計師、工程師等，探懷疑論，事事抱持疑問，作風保守但注重績效。
3. 實際型：多為創業家、公司合夥人、決策者或各行業的領導階層，個性開放，績效導向，不重視過程重結果。
4. 整合型：多為資深決策者，各行業的董事長、頂尖銷售員，個性客觀重人際關係，善於表達且具有同理心，有企圖心又具有優越感，一切均以企業獲利最大化為依歸。

二、顧客的種類

　　在探討有關服務品質時，首先必須先探討何謂「顧客」？服務業的顧客一般並不是那麼單純，先看一下例子：民營電視台的電視觀眾和廣告客戶都是顧客，存款戶是銀行的客戶，同樣的借款者也可說是銀行的客戶。顧客的定義有廣義和狹義兩種，廣義的顧客定義為：「一個與我們交換價值的人或團體。」狹義的定義：「與其交易過後為我們來利潤的人或團體。」一項消費的過程中，至少是由三件因素

組合而成，即是企業、員工與顧客，我們曾努力的討論過企業與員工，但是對於消費的主力──「顧客」，這一重要組成因素在整個消費的流程位居何種位置？其重要性如何？似乎所談不多，現在逐一說明。

一般所謂的「顧客」，也就是消費者，可以是單獨個人，也可以是團體、單位、企業，甚至國家；即使在單獨個人方面，顧客的形式也可以用不同的名稱呈現，如客戶、病患、乘客、老主顧、會員、保戶、使用者、買主、訂戶、讀者、購買者、觀眾、客人。在探討消費者個性時，我們將消費者分類為下列六種（王勇吉，1997）：

1. 習慣性消費者：消費者僅忠於一種或數種廠牌，購買貨物時，多數習慣於購買自己熟知的廠牌。
2. 理智性消費者：消費者在實際購買以前，對自己所要購買的貨品，均事先經過考慮、研究或比較，在購買時早有腹案。
3. 經濟性消費者：消費者重視價格，唯有廉價之貨品才能給予滿足。
4. 衝動性消費者：消費者常被產品之外觀或廠牌名稱所影響。
5. 情感性消費者：消費者多數屬於情感之反應者，產品象徵對彼等具有何種重大意義，深受聯想力之影響。
6. 年輕性消費者：為新興之消費族群，其行為在心裡尺度上尚未穩定。

另一種將「顧客」定義為：「任一受產品、製程或過程所影響的人。」其中又可以分為以下三種：

1. 現在與潛在的外部顧客：對服務業而言，外部顧客的範圍可以延伸很廣，例如，國稅局的顧客不僅包括納稅人也包括財政部、總統府、國會及律師等。

2. 內部顧客：包括所有與產品相關的部門，不論是管理或勞工階層；內部供應商通常將他們的內部顧客視為「被迫」的顧客。

3. 顧客的供應商：供應商被視為內部顧客部門，如製造部之延伸，因此在規劃品質時，應瞭解並重視他們的需求。

第二節 影響消費者的因素及風險

一、影響消費者的因素

學者們對於消費者在購買時，會影響到他們決定購買的因素，產生極大的興趣。依據Ray和Myersl（1989）的分類，消費者在購買時的購買反應模式，可區分為下列三種（王勇吉，1997）：

1. 學習反應模式（learning response model）：消費者經由認知、情感乃至於行為之典型模式。本模式告知行銷者，規劃溝通活動時，應先建立產品之認識度，繼而增加瞭解度、信服度，乃至最後刺激其購買。

2. 不安──歸因反應模式（dissonance attribution response

model）：本模式描述消費者所經歷之階段，是依據「行為的─情感的──認知的」反順序進行的。此時消費者先經由某些非企業促銷單位之推薦而購買產品，於使用過程中態度漸有所變，最後由於支持該消費者決定之信息逐漸增強，乃至完全接受。

3.投入反應模式（low involvement response model）：本模式描述消費者經由認知層直接到行為層，再轉為態度上之改變過程。實際上，購買行為有可能是消費者經由粗淺之認識便立即購買該產品，待使用過後態度有所轉變。但是由於其投入不深，故公司之信息內容（即廣告內容）應針對「認識度」而非「情感度」而設計。換言之，行銷人員應利用此一模式，建立產品之「知名度」，以便促使消費者購買後的有利態度出現。

　　Maloney對於信息的內容及種類提供了一個演繹式的架構，他認為消費者期待一項產品或服務是出於四種報酬之一， 並以三種經驗來感知這四種報酬。

　　四種報酬包括：

1.理性的（rational）。
2.感官的（sensory）。
3.社會性的（social）。
4.自我滿足（ego satisfaction）。

　　三種經驗包括：

1.使用結果的經驗。

2.產品使用中的經驗。

3.偶然使用的經驗。

　　上述經過交叉作用會產生十二種類型：例如，「服用人蔘可治療身體虛弱」，是經由「使用結果之經驗」而附帶「理性的報酬」之主題（王勇吉，1997）。消費者知覺是人們從內部與外界環境中接受刺激所衍生的意義程序，下列幾點加以說明：

1.知覺是有選擇力的：在所有刺激中，人們經由選擇只接受小部分具有激發性的刺激。雖然消費者在生活上面臨大量廣告，但他們實際上只接受一小部分。

2.消費者知覺依外界刺激與個人因素而定：外界刺激包括廣告、推銷、報導等；個人因素則包括消費者個人的需要、興趣、經驗、態度等。消費者對某種產品感興趣，自然就會去注意那些廣告。

3.知覺具有許多的市場複雜性：消費者對於產品利益的理解方式，要比實際所具有的產品品性更為重要。品牌印象與消費者的自我觀念，在消費者購買決策程序中，有時共同發揮作用。

4.知覺在決策品牌中的價格與質量關係也很重要：例如，購買者若只在有限的資訊進行購買活動，則價格可能成為產品質量的指標。消費者若理解到實際的價格和質量關係，則認為昂貴的產品具有優良的品質。

　　消費者知覺風險可分為兩種：一種是產品功能認知上的風險，這是和產品效果有關的風險。一種是心裡社會認知上的風險，這是有關產品是否會增加個人威望的風險。這兩種認知風險，會隨著不同類型

的產品而變化；例如，私校購買學生交通車，需講求耐用，則功能風險最重要，但如為董事長購買轎車，需講求豪華和氣派，則必須重視心理社會風險，如何降低這兩種風險有賴於掌握和蒐集有關這兩種風險的資訊。

二、購買動機

一個人的慾望必須以購買某種物品才能滿足時，則此內在之驅策動力稱為購買動機（buying motives），購買動機一般分為產品動機（product motives）和惠顧動機（patronage motives），分列如下：

（一）產品動機

1. 理智的購買動機：係購買者基於「理性」而購買，包括輕便，容易使用，耐久性，可靠性；例如，消費者因為電熱器製造商保證長期免費服務而購買。
2. 感情之購買動機：包括安全感、好奇心、自我、舒適、優越感和免於恐懼等都是，但可歸納為一個類別即自我的滿足；例如，崇拜某歌星而買他的CD。感情之購買動機不是理性的反對面，人們常感到有若干理由去購買，而發生了情感上的驅使力量，以滿足需要，而決定購買，因此情感與理智是一致的；例如，為女友買生日禮物（情感）而去挑選禮品（理智）。

（二）惠顧動機

指消費者對特定商店的偏好，包括商店位置上的便利，貨品種類

繁多,服務提供程度,價格公平、產品優良等,對製造商與零售商而言非常重要(王勇吉,1997)。

　　購買者由於認知不足,自認為「買了不該買的東西」,或者錯失良機,「該買的東西沒有買」,均會使他心生悔意,而覺得不愉快。此種不愉快的狀態,就是「認知失調」(cognitive dissonance)。例如,老張買了一棟房子,看過他房子的朋友都認為他買貴了;老張某日逛展覽會心儀一台物美價廉的電腦,但因為一時猶豫而被人捷足先登買走了;老張的這兩件事都可稱為「認知失調」(王勇吉,1997)。顧客購買行為可分為首次嘗試性的購買和再次連續性的購買兩種;前者可能是因為得到事先的訊息,而得知該家店鋪的存在,訊息的來源有可能是平面媒體或是立體媒體,也可能是口碑相傳。這些惠顧動機受到外在環境的各項相關因素影響,其中有些因素是長期性的影響,有些則是短期性的影響,甚至是暫時性的影響。各項因素大致包含下列五項:

1.文化(culture):包含我們在一個社會團體中的信仰、價值觀、看法,其中又分為次文化(sub-culture),以年齡、性別、種族、宗教來分類;社會階層(social class):也是影響因素,包含職業、收入、教育程度。這些因素加起來影響了我們的生活型態(life style),當然也影響了我們的消費型態。

2.家庭(family):家庭的影響最早可以推到我們兒童時期的消費個性,一個人花錢、買東西、使用物品的方式,都和家庭背景的影響有很大的關係。

3.參考對象(reference group):他們的行為及代表意義會影響消費行為,或模仿、或認同、或參考學習。

4.行銷環境（marketing environment）：包括產品設計、包裝、陳
列、廣告、銷售人員口才、促銷及優惠價格，都會影響我們。

5.情境因素（situational factor）：包括天氣、時間、場合也都能
在短時間影響我們（柳婷，1996）。

三、風險

這裡所指的風險（risk），是指消費者在作購買決定時，會先衡
量購買決定所承受的風險，與自身可以接受的風險水準（acceptable
risk），如果購買決定所承擔的風險在消費者主觀認知上，是在可以
接受的風險水準範圍內，消費者就會購買；反之，消費者就可能會取
消購買決定。風險的種類大致分為下列七種：

1.財務上的風險：買這種產品是否划算？

2.操作上的風險：產品性能會如同預期嗎？

3.實體上的風險：對身體是否有安全上的顧慮？

4.心理上的風險：產品是否會降低自我形象？

5.社交上的風險：朋友如何看待我使用此產品？

6.時間上的風險：是否會占據我太多時間？

7.機會成本：買了這項產品就不能買其他項產品？

消費者在評估購買決定時，常會因各種因素而低估可能的風險
覺，因此，企業若要增取消費者成為常客，最好能夠提供各種相關資
訊給消費者做購買前的參考，保障消費者，使其降低風險，同時對企
業產生認同（林財丁，1995）。

第七章
服務互動中的慣性思惟

第一節　服務互動可能發生的錯誤

一、人類一般所犯的錯誤

　　人類右腦主感性，也就是直覺、經驗和勇氣。由於判斷和經驗對於複雜的情況會造成錯誤的結果，英國曼徹斯特大學研究錯誤的知名學者詹姆士‧李森博士（James Reason）在其所著《人類的錯誤》（*human error*）一書中指出，犯錯是一種「很正常」的現象。今天不論我們何處工作，都會面臨許多情境相當複雜的局面，我們受到形形色色資訊不停的干擾，我們的腦容量有限，卻得應付日漸增加的龐大資訊。因此，大腦就得簡化我們的工作或目標，讓它變得容易「管理」。當大腦如此做時，無可避免地就在採取「心靈捷徑」。這個過程最後會造成一些錯誤；就本書範圍而言，只能介紹人類普遍所犯的錯，而且是可能影響到服務的一種。根據人性因素工程學家Fitts和Jones的說法，人類一般所犯的錯誤大概可以分為下列六種，分別說明如下：

（一）替代性的錯誤

　　通常由於布置設計的不統一，沒有標準化，或是類似的東西沒有適當的標示或間隔太近。於是使得人們不知不覺看錯、拿錯、操縱錯

了。公司的交通車外部有鮮明的標誌，所以員工上下班不會上錯車，但是最近公司交通車故障進廠維修，臨時承租民間交通工具，由於臨時性替代，造成員工找不到或是誤上其他公司交通車的情事發生，這就是替代性造成的錯誤（substitution errors）。

（二）調整性的錯誤

調整某一種控制器時，可能由於動作太快、太慢、太猛、沒有到達正確位置，操作者可能會懷疑；但是沒有正確的到位訊號，於是使得操作者在不知不覺中犯了調整性的錯誤。公司因國際物價上升而調整產品零售價格，但是調整通知並沒有全面告知所有營業單位，造成營業單位銷售價錢有新有舊，這是調整性的錯誤（adjustment errors）。

（三）方向性的錯誤

有時人會預期操縱機械的某一部分會產生某種作用，不料其結果正好相反，於是造成錯誤，或者上下左右的顛倒錯誤造成事故。若干年前，國內一家航空公司往返花蓮的區間班機，駕駛操作002班次飛機由花蓮飛往台北，塔台要求飛機由北朝南起飛後右轉升空；三小時後，同一駕駛再度由花蓮飛004班次回台北，當時花蓮機場附近風向改變，臨時塔台要求飛機調整方向起飛，由南向北起飛左轉升空，但是該駕駛由於先前的駕駛方向觀念未調整，以致於飛機起飛後未依照塔台指示向左轉，仍然向右轉升空，造成撞山空難，這就是典型的方向性錯誤（reversal errors）造成的悲劇。

（四）遺忘性的錯誤

人是會健忘的，即便不是一個健忘者也偶然會忘記。例如，工廠內密閉的反應槽的壓力必須時時調整，全憑操作人員個別自行記憶是很危險的。辦公室中收藏機密資料的鐵櫃，下班以後很可能發現有些是「忘」了上鎖。同樣的顧客會拿出公司先前寄來的促銷宣傳要求優惠或是折扣，也許是服務人員工作過於忙碌，對於公司接二連三的促銷方案，不能隨牢記在心，有時也會造成顧客抱怨，這種遺忘性錯誤（forgetting errors）發生的頻率，在抱怨項目中比例不低。

（五）無意的錯誤

這一類可以說是上述四類之外的錯誤，人大概不會有蓄意的犯錯行為，就一個「人機系統」來說，機械系統沒有設計上的錯誤，那麼發生錯誤的話，大概應屬於人為無意間造成的。很多人逛百貨公司的時候，原本是想悠閒的閒逛，但是服務人員卻是亦步亦趨的「隨侍在側」：服務人員的服務美意，反而會造成消費者的無形壓力，這種也是業者無意犯下的錯誤（unintentional errors）。

（六）能力有限的錯誤

由於位置、布置、相對關係、構造的原因使得操作人員要採取行動時，看得見可是摸不著，或是摸的到可是拉不動等。這是由於不當的設計造成這一類的錯誤。顧客電話前來訂位，操作人員一來電腦鍵盤指法速度緩慢，二來專業指令不熟，造成顧客訂位錯誤，這是服務能力不足的錯誤（inability, errors due to）。

我們進一步再細分，錯誤又分爲「過程錯誤」和「結果錯誤」兩種，在過程錯誤中學習的經驗比較重要，因爲結果錯誤的造成，是因爲過程中某一個或者是某幾個錯誤累積而成，因此分辨自己所犯的錯是否爲過程錯誤，是一件很重要的事情。表7-1是將過程錯誤與結果錯誤作一對照如下。

表7-1　過程錯誤與結果錯誤比較表

過程錯誤	結果錯誤
1.儘管其他有效的對立資訊出現，也不願意改變後來的行動。 2.以最近的事件，或以往未經證實的成功，去解釋資訊。 3.選擇性地去審視一切可用證據。	1.買部二手車，後來車子常故障。 2.無法獲得市場占有率的產品。 3.投資報酬率差。

資料來源：Michael Pearn, Chris Mulrooney, Tim Payne, *Ending the Blame Culture,* 1998，《愈錯愈成功》（頁56），陳琇玲譯，商智，2000。

哈佛大學教授克里斯・亞吉利斯（Chris Argyris）研究組織內部學習已有多年，他觀察一群管理顧問和其同業發現，顧問經常犯錯，他們不只無法從錯誤中學習，也不承認自己犯錯。亞吉斯發現因爲認錯時所產生的憂慮和負面情緒，使得這些顧問不敢承認，即使自己犯錯也不願認錯。「失敗」對他們來說，是非常痛苦的事情，因爲他們把錯誤視爲失敗，拒絕接受可能會犯錯的這種想法。即使資深經理人提供一個談論錯誤的環境，這些人也不會願意開誠布公的討論。如果不能反省自己的過錯，就會有形成惡性循環的風險，並會一再重蹈覆轍，如圖7-1所示。

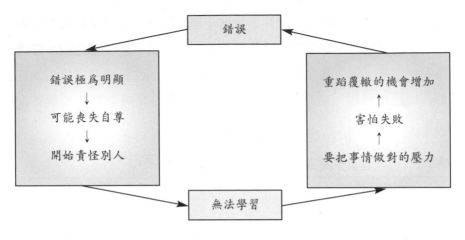

図7-1 錯誤的惡性循環

資料來源：Michael Pearn, Chris Mulrooney, Tim Payne, *Ending the Blame Culture,* 1998，《愈錯愈成功》（頁58），陳琇玲譯，商智，2000。

二、人類的器官

　　無論從哪一個立場來考慮，人性因素中最重要的應該是記憶能力，如果沒有記憶能力，那麼學習什麼都是白費。記憶至少可以分為「事實」的記憶和「技能」的記憶兩種；事實的記憶是記得一些明確的資料，如地址、名字、面孔、歷史等，事實的記憶很快可以獲得，例如，昨天在校門口看見李老師，但是也可能很快就忘掉；又例如，記住一個電話號碼。技能的記憶較少牽涉到有益的學習，譬如學騎自行車、玩樂器等，技能的記憶是經由練習而得，他們與學習的環境無關，如我們回家等電梯會按樓層按鈕，這種技能的記憶不需要記住，類似下意識反射動作。其次人的行為表現，會隨著生理時鐘的改變而

變動；飢、渴、出汗、疲勞、想睡和生理周期，這就是生理時鐘的變化，造成新陳代謝改變。當我們缺氧時，在其他組織器官尚未受到影響，腦部先產生障礙，是為「腦貧血」。當這些影響循環系統時，腦部血液供應不足，直接會使注意力緩慢下來，接著就是眼前一片漆黑、昏迷。

　　人的能力也會受到藥物控制，就拿時差對適應力的影響而論，我們應當針對那些容易適應及那些不容易適應的人來加以研究。容易受時差影響而失眠的人會影響到第二天的工作，服用鎮靜劑幫助睡眠雖然可使第二天精神愉快，但是所衍生的副作用也須一併考量。

　　工作中，人的判斷力及視覺可說是絕對的重要，因為儀表要靠視覺來判斷。根據醫學研究報告，當人類看東西時，通常眼睛將接收到的視覺訊號傳至腦部約需0.1秒，視覺神經傳送速度非常快，但是將眼球移動去鎖定物體，卻需要0.29～0.30秒，然後判斷認識物體需要花費0.65秒；大腦接收的動作非常快，慢的就是判斷，因為它需要許多內外在的條件配合。靠正確的經驗累積來判斷是最好，但這步驟卻也是在判斷之前最花時間的功夫。一旦判斷完成，大腦便發出訊號拉動肌肉，這期間需要0.4秒的時間。假定機器慣性上的延誤又需要2秒，於是大腦在作出正確判斷、直到機器配合正確動作，前後共需5.4秒，以目前大型飛機的時速一秒至少移動200公尺計算，5.4秒就已經行駛一公里以上了。真可謂：「失之毫釐，差之千里。」

　　飢餓加上睡眠不足，對人的注意力集中影響最大，因為個人體質與生活方式的差異性很大，表現出的反應也不相同。人在太單調、太舒服或太有安全感的狀況下反而不會去注意一些事情，這是一個矛盾的現象，生理上不舒服或太舒服都不是一件好事。人在中年以後，尤

其是家庭問題和社會問題，挫折越來越多，人會越來越憂鬱，工作動機會越來越低，如某些應該克服做到的而做不到的情形，就是因為注意力不集中之故。

在分析事務中所謂人的因素，一般並不單純，其中可能有幾個主要的因素或幾個次要的因素，若是湊巧這些因素有次序性，一個個接踵而來，則人的判斷力就會出問題；有時兩個問題相隔一段時間才出現，說不定反而會提醒人的注意而不致出問題。所以當我們分析涉及人為因素事件時，需要個別處理之處非常多，是一個相當複雜的問題。在下列條件下，人的注意力或是其生理上的反應會有顯著的變化：

1.工作太單調。

2.不瞭解工作沒有興趣。

3.環境太舒適。

4.先入為主的成見。

5.工作不斷重複沒有變化。

6.飽餐以後。

7.長時間提高警覺。

8.工作沒有夥伴。

在操作時，要研究、探討的是怎樣方能以最小的代價取得最佳的動作與姿勢。而且使人承受最小的負擔；亦即要減少疲勞，能敏捷、正確的操作，設計和製造能使生產率得以高度發揮的機械裝備；但是操作這些裝備卻因人的差別、訓練程度大相逕庭。許多實驗已經證明，就反應的時間而言，其表現特性有如下八點：

1.視覺反應時間遲於聽覺反應時間。

2.雙眼、雙耳比單眼、單耳反應時間短。

3.刺激強度愈高，反應時間愈短。

4.對多數複合刺激反應時間較短。

5.刺激的持續時間，在一定範圍內較快，超此範圍則較慢。

6.同一刺激如反覆作用，反應時間變長。

7.注意力集中於動作時較之集中於刺激時，其反應速度更快。

8.手（足）伶俐，反應時間則快。

動作種類的不同，反應的時間亦有差異，主要的動作可分為下列幾種。這些動作並不單獨發生而是成系列的發生。

1.靜置動作：以雙手或單手持物的局部動作。

2.反覆動作：隨著機器自動化的普及，這些由穿孔員運用電子計算機操作的機器，反覆連續的運轉動作即會多起來。

3.動作：這類動作，可從電視機組裝時由各種基本動作構成的組裝作業看出。

4.定位動作：這在駕駛汽車、操縱飛機時，在各種環境狀況中，為保證汽車等的平穩，得操作方向盤，旨在保持適當位置的動作。

5.連續動作：這是針對不斷的變化刺激所進行的複雜、連續動作，通常在工廠中時常發生（楊燦煌，1988）。

第二節　服務互動心理的差異

　　若我們能夠對人口統計特性上的差異作更進一步的瞭解，可使我們認清群體間為何會產生個別的差異；個體也因為各種社會環境或身處群體性質的不同，常常影響不一的變化以及心理特性上的差異。

一、心理特徵差異

　　雖然人們在基本欲望上是相同的，且常顯出一系列的行為共同性，但是在許多方面卻是大異其趣。這些個別差異，至少會發生在包含智力、能力、性向、興趣、價值、態度、氣質、人格和生理等方面，現在將各種差異分述如下（林欽榮，2000）。

（一）智力差異

　　所謂智力，乃為個體適應環境的能力，包含學習能力、知覺能力、聯想能力、記憶能力、想像能力、判斷能力與推理能力等，亦即個體在從事有目標的行動中，是否能有條理的思考，並對環境做有效的適應能力。智力高的人適應能力強，智力低的人適應能力低；智力高的人學習成績好，智力低的人學習成績低；智力強的人推理透徹，智力低的人推理膚淺。它是一種綜合而複雜的腦力。

　　就工作的立場言，智力隨著工作的不同而有不同的需要。一般而

言，智力高的適於擔任較高程度的工作，而智力低的人僅適於擔任較低的工作。如果將他們的工作對調，必然無法發揮各自的長處，使工作任務無法圓滿達成。因此，員工甄選必須注意到智力的高低。通常智力的高低可用智力測驗來判定，智力商數（intelligence quotient, IQ）即用以表示智力高低的指標。

（二）能力差異

所謂能力，至少含有雙重意義，一係指個人到現在為止，實際所能為，或實際所能學習而言。一則指具有可造就性，亦即潛力。它不是指個人經學習後，對某些作業實際熟諳的程度；而是指將來經過學習或訓練，所可能達到的程度而言。此處的能力是指一個人現有的、能完成一項工作所需的各種能力，其中包括相關的知識和技術。能力不僅是個人很重要、很明顯的特質之一，也是個別差異的主要特徵之一。每個人的能力不同，適任工作的要求自然有所差異。通常能力高者適任高階層或複雜性工作，能力差者只能勝任簡單而例行的工作。個人具有某方面的能力，必在該方面力求表現；若缺乏能力，則必須加以迴避，以免遭受挫折。

（三）性向差異

所謂性向，也可稱為潛能。係指人們先天上具有學習某種能力的潛力；亦即為前述經過學習或訓練，就能達成某種程度的能力。例如，某人書法很好，某人歌喉不錯，就是指他們在工作上的不同性向而言。因此，在做工作分配時，就必須注意符合他們的性向。如果讓一個善於言辭的人，從事機器操作，其成就亦必有限。相同的，讓一

個機械性向很強的人從事服務工作，效果也不佳。管理者可經由性向測驗來測定個人的不同性向，從而分派不同性質的工作。

（四）興趣差異

在工作中，個人的興趣各有不同，程度濃淡不一，所謂「人各有志，各異其趣」。所謂興趣，是指個人對事物的喜好程度而言。個人的興趣不同，對事物的選擇也不同。有些人興趣狹窄，有些人興趣廣泛，這可能形成個人的不同特質。個人對有興趣的事物，常常趨之若鶩，對沒興趣的事物，則退避三舍。此種興趣可能源於自我、家庭、同僚、朋友等。個人常將自己投入喜歡的活動中，跟性情相似、興趣相投的人在一起工作，而形成個人的職業興趣。

（五）價值差異

所謂價值，係指個體對適應行為過程或結果的廣泛偏好。此乃反映出個人對「是非」和「應該如何」的觀感，此種觀感會影響個人的態度和行為。例如，一個具平權主義價值觀的人，在有差別待遇的組織中工作，會認為公司是一個不公平的工作場所，結果可能採取消極的工作態度或離職而去。一般員工和工作相關的最重要價值觀，主要是對能力和成就的肯定、尊敬與尊嚴、個人的選擇與自由程度、參與工作決策、個人的工作榮譽、工作生活品質、財務安全、自我發展，以及健康與福利。然而，這些價值對個別的成員是不相同的，如有些人重視自我的肯定，有些人則注重財物安全；有些人可能較重視尊嚴，另一些人則可能強調健康與福利；凡此皆顯示出員工對價值的差異。

（六）態度差異

　　態度是受到價值觀所影響，但是態度是偏向特定對象，具有特殊性；而價值觀則具有普遍性，比較廣泛。例如，員工參與是一種價值觀，但是員工對參與的正面與負面感覺則是一種態度。換言之，態度乃是個體對周遭環境中的人、事、物，所產生的正面或負面反應的傾向。此種傾向係受到個人認知、情感的影響，從而產生出某種行為。因此，態度是由認知因素、情感因素和行為因素所構成的。顯然個體從出生以來，常常在環境中受到各種因素的影響，是以形成了不同的認知、情感，並表現出不同的態度和行為。因此，態度差異乃存在於不同的個體之間，其表現在工作上尤為明顯。通常管理者透過觀察或各種量表，可測知員工的不同態度，進而可採取適當的管理措施。

（七）氣質差異

　　所謂氣質係指個人適應環境時，所表現出的情緒性與社會性的行為而言。氣質與「性情」、「脾氣」、「性格」甚為接近，是個人全面性的行為型態，多半是與人交往時，在行為上表露出來。如有人熱情、有人冷酷；有人外向，有人內向；有人經常顯露歡愉，有人終日愁眉苦臉；有人事事包容，有人遇事攻擊。這些常見的行為特質，即為人格上氣質的特性。由於這些不同的特質，可以看出不同的個人行為傾向。因此，不同工作不同氣質的人，在工作分配時必須注意此一因素。

（八）人格差異

所謂人格乃為個人行為的綜合體，通常人格是個人行為的代表，個人行為的特性都是透過人格而表現出來的。換言之，所謂人格是指個人所特有的行為方式。每個人都在不同的遺傳與環境交互作用中產生對人、對己、對事、對物的不同適應，故每個人的人格都是不相同的。此種不同的人格特性，可透過人格測驗測量出來，且合理地指派其工作。

（九）生理差異

所謂生理係指個人的體格狀況、外表容貌與生理特徵等。它至少包括身材高矮、體力強弱、容貌美麗、生理缺陷與否，這些特質不但影響別人對自己的評價，也構成自我概念或自我意識的主要因素，而形成個別差異。如有人力舉千斤，有人手無縛雞之力；有的身材健美，有的生理障礙；凡此都影響到個人情緒，形成不同的行為形態。此種態度差異，各自適任不同的工作。

二、學習的歷程

1998年一群美國心理學家公布了一項調查，列舉出十五個人類的基本需求。有趣的是，研究發現，其中有十二項需求，同時也存在於動物界的本能中，另外三項需求才是人類社會所特有的。當然這中間還有些瑕疵，例如，它沒有提到人類需求宗教思想的本能。一項有關

於腦部科學的研究中就曾顯示，當我們有宗教的想法時，人腦的一部分區域會隨之發熱。目前社會瀰漫追求屬靈的趨勢，這都和宗教有關。現在列舉出十五項基本需求的內涵（John, 1999）。

1. 性：孔子說：「食色，性也。」自有人類以來的動物性格，非「性」莫屬。
2. 餓：這是動物的基本需求，琳瑯滿目的美食與各式各樣的口味，就回應了此點。
3. 身體：我們身處在以身體、觸覺去感覺、去記憶的文化。
4. 避免煩惱：全球面對的共同問題就是「壓力」，如何遠離壓力，成為基本需求的一項。
5. 好奇：這牽涉到學習與遊戲的本能，追尋教育未嘗不是好奇的表現。
6. 榮耀：消費者購買明牌汽車是榮耀的表徵，它已經成為基本需求的項目。
7. 秩序：目前混亂、組織鬆散以及不確定的世界裡，秩序的需求愈見強大。
8. 懲罰：人際關係日漸淡薄，在自我防衛的領域，例如，防盜器或防身器的需求殷切。
9. 社會接觸：由於社會越來越寂寞、疏離，想要維護周遭的關係，遠比從前任何時間都要來得強烈。
10. 家庭：想要有家庭歸屬感，是人類遭遇挫折後的避風港。
11. 獨特出眾：人類潛在期望追尋外在名望和認同的動機，就是要特立出眾。

12.權力：渴望權力已經成為當代人生哲學中的主要課題。

13.公民歸屬感：舊社會已不復存在，新社會的人類希望從新尋得往昔的歸屬感。

14.獨立：個人主義的盛行，使得獨立無所不在。

15.社會接受度：目前社會對哪些過去社會曾經堅持的有所篩選，人們也有需求與期待。

人是學習的動物，人類從錯誤的學習中，得到正確的知識。也基於此，人類才由不斷知識的累積創造出今日的局面。若將學習的歷程用於消費者，則消費者基本的學習歷程可利用「驅力、線索、反應及增強」來解釋，如圖7-2所示。

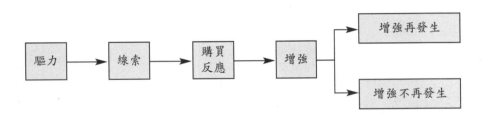

圖7-2　顧客學習的歷程圖

資料來源：《消費者行為學》（頁55），林靈宏，1994，五南。

1.驅力：引發個人生產行動的內在刺激或緊張狀態。飢餓就是一種驅力，驅力可分為原始驅力及衍生驅力兩種。原始驅力通常是由生理需要所引起；如飢餓、口渴、性需要。衍生驅力則是學習而來的；如老鼠會跑白色區而不跑黑色區以避免被電擊，這種逃避反應就是衍生驅力的影響。如結婚需要宴客與洞房，

旅館正好可以滿足上述需求，於是好的旅館品牌和「宴客與洞房」連結，形成品牌的偏好。

2. 線索：一種環境刺激。如廣告、他人、事、物的暗示、鼓勵。飢餓的時候，食品的廣告即為線索；旅遊時旅行社的廣告即為線索。

3. 購買反應：個人對環境中線索所採取的行動。如購買航空公司的機票。

4. 增強：當反應受到犒賞時所產生的滿足感。人飢餓時吃了食物會產生滿足的感覺，於是對食物的反應受到增強。

5. 增強再發生：習慣反應。個人碰到某種刺激會馬上作特定反應，形成習慣。對於某家旅館的優良服務滿意，下次有此需要時，還會再去同一家旅館消費。

6. 增強不再發生：習慣改變中斷。個人在消費時，並沒有得到滿足感，則學習得來的習慣會中止，心理學稱為消弱作用（extinction）。

第三篇

品質篇

　　本篇共分為三章，分別為第八章品質沿革與品質模型；第九章品質系統與品質種類；第十章品質成本與品質衡量。

第八章
品質沿革與品質模型

第一節　品質沿革

一、前言

　　若要追溯品質，早在西元前三千年前的古埃及金字塔的巨型石塊，以及我國秦朝建造的萬里長城，都可以代表早期人類對於品質的象微。古代商人經營買賣為了講求信用，都會以身家性命作擔保，因此百年老店的信譽，一言九鼎，這種信譽就是品質的表現。古代中國與中古歐洲時期，品質的焦點都放在產品的性能上，商家拿自己的人格作為商譽，為產品的品質背書，18世紀的工業革命之前，人們的生產觀念就是如此（Ronald, Thomas & Lloyd, 1991）。

　　韋伯新世界字典（學院第二版）對品質所下的定義：「一種自然、特殊的風格、最優秀的事務，它是完美、卓越」（Evans & Lindeay, 1993）。品質的解釋有十幾種之多，但是對企業主管來說，有一個定義是普遍被接受的，那就是：「品質就是適用」。品質是「一種觀察經驗或操作經驗的累積，對觀念性或操作性的工作或事情，經體認而表現出令接受者或消費者內心覺得舒適滿意的感覺」。這個定義簡潔明白，但無法協助主管選擇該採取的行動，對於一個企業主管來說，要達成企業內部團隊合作，上下一心、一致向外，必須克服許多不同觀點所形成的心理障礙。企業中對事情看法有不同觀點

的意見是很正常的事，如何將各單位不同觀點整合凝成共識，是管理者的課題。在不同前提、觀念，甚至關鍵字彙的不同意義所形成的障礙。在企業中很少公開表達，甚至相關單位不知道這些不同是否存在，存在在何處，以致於對於問題的看法，有不同的解釋。

表8-1為品質討論會議中對品質的範圍定義：

表8-1　品質的定義範圍表

產品的特性符合顧客的需求	沒有缺點
高品質使公司可以—— 1.使顧客更滿意。 2.有利產品行銷。 3.不怕競爭。 4.增加市場占有率。 5.提高銷售收入。 6.保持高價位。 7.主要的效果表現在銷售上。 8.通常高品質會提昇成本。	高品質使公司可以—— 1.降低錯誤率。 2.減少重作與浪費。 3.減少製造現場的失誤。 4.降低顧客的不滿。 5.減少檢驗與測試。 6.縮短新產品上市時間。 7.增加產能及合格率。 8.改善運送的績效，主要的效果表現在成本上，通常高品質會降低成本。

二、品質的演進

美國國家標準協會（American National Standard Institute, ANSI）將「品質」定義為：「一種產品或服務具備滿足需求者需要的輪廓與特質。」（Christopher, 1991）現代化、專業性的品質管理，則源於工業革命後社會化及大量生產的出現。由於製造業生產規模的不斷擴大，產品及生產過程的複雜程度不斷提高，大量工人生產大量相同的產品，傳統手工業工匠式的品質控制方法已經難以奏效；因為製造業

中首先產生了有系統的品質管理實務與研究，服務業的品質與管理品質，管理一方面深受製造業的影響，另一方面，由於服務業品質管理本身的特殊性，又逐漸形成了自己的體系（劉麗文、楊軍，2001）。進入20世紀的現代品管觀念起源於1924年，Shewhart在貝爾電話研究所引進可用來檢驗生產的統計管制圖，Dodge和Romin在1930年引進「允收抽樣表」（註）。但是統計上的品質管制程序一直到第二次世界大戰美國政府要求廠商使用，才被廣泛應用。

　　註：允收抽樣表：即在合理的範圍內，抽樣所產生誤差，能夠被
　　　　接受的對照表。

（一）品質是檢查出來的

　　隨著工業革命的發生，開始有了製造工廠，大量生產的態勢隨之出現，但是製造者的傳統觀念仍舊沒有改變，所有的產品由製造者自己檢查，品管學者將此一時期稱為「作業員的品質管制」；19世紀末，科學管理派的興起，製造工廠開始追求產量的提昇，品質便逐漸由監督者所負責，品管學者將此一時期，稱為「領班的品質管制」；隨著製造業的產品越來越複雜，有了專業檢驗員來負責的做法，此階段稱為「檢驗員的品質管制」；20世紀初期，貝爾電話公司（The Bell Telephone System）真正建立最早的品質管制，由西方電器公司成立檢查部門協助貝爾公司，但是此時的品質，僅是指產品的設計、製造與裝配方面。

（二）品質是製造出來的

　　1940年代美國進入「統計的品質管制」時代，這使得作業人員對

品質的認知也隨之改善，認為將產品檢查後的結果之回饋鏈進行改善，才能預防不良品的發生，衍生出品質管制（Quality Control, QC），確立品質是製造出來的。

（三）品質是設計出來的

但是光從工廠考量品質的問題並無法解決產品離開工廠後的品質，於是品質是設計出來的觀念形成；第二次世界大戰期間，美國執行轟炸任務時，通訊常常發生故障。事後檢討發現問題出在真空管，但是出廠時的真空管，是被認為合格的產品，為何放在飛機上就會失靈呢？其後發現廠商都只注重到廠內產品的品管，卻忽略了廠外的品管。所謂廠外的品管是指：「產品的儲運和使用階段」。因此須在產品的企劃和設計階段就先行管制好，也就是在設計時，就先把客戶的需求考慮進去，這就是「品質是設計出來的」原委。由此引申出「品質保證制度」（Quality Assurance, QA）。

（四）品質是管理出來的

1950年代美國學者戴明（Edward Deming）提出「品質是製造出來的」和朱蘭（Joseph M. Juran）提出「品質是一種合用性」，將品質的觀念與技術帶入日本。1960年代美國的費京堡（Armand Feigenbanm）提出了「全面品質管制」（Total Quality Control, TQC）的觀念，日本的石川馨以「良好的人力資源，建立工作品質」，克勞斯比（Philip Crosby）提出「品質零缺點，要第一次就做對」（王克捷，1988）。經由品管大師們的提倡，企業也認為產品品質不只是管理單位的責任，應該是全體員工的工作，需要大家一同參與，基於這

樣的想法，企業內各單位開始組成品質改善小組（Quality Improvement Team, QIT），運用品質的手法來解決自己的問題；此一時期的品質觀念進展成「產品是管理出來的」。

（五）品質是習慣出來的

1980年代的日本產品品質在美國備受讚揚，美國發覺事態嚴重，在1984年由美國品質協會（The American Society for Quality Control, ASQC）指定每月的十日為品質管制日，1986年更立法成立美國國家品質獎（The Malcolm Baldrige National Quality Award），研究日本產品品質優異的原因何在。

發現日本企業都有良好的企業文化，員工都有共同的價值觀，可充分反應一個公司的品質文化。品質文化的塑造，從訓練而產生個人態度的改變，再到個人行為的改變。最後引起團體行為的變革，這種變革是由大家的生活方式養成的，我們稱這一時期為「全面品質保證」（Total Quality Assurance, TQA）。日本盛行的「改善」（KAIZEN）與日本豐田汽車的「即時管理」（Just in time, JIT）便是代表，如表8-2示之。

表8-2　品質演進

品質觀念面	品質歷史面
1.品質是檢查出來的	·作業員品管 ·領班品管 ·檢驗員品管
2.品質是製造出來的	·統計品管
3.品質是設計出來的	·品質保證
4.品質是管理出來的	·全面品質管制
5.品質是習慣出來的	·全面品質保證

資料來源：〈全方位領導此其時也〉，《管理雜誌》，第234期，陳哲信，1993。

表8-3是企業多年來對品質抱持的態度；從問題發生時並未把問題視為與品質有關且值得重視的因素，漸漸的品質問題接二連三的在企業內部不斷的發生，使得管理階層面對有關品質的問題一而再、再而三的發生，除了生氣卻仍不知對症下藥，直到品質問題影響到企業生存時才開始體認到必須要朝品質改進的方向逐步推行。在重重障礙中不斷的學習摸索，當初次體會到品質帶來的成果，更堅定的貫徹品質方案，直到最後終於使得企業脫胎換骨的完成品質改善工作。

三、品質理論大師

　　品質觀念雖然經歷了漫長的幾世紀各階段變化，但在最近短短的五十年內，由不少的品管大師推波助瀾，對現代的品質觀念，造成極為深遠的影響。其中又以五位品管大師為代表：

（一）戴明

　　戴明（Edwards Deming）承襲了貝爾實驗室哈林特（Walter Shew-hart）「品質是企業成功的關鍵」的思想，強調「品質是製造出來的，而非檢驗出來的」，並推動「統計品管」技術，使日本擁有一流的競爭品質，被日本人尊為「品質之神」。

　　他的中心思想：品質是用「最經濟的手段，製造出市場最有用的製品。」其有名的「戴明循環」（Deming cycle）的觀念，讓日本的企業能不斷的進行改善作業的一個重要品管觀念。或稱為PDCA循環；即規劃、實行、檢核、行動。他強調研究、設計、生產、銷售活

表8-3 品質管理成熟方格

衡量領域	管理階層的理解及態度	品質組織的狀態	問題處理	品質成本占銷售的百分比	品質改進行動	對公司品質態勢摘要描述
階段一：不確定	未認識到品質是一種管理工具，傾向把「品質問題」怪罪到品質部門。	品質隱藏在製造或工程部門之內。檢驗很可能不是組織工作的一部分，組織強調的重點在於評鑑及分類。	問題發生時產生抗拒，但沒有解決問題。經常有叫罵及指控。	沒有數字報告，實際上占20％。	沒有組織化的活動，對這類活動也沒有認識。	「我們不明白為什麼我們會有品質問題。」
階段二：覺醒	體認到品質管理可能有價值，然而卻不願為此提出時間和金錢。	組織任命一位較強的品質領導者，不過主要重點仍放在評鑑及維持生產銷售上；仍屬別的部門。	組織成立一些小組來「處理」重大問題，不過組織並未要求長期的解決方案。	據報是3％，實際是18％。	嘗試少許的「激勵式」短程改進方法。	「難道品質永遠必須有問題嗎？」
階段三：啟蒙	在品質改進活動方案進行的同時，也學到更多的品質管理方法，對活動變得積極支持。	品質部門對最高管理階層負責，所有的評鑑工作都包括在內。品質主管在全公司的管理扮演重要的角色。	建立矯正行動溝通，組織開始坦然面對問題，並以井然有序的方式解決。	據報是8％，實際是12％。	實施「戴明14步驟」方案，並充分瞭解及建立每一步驟。	透過管理階層的決心和品質改善方案的施行，組織現在能夠找出問題所在，並加以解決。
階段四：智慧	參取瞭解品質管理的絕對必需事項，體認到它們在「持續強調品質改進」這一事件中所扮演的個人角色。	品質經理是公司的重要主管，具有有效的地位和份量，可做報告和預防活動。	問題在形成的早期就被發現，組織的各個作業機能都能公開接受建議及改進。	據報是6.5％，實際是8％。	繼續實施14步驟方案，並開始進入「確定」狀況。	「缺點的預防是我們這一作業部門例行的工作之一。」
階段五：確定	把品質管理視為公司系統及制度的必要部分。	品質主管是董事成員之一。缺點預防是其主要關切事項。品質是思想領袖。	除非是最特殊案例，否則問題都能預先避免。	據報是2.5％，實際是2.5％。	品質改進是一正常而持續的活動。	「我們知道我們為什麼沒有品質問題。」

資料來源：*Quality is still free*, Philip B. Crosby, 彭淮棟譯，《熱愛品質》（頁41-42），彭淮棟譯，1998，美商麥格羅希爾。

動之間不斷的互動，這對提高公司的產品品質，滿足顧客的需求，有很大的貢獻。

（二）朱蘭

朱蘭（Joseph M. Juran）認為「品質是一種合用性（fitness for use）」，而合用性的意義在於「使產品在使用期間，能夠滿足消費者的需要」。他的貢獻：首先提倡「顧客導向」為原則的品質管理哲學，被譽為「品質泰斗」。

（三）費京堡

費京堡（Armand Felgenbum）認為「品質成本」等於維持某種品質水準而發生的支出，外加未達到這個水準而發生的成本，包含預防成本、鑑定成本、內部失敗成本，以及外部失敗成本。他的貢獻：首創「全面品質管制」（Total Quality Control）。指出「全面品管」乃是整合企業內各部門的維持及品質之努力，俾能以最經濟的水準，生產出完全滿足消費者需求的產品。

（四）石川馨

他在《日本式品質管制》一書中，正式使用「公司全面品質管制」（Company-Wide Quality Control）。他認為品質的定義是「一種能令消費者或使用者滿足，並且樂意購買的特質」，所以「公司全面品管」追求的不只是產品品質，服務品質更是良好的工作品質。「公司全面品管」不僅是品管而已，而是一種公司的經營管理哲學。他的貢獻：「品質管制圈」（Quality Control Circle）的創始人。

（五）克勞斯比

克勞斯比（Philip Crosby）是一位「品質哲學家」，他極力排斥「統計品質管制」中的「平均品質水準」，認為那是一種鼓勵心存僥倖，自欺欺人的作法。因而主張「零缺點」制度，並提出"ＤＩＲＦＴ"的口號，即第一次就把它做好（Do it right at the first time）。

他的貢獻即所謂的品質包含「四大絕對」（four absolutes）：一、品質就是合乎標準；二、提昇品質的良方是事前的預防，而不是事後的檢驗；三、品質唯一的標準，就是「零缺點」，而不是「可以接受的品質水準」；四、品質是要以「產品不符合標準的代價」來衡量，而不是用統計學的比例或指數來衡量（Norman, 1984）。

第二節　服務品質模型

第三產業之服務業的快速興起，迅速超越第一產業和第二產業，還是近三十年的事情。早期服務業在社會科學中，並未得到學者專家的應有重視，那是因為在行銷的領域中，學者專家們尚未為服務業發展出一套能夠使人們信服的整體服務觀念。當時對服務的認知，就是要對顧客好一點，或是給客人多一點，再不然就是服務人員自己勤快一點。這種抽象式的敘述，若要得到學術界的認同，就必須要能夠將看不見的服務，用科學的方法，或者是用邏輯推理的方法，轉變成看得見的服務。也就是要設法將服務由不可數的「質化」現象，轉變成

可以數的「量化」數字。對早期的學術界來說，這的確是一項高難度的挑戰。

一、P. Z. B. 觀念模型

　　包括服務業先進國美國在內，嚴謹且有系統介紹服務理論方面的書籍，亦不多見。第一群從事於將服務業之服務品質「量化」研究的學者出現在1983年。A. Parasurman、Valarie Zeithaml以及 Leonard L. Berry三位美國學者向美國行銷科學學會（MSI）提出申請，從事一項有關服務品質之探索研究。此研究的目的，是想發展出一套各相關服務業均能一體適用的「量化」服務品質模型，經由十五家大型企業之共同參與研究，於1985年，終於發展出一項服務品質模型。更在1988年，進一步研究出服務品質的引伸模型，使這項服務品質研究得到完整的結論。由於研究是上述三位學者所主導，故此服務模型取其每人名字之字首而成「P. Z. B. 模型」，目前廣為行銷服務業的學術界與實務界愛用。

　　在此之前，學者專家們在探討服務品質的觀念時，大都眾說紛紜，自從這三位學者發表此服務模型後，對於服務業在服務品質觀念的提昇，具有舉足輕重的地位。他們研究的問題核心是有關服務的三個根本問題：

1.什麼是服務品質？
2.發生服務品質問題的原因？
3.如何組織、解決問題，並改進服務（Zeithaml, Parasuraman & Berry, 1985）？

二、服務品質之觀念性架構

　　經研究團體成員與企業管理者進行深度訪談，與消費者進行集體座談的方式，對服務業中之銀行業、信用卡公司、證券經紀商，以及電氣產品維修商等四個行業的服務品質進行探索性研究。經過密集訪談、試做問卷、測試問卷、修正問卷、再測試問卷、全面問卷、回收篩選、實證分析等操作程序後，發現管理者、第一線員工，對於服務品質的認知與消費者實際感受的服務品質之間存在著五種品質缺口。於是在1985年發展出P. Z. B. 服務品質觀念性模型，對服務業測試服務品質以及改善服務品質，提供了一個科學驗證的方法。Ｐ．Ｚ．Ｂ．服務品質觀念性架構如圖8-1所示（Zeithaml, Parasuraman & Berry, 1985）。

　　現在逐一說明P. Z. B. 服務品質觀念模型中各缺口的形成與對企業服務與個人服務的意義。

1. 缺口一：企業認知的消費者預期服務與消費者預期服務間的差距：由於服務業者並不完全瞭解消費者服務的預期，而影響了服務品質。即業者是否能提供消費者心中想要的服務，而不是業者心中想要提供的服務。顧客感受的服務不如期望時，是一種差的服務品質；顧客感受到的服務等於期望時，是一種好的服務品質；顧客感受的服務超越期望時，是一種卓越的服務品質。因此，如果企業要提供好的服務品質給顧客的話，那麼只需要提供等於顧客期望一樣的感受便可，這是一種重要的競爭

優勢。但是競爭優勢要持久且不被競爭者迎頭趕上，只有好的服務品質是不夠的，卓越的公司必須提供給顧客卓越品質的服務。

2. 缺口二：企業認知的消費者預期服務與能夠達到服務規格間的差距：或許由於企業資源有限、市場狀況、管理者的疏忽所造成。即便業者瞭解消費者的需求所在，但是本身的條件、資源無法配合。經濟不景氣造成國內某航空公司經營艱困，爲了減少人事成本，高層決議在其越洋航線服務上，服務人員由原來的18人縮減爲14人以便渡過難關。當然就財務支出層面而言，的確達到節約成本的目標，但是自從人數減少後，服務的品質也開始滑落，旅客抱怨不斷，載客率較以往高峰期有明顯下滑的趨勢，最後高層將服務調整回原來的服務人員編制後，口碑才緩慢攀升。這表示，企業要達到顧客預期的服務品質，實在是一件經營上的挑戰。

3. 缺口三：服務品質規格與服務傳遞之間的差距：由於服務人員、幕僚人員介入服務過程，使得服務品質難以標準化。即服務支援人員與服務操作人員對服務的認知不一，或硬體規格造成服務人員傳遞因難。在顧客抱怨中，有相當比例是在抱怨第一線服務人員操作時的服務品質，這些都是服務傳遞出了問題。例如，操作手冊程序有無清楚交代服務流程，種子教師對於手冊服務的細節是否完全瞭解，同時在指導屬下時，是否完全按照手冊傳授，服務手冊中的重點是否適時提供學員瞭解；傳授時能否用學員易懂的語言溝通，接受指導的學員對老師所教導的內容是否完全理解，理解後是否能夠完全吸收接受；知

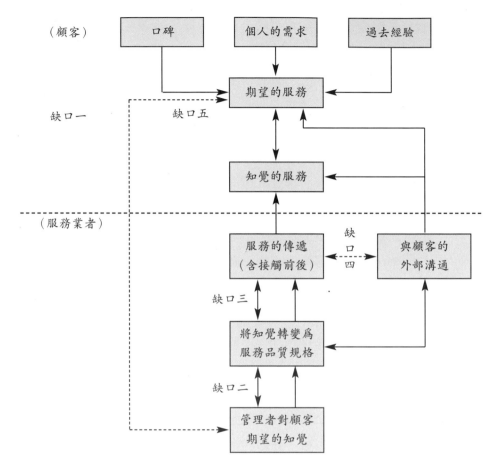

圖8-1　P. Z. B. 觀念模型圖

資料來源：A. Parasuraman, Valarie A. Zeithaml, & Leonard L. Berry,"A Conceptual Model of Service Quality and Its Implications for Future Research,"*Journal of Marketing,* Vol. 23, No. 2, (Fall, 1985), p. 44.

識傳授的空間在教導中有無受到外力干擾。餐點的新鮮度、器皿的清潔度、數量的正確度、地點的準確度等等，都會影響到服務品質規格與服務傳遞之間的問題。

4. 缺口四：外部溝通與服務傳遞間的差距：由於企業對外廣告和企業對外公關影響消費者的服務品質之預期與認知。即企業廣告或公關誇大服務品質與能力，而實際的服務與對外宣傳有出入，造成消費者相信宣傳產生強烈預期心理，對實際服務品質不如企業廣告所言，感到不滿。例如，餐飲業為了強調配送迅速而打出「外送食品一定在30分鐘內送達」的廣告，顧客就會有「30分鐘內一定送達」的事前期待，因此企業若能在30分鐘內送達，則服務傳遞自然與其外部溝通一致，若未達到則與顧客事前期待不符，服務傳遞出了問題，顧客就會著急、不滿，認為這家店不守時，不能信任，該店的信用就會破產。還有補習班為了拉攏學生，事前作了無法達到學生要求的承諾，事後卻不予承認，也同樣是企業的外部溝通發生了問題。企業在還沒確定廣告內容是否能夠確實做到前，就草率刊登廣告，反而容易遭到喪失信用的下場。

5. 缺口五：消費者預期的服務與消費者實際感受的服務之間的差距：服務品質的高低，決定於消費者感受到的服務表現與預期服務表現之間的差距。也就是消費者在還未消費之前對這次服務產生的預期心理，與前往消費過後的實際感受，兩者之間的差距，若消費後感到服務的品質很好，則表示事先預期的期望大於或者等於事後實際得到服務的品質；但是消費者若感到服務的品質不好，則表示事先預期的期望小於事後實際得到服務

的品質。一般來說，顧客對所需服務的品質期望，其實是非常基本而單純的，迎合顧客基本的期望理所當然是企業應當做到的；例如，飯店本來就應該提供乾淨、舒適的房間給客人；航空公司本來就應該做好飛機安全的起飛、飛行和降落；汽車保養廠本來就應該向車主解釋汽車故障的原因為何；旅行社本來就應該提供旅客有關旅遊的風險訊息。

總而言之，服務品質的好壞，要由消費者來認定。消費者所認知的服務品質好壞，決定於消費者對預期服務與實際服務之間的差距大小。服務品質會受服務規劃、行銷、傳遞，以及公關的影響。因此，缺口五是其他四項的函數。即從缺口一至缺口四之中，任何一項有瑕疵，就會產生連鎖反應，直接衝擊缺口五；也就是消費者對服務的總體表現評價。所以服務品質的好壞，絕非僅是第一線員工表現的好壞，而是公司全體員工對服務品質的認知後投入，經每一環節的操作過程，輾轉由第一線員工將公司全體員工對服務品質的認知成果，經由服務的動作，呈現在消費者面前。全面服務品質的用意，亦是在此。

三、P. Z. B. 服務品質構面

根據P. Z. B. 研究小組成員對消費者集體訪談的彙總結果，顯示消費者在評估形成優良服務品質的因素時，發現有十項服務品質的構面（因素）：

1.可靠性（Reliability）：一致性的服務表現及可信賴性，第一次就做好服務。顧客需求常被提及的為可靠度，以技術觀點來解釋，可靠度是指在特定環境和時期內，產品根據預期狀況而運轉的機率。對大多數而言，可靠度即等於品質。

2.反應力（Responsieness）：對事情的發生能迅速地做出正確的回應。

3.勝任性（Competence）：擁有提供優良服務的知識與技能。

4.接近性（Access）：也稱方便性。易於聯繫、易於服務消費者的方式。

5.禮貌性（Courtesy）：文雅、尊敬、體諒、友善之服務態度。

6.溝通性（Communication）：傾聽消費者所言，以消費者能瞭解的語言互相溝通。

7.信賴度（Credibility）：消費者需要值得信賴、衷心關懷消費者的企業或服務人員。

8.安全性（Security）：免於危難、風險或免於身體、財物、隱私的顧慮。

9.瞭解性（Understanding / knowing the customer）：瞭解消費者的需求。

10.有形性（Tangibility）：服務的工具、設備，以及服務人員的儀態。

四、影響服務品質的因素

經過上述的探討，P. Z. B. 三位學者發現影響服務品質的因素如

下：

（一）影響品質缺口一的因素

1.行銷研究導向（marketing research orientation）：正式與非正式的資訊蒐集，決策能瞭解顧客需要及期望。

2.向上溝通（upward communication）：管理者經由鼓勵員工方式而尋求基層的意見。

3.管理層級（levels of management）：基層人員與高層人員之間的溝通層級數目。

（二）影響品質缺口二的因素

1.管理者對服務品質的承諾（management commitment to service quality）：以管理者角度的「服務品質」是策略目標。

2.目標的設立（goal setting）：「服務品質」是由顧客來決定的。

3.作業標準化（task standardization）：利用硬體、軟體的技術，以達到作業標準化（S. O. P.）。

4.對可行性的認知（perception of feasibility）：管理者相信顧客期望是可以做到的。

（三）影響品質缺口三的因素

1.團隊合作（teamwork）：員工心態及員工間互動關係，員工受關懷程度及員工對公司認同與共識。

2.員工與工作整合（employee job fit）：是否因人設事或是冗員

充斥，員工與工作是否能夠整合。

3.專業與工作整合（technology job fit）：操作技術、專業知識與工作間是否能夠整合。

4.對服務掌握程度（percived control）：員工對提供服務的認知，以及處理問題所擁有的彈性與權限。

5.監督控制系統（supervisory control system）：公司評估績效和獎勵系統。

6.角色衝突（role conflict）：服務人員能力無法滿足企業及顧客雙方不同的要求。

7.角色模糊（role ambiguity）：服務人員不確定管理階層是否對他有期望，以及他要如何達到管理階層對他的期望。

（四）影響品質缺口四的因素

1.水平溝通（horizontal communication）：企業內平行單位的溝通出現狀況。

2.過度承諾的傾向（propensity to overpromise）：企業外部溝通並不能反映到顧客服務上；即企業的服務品質達不到企業刊登廣告的預期。

五、美國國家品質模型

（一）發展沿革

另一種服務品質模型，則是「麥考包瑞美國國家品質獎」（Malcolm Baldrige National Quality Award）所推出的服務品質模型（Clinton, 1996）。

第二次世界大戰後，由於日本為戰敗國，百廢待舉，於是開始發展經濟、振興工業。由於在1950年7月，美國品質管理學者戴明來到日本，將品質的觀念帶入日本企業，漸漸的，日本全國上下開始學習如何將工廠的產品做得更好、更耐用、更廉價，如何將企業員工的觀念建立得更有效率、制度，這就是「全面品質控制」（Total Quality Control, TQC）。

西元1973年中東爆發「以阿戰爭」，以色列單獨對抗埃及、敘利亞。由於埃及和敘利亞都是阿拉伯世界的成員國之一，於是阿拉伯世界利用石油作武器，大幅調高出口原油價格達五倍以上。當時的中東產油國所出產的原油總產量，占當時世界的65%，影響力非常的大，因此他們集體調高原油價格，對長期依賴石油進口的西方工業化國家而言，無疑的是一項殺傷力強大的武器。美國的工業化程度為世界之冠，於是首當其衝。各家美國汽車製造公司所製造的大型豪華轎車，由於排氣量大，耗油量也很大；相對日本所設計的小型「豐田（1965、1970、1980）、日產（1992、1995、1996）、三菱（1973）」汽車既省油又容易維修，先後都得到日本「戴明應用獎狀」，造成轟

動。一時間，日本汽車暢銷全美國、供不應求；反觀美國所製的大型汽車卻乏人問津、嚴重滯銷。同時，日本所製的家用電器、照相器材、電子鐘錶等，不但設計精巧、堅固耐用，而且物美價廉；相較於西方國家的各項產品性能，是有過之而無不及。特別是美國，由於日本經過品質管理的各項工業用、家庭用產品橫掃全美，使得美國與現在的我國情況類似，美國公司製造的產品銷售率下滑，企業、工廠虧損累累，倒閉關廠家數，直線上升，造成失業率大增以及嚴重的社會問題。於是，美國政府開始研究，為何日本的產品，幾乎在每一個領域都優於美國產品？經過實地研究結果發現，原來是日本全國上下已經推行各項「全面品質控制」活動達二十年以上，品質觀念已經深深的影響到國民的每一個生活細節。就是因為每一個生活細節都會有品質的觀念存在，所以，日本所做的每一項產品，可以說是都經過嚴格的品質管制，達到「零缺點」的境界，才出廠銷售的。而日本「科學家和工程人員聯盟」所推行的「戴明獎」，對於全國各產業與個人推行「品質管理」最有成就者，選為當年的「戴明獎」得主。這份殊榮可以證明得獎企業或個人，對於推行「品質管理」的成效，各行各業莫不以為獲得「戴明獎」為企業或部門長期努力的目標。經年累月下來，即使是沒有得獎，也由於不斷的朝此目標努力，而使得本身的企業或部門效率大增、品質更精。無怪乎，日本全國讓世人感覺她是一個「品質之國」。

長期以來，日本企業在「品質管理」上所花的努力功夫，漸漸的在其產品上顯現出競爭力，美國才瞭解到這是美國產品的弱點，也是最需要學習改進的地方。於是將當初戴明帶進日本的「品質管理」回銷美國。1985年開始研究成立了這個「麥考包瑞美國國家品質獎」，

它是一個仿傚日本「戴明獎」模式，鼓勵企業不斷從事企業或者是部門的品質改進活動，每年頒發當年「品質管理」最優企業或個人。經過美國向日本學習「品質管理」所獲得的寶貴經驗，不斷地努力改進，使得今日美國的全球競爭力，在世界舞台上嶄露頭角，從1999年起，連續三年被「瑞士洛桑學院」評選為全世界第一名。

（二）模型內涵

美國國家品質獎服務模型的觀念性架構共分為七個步驟，如圖8-2所示。

1. 企業決策領導單位宣布實施企業全面品質管制政策。
2. 根據資料分析顯示，瞭解企業目前所具備的內部優勢與劣勢，外部機會與威脅，以便為未來做決策的參考。
3. 就企業現有的資源與潛在的能力，依據企業訂定的短、中、長期目標，設定各階段的預期目標。
4. 服務業的勝敗關鍵在於人力資源管理，故如何做好人力資源的確保、開發、報償、維持，便是一項刻不容緩的工作。
5. 經由內部一系列的規劃、組織、用人、領導、控制等管理過程，所展現的品質保證，完成對消費者所做的系列服務。
6. 服務人員的操作成果，
7. 顧客獲得服務後的問卷調查回饋到企業，來驗證服務過程中的各項品質水準，若發覺問題，以「顧客導向」不斷地修正調整，直到服務過程零缺點，顧客滿意為止。

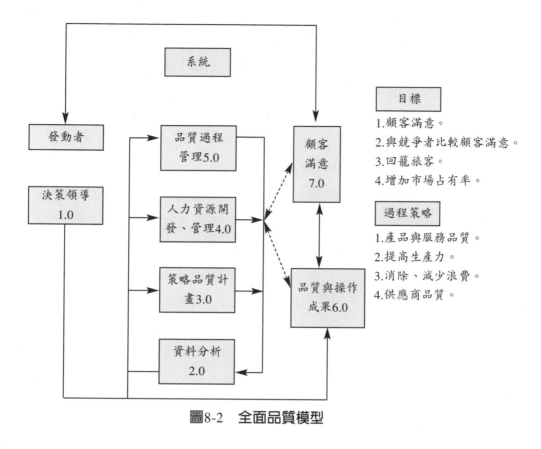

圖8-2　全面品質模型

資料來源：Bill Clinton　（1993）.*Malcolm Baldrige National Quality Award,* Washington,
p. 6.

六、日本戴明獎

1950年日本「科學家和工程人員聯盟」（Japanese Scientists and
Engineers, JUSE），邀請戴明博士至日本講學，戴明博士在日本醫學
協會 （Japan Medical Association），針對全日本各種產業的高階經理

人、經理、工程人員和研究人員，開了一門八天的品質控制課程
（Eight-Day Course on Quality Control），對日本產業的品質觀念產生
巨大的正面衝擊與影響。同年，日本就成立了「戴明應用獎」
（Deming Application Prize），它是針對企業或者是公司行號而設，這
個獎項對日本的品質控制和品質管理產生了不可言喻的巨大效果。

　　根據「戴明應用獎」的精神，它認為各企業內部的品質問題都不
一樣，只要是針對自己企業的各項品質問題，提出一個極高於目前情
況的品質目標，循序漸進的努力改善，要用永無止境的精神與毅力，
不斷的向上挑戰，盡一切力量達到目的，同時將要能將經驗分享各
界。我國的「菲力浦台灣分公司」（Philips Taiwan Ltd.） 經過五年的
努力，也在1997年以外國企業的身分，成為唯一得到「日本品質勳
章」（Japan Quality Medal）的外國企業。此外，該組織還成立了「戴
明獎」（Deming Prize），它是給予宣傳或者實踐「品質控制」或者是
「品質管理」有所貢獻的個人，其審核的方式與程序，與「戴明應用
獎」一樣，該獎項已經從1951年頒發至今（http://www.deming.org）。

七、歐洲的品質模型

　　歐洲的TQM認為有效的領導可以強化政策管理，提高相關資源
的利用與管理。這種過程改善會提高員工與顧客的滿意度，減少社會
損失，進而提昇經營成果，如圖8-3所示（EFQM, 1993）。

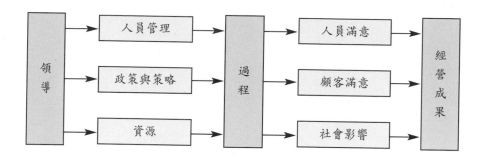

圖8-3　歐洲TQM模式圖

資料來源：“The European Foundation for Quality Management（EFQM）
Viewpoint”, *Total Quality Management*, August 1993, pp. 11-12.

　　該服務品質模型，最主要強調的是企業的領導效能，這裡所指的
領導，不一定是指單一的個人，以許是一個智囊團或者是一個智庫。
在進行品質管理的過程之前，企業領導必須要考量的事情，包含內部
和外部的企業資源、人力資源管理、公司或當地政府或中央政府的政
策，企業可能採用的策略方式。經過執行後，希望能夠達到的是企業
員工滿意、顧客滿意和社會對企業形象的正面回饋，最後能夠將正面
積極的回饋，轉化成企業獲利的最後成果。

第九章
品質系統與品質種類

第一節　品質系統

在探討品質內涵之前，由於品質是一較為抽象的名詞，其中還包括許多品質相關的關鍵字必須先加以明確定義，才容易進一步瞭解品質的內涵。

1. 產品：產品是任何製程的產出物，產品包括貨品、軟體及服務。

2. 貨品：貨品是有實體的東西，像鉛筆或個人電腦。

3. 軟體：軟體有許多意義，主要指個人電腦指令程式，另外是指一般的情報與資訊、報告、計畫、說明、意見、命令。

4. 服務：服務是為他人提供勞務，如製作薪資報表、配合招募新人、工廠維修人員等，通稱為支援服務。

5. 產品特性：產品特性是某項產品所具備的功能，可以滿足某些客戶的需求，產品特性可能是技術上的，如汽車耗油量、機器零件尺寸，或是自來水供應的穩定性。產品特性也可能是其他型態，如供給迅速、容易維修、禮貌周到。

6. 顧客：顧客是接受產品或受到該程序所影響的人，其中又分為內部顧客與外部顧客。

   (1) 外部顧客：受到該產品影響，但不是生產公司的人員，外在顧客包括購買產品的客戶，政府單位以及社會大眾。

   (2) 內部顧客：受到該產品影響，而且是生產公司的內部人

員，雖然在字典的定義上，他們不算是顧客，因爲沒有以
金錢支付產品，所以不能稱爲客戶。但是他們收受產品，
仍可叫做顧客。

7.產品滿意與顧客滿意：產品滿意是產品特性符合顧客的需求，
通常與顧客滿意是同義字。產品滿意可以刺激產品銷售，主要
影響是銷貨收入。

8.缺點：產品有缺點就造成產品不滿意、生產力不足、交貨期延
誤、無法使用、外觀污損、尺寸不合……等。主要的影響則是
重作成本偏高，及顧客抱怨影響信譽。

9.產品滿意與產品不滿意並非相對的：產品滿意是因爲產品有特
性，客戶因此而買該產品，產品不滿意則是因爲產品水準不一
致，顧客因此有抱怨。有許多產品沒有什麼不滿意的地方，功
能也如其設計，但是就是賣不出去，因爲競爭對手的產品提供
更多的產品滿意與保證，如早期電話交換系統是使用電磁類比
開關，1980年代進步到數位開關，2000年又進步到光纖系統。
前一個系統即是完全無缺點，一夕之間則變成滯銷品。

一、品質系統種類

「品質系統」分爲「管理系統」（management system）和「專業
系統」（technical system）。「管理系統」部分就是將產品之各組成要
素，經由管理方法如何組織起來過程。這其中包含產品之設計、組織、
控制、人力資源，以及協調。「專業系統」部分就是要保持產品從設
計、製造、傳遞、使用過程中之品質一致性。其結構如圖9-1所示：

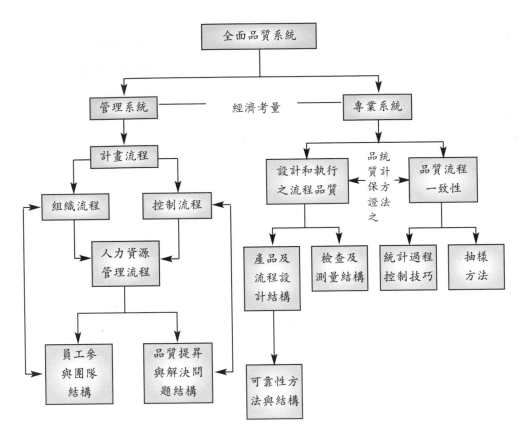

圖9-1　全體品質系統圖

資料來源：James R. Evans & William M. Lindsay（1991）. *The Management and Control of Quality,* Bookland Co., p.15.

二、消費者知覺與認知

「知覺」（perception）是指消費者選擇、組織與解釋外來刺激並賦予意義的過程。「認知」（conception）是對一個態度對象的信念

（belief）。每個人處在大環境中，無時無刻不受到環境的影響，同時也影響著環境。個體和環境的相互影響，隨著相互的差異，個體會給予相同環境或刺激不同的意義。知覺與認知就是指個體如何注意、選擇、解釋、分辨及作反應在不同的刺激上的歷程。它可分為暴露、接收、注意選擇、判斷解釋、接受、反駁、反應等階段如圖9-2。

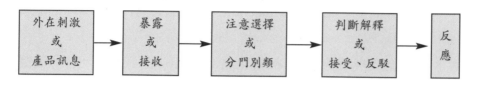

圖9-2　個體知覺與認知的處理歷程圖

　　當消費者針對服務或產品作出最後的反應，預期未來還要用類似的資訊處理時，可能開始形成態度。態度是後天的，會隨時空而轉變，它是人們對某事物持久的全面性評價，它不是一種外顯的（overt）行為，而是一種內隱的、無法觀察的內在反應。態度是企業行銷策略中，使用最廣的理論觀念。態度雖因內隱本質而無法直接觀察，但因為我們架設態度對行為影響很大，所以學者相信消費者在外顯態度的一般傾向（predisposition）則有利於某一品牌，這有利的一般傾向（favorable predisposition）應會產生對該品牌的有利行為，如購買或向親友推薦。

三、態度的功能

　　態度是促進購買行為的重要角色，假如顧客對產品或服務的印象

良好，便會依據這好印象決定購買其產品或服務。態度是一種心理狀態，比較具有普遍性，和態度類似的名詞如意見（opinion），通常是只針對某事件所做短程性的評斷。實際上態度和行為常常是不一致的，如許多愛吃檳榔卻又瞭解檳榔害處的消費者。通常一個態度對消費者提供的功能有四：

1. 實用功能（utilitarian function）：產品對消費者有實際的潛在吸引。
2. 價值表現功能（value-expressive function）：產品可提昇消費者形象或層次。
3. 自我防衛功能（ego-defensive function）：例如，化妝品可增加外貌的吸引力。
4. 知識功能（knowledge function）：例如，購買數位相機對消費者而言，代表消費者對視訊與電腦的結合知識。

　　顧客可能會採取主動方式來接收產品訊息。例如，當父親要過生日時，會注意哪家餐廳最適合；或是要出國去玩，會打聽哪家航空公司航線會到達。但是顧客接收了訊息，如果不對其注意，則這些訊息通常很少有機會被繼續處理下去。要使訊息能被注意，主要是該訊息與個人需求的關聯性高所致。訊息被分門別類後，顧客會依據本身的經驗對訊息來作判斷與解釋，可能不會立即被應用到購買商品上，而是被轉換成記憶的一部分儲存起來，直到適當的時候來臨，他們才會將其從記憶中抽取出來使用，此階段稱為「認知歷程」。其結果可能是接受也可能是反駁，這會形成一種正面的、好的或負面的、壞的印象。最後綜合整理，協助其作決定及購買行為反應。

四、感官系統對服務的品質刺激回應

　　企業提供服務時，消費者的的感官系統是如何接受各種不同外在的反射或刺激呢？這些反射或刺激又會引起消費者對服務的品質作何解釋？從生理心理學觀點而言，影響人類知覺的器官有三：

1. 接受刺激的受納器官，又稱感覺器官：它是由眼、耳、鼻、口及皮膚所組成；如視覺、聽覺、嗅覺、味覺、觸覺、平衡覺。
2. 顯現反應的反應器官：如肢體、面部表情等。
3. 將感覺和反應器官相連結的連結器官：以神經系統為主。

　　有人喜歡豐盛大餐，有人喜歡清粥小菜；有人喜歡濃妝豔抹，有人喜歡淡掃峨眉。也有人喜歡在兩極之間採取折衷或交替選擇。這些愛好如果成為穩定狀態，就可說這些人在特定事務上的態度偏好（style preference）。人經由學習變成態度的來源，也就是上述三種的「視」（visual）、「聽」（auditory）、「觸」（kinesthetic）感覺接收（李隆盛，1999）。感覺是一種生理反應，知覺則是一種心理反應。消費者對一般事物的接收與認識，大都是經由此三者，擴大而發展而成自己的認知與態度。

五、感官系統的種類

　　針對感覺接受的現象，現在用人類基本的各種感覺，來說明消費者對業者提供的產品或服務的接受程度的來源，以及接受後的各種不

同反應。

（一）視覺

　　顏色在不同的國家文化中，具有相當不同的象徵性意義。黑色在中國代表死亡，在日本卻是新娘的禮服顏色。白花在中國是悲哀喪事時所戴的，在日本卻是迎接貴賓的花朵。由產品或包裝的顏色所造成的印象，會影響顧客對於產品的看法，如綠色包裝在馬來西亞代表叢林與疾病。

　　顏色對顧客會產生視覺上的影響，但是很難確定這種影響是由顏色本身或是文化所造成，或許兩種因素都會造成影響。美國曾有電話公司將公用電話漆成黃色，發現在這種顏色電話亭打電話的時間縮短，心理學家認為身處暖色系（如紅色、黃色）的顏色中，人的血壓和心跳會增加。另有學者認為顏色的偏好與個人的人格特質有關，雖然這種說法有待證實，但顧客對於顏色的偏好，的確有很大的差異。

　　光線是另一項會對視覺造成影響的因素，採光的強弱會直接使人感受到不一樣的氣氛：採光充足的房間讓人有一種溫暖且健康的感覺，若採光幽暗的房間則會使人聯想到神秘與情調，所以光線用在服務業上，會使顧客產生業界預期設計的氣氛。

（二）聽覺

　　聽覺分為好的聽覺與不好的聽覺，音樂是人類生活重要的一部分。有研究指出受測者中有96%的人認為音樂可使他們覺得興奮，這是一種好的聽覺。同樣也有高比率的受測者認為當人們接收到刺耳的聲音時，會造成個人思考上、情緒上的不穩定起伏，進而影響個人的

工作進行或是對於事情的正確判斷。不好的聽覺在服務業中出現的話，直接會影響顧客對現場提供服務的正面觀感，甚至會對該企業提供相關的服務產生排斥作用。電視媒體有一則廣告是敘述一視障者經過兩輛汽車旁，由汽車關門的聲音來分辨汽車品質的好壞，由此可瞭解聽覺對品質的重要。

（三）嗅覺

氣味也分為好的氣味與壞的氣味，好的氣味可以提振精神，產生鎮定的感覺、降低壓力、提高生產力。例如，辦公室內放幾朵玉蘭花所產生的氣味，會使人產生置身花叢的舒適歡喜之滿足感。女士參加宴會時在身上灑些許香水造成的魔力，會使會場的男士蜂湧而至。相反地，如果身上的異味沒有事先做好完善的處理，則會場的氣氛將會非常尷尬。

（四）味覺

味覺當然也會影響我們對於產品的接受程度，尤其是餐飲業者，更是不遺餘力的開發各種不同口味的餐點與食品，希望能夠符合善變消費者的口味。坊間許多著名的餐廳就是以獨特的拿手招牌菜餚口味吸引老饕的眷戀，使得該餐廳的生意蒸蒸日上，靠的就是掌握消費者的味覺。

（五）觸覺

在觸覺方面的相關研究不多，但是我們透過一般的觀察也可以發現，觸覺也會影響我們對產品的觀感與判斷。基本上觸覺也是分為好

的觸覺與壞的觸覺，通常來說，平滑柔細的表面觸摸會使人感到愉快，高級的質料觸摸起來容易讓人產生購買慾。下樓時觸摸旅館的欄杆，會使旅客感受到旅館的高級。又例如，飛機上使用布質毛巾服務旅客的效果，一定大於不織布的紙巾。一位顧客倚靠在窗邊打電話，無意間觸摸到沾滿灰塵的檯面所產生對該旅館的印象是可想而知的。一個小小的疏忽，可能使得企業的廣告到頭來毫無效果（蔡瑞宇，1996）。

早期品質種類僅有「產品品質」，產品設計的品質水準隨它的目標市場區隔不同而相異。很明顯的鈑金的厚薄及烤漆的不同，是構成賓士車與福特車不同特性的一部分。在服務業發達的今天，光是「產品品質」已經不能代表品質的全部內涵，另「服務品質」也包含其中。

「服務品質」的定義：「消費者對一件事情、一個物體或一個過程結果的認知態度」。這種認知態度的認定標準是由當事人在當時身處或曾經身處的男女性別、家庭背景、生活環境、教育程度、成長經歷、學習經驗、生活所得、個人偏好，交友狀況，甚至所居何處？所做何事？所處何國？所形成之一種綜合感覺的產出。同樣一樣東西或一個過程，會因當事人在上述條件中的各項組合結構不一樣，而產生完全不同的認知結果。例如，一台電腦的操作速度，在一位生手和老手的眼中，對於這台電腦的品質而言，會有截然不同的認知差距；同樣的，一位總經理和小職員對顧客的品質需求認定，也是不一樣的。

第二節　品質種類

　　從事現代服務業的個人或企業，其服務的對象大多是「人」，從心理學的研究觀點，一個人對於提供服務給他的對象產生好感或惡感，均會以服務者是否滿足本身基本需求爲起點，若能夠滿足個人生活必需上、生活周遭上，或是與其個人有關聯的人員之「食、衣、住、行、育、樂」方面的需求，則當事人對其服務的評價必定很高；否則，服務的反應一定不佳。

　　由於服務品質的分類繁多，基於上述理由，我們將服務品質種類與「人」的「基本需求」介面相連，較能顯現出服務業的品質特性。服務業現場服務品質是直接由消費者的評斷來決定服務的好壞，這種由消費者評斷的服務品質，應該以各種官能品質來檢驗服務的過程。

一、安全品質

　　在提供服務之前，所有不管是要從事服務的個人或企業，必須先充分瞭解人類追求生活的基本目標，就如先要求安全，其次才能談到舒適或其他要求。服務的個人或企業若是對人們最切身、最核心的關鍵品質沒有最基本認識的話，則追求其他的一切品質，都是枉然。此種核心的服務品質，我們稱爲「安全品質」。服務業對消費者最基本的服務，也是最重要的服務是要全力保護消費者的消費事前、過程和

事後的安全。業者考量消費者消費時的各種安全中，首先要對消費者的「生命、身體」作最優先的安全考量；其次是消費者個人最重視的「對象、物品」之安全考量，或是消費者個人最重視的「感覺、隱私」之安全考量……等，這些都是服務的個人或企業需要優先考慮的重點。例如，參加旅遊的客人半途發生事故身亡，家人會因為旅行社的過失，使得他們失去了親人，這種因提供服務而剝奪了遊客生命之「終身難忘」的服務品質，會讓人恨之入骨。保母若無法將照顧嬰兒的安全與健康列入優先的考量，因疏於照顧使得嬰兒病痛不斷，作為嬰兒的父母，對於保母的服務品質是無法認同的；因為保母對於他顧客最關心對象──嬰兒，所提供的「服務品質」會讓嬰兒的父母退避三舍。銀行疏於管理以致客戶的存款被盜領，對銀行的客戶來說，客戶將他視為最重視的物品──金錢，委託銀行代為保管，但是銀行並未善盡保管人的基本責任，致使客戶的金錢遭受損失，則客戶對銀行提供服務的「安全品質」看法，絕對是負面的。病患要求美容或整型，醫院若將病患的病歷透露給不相干的第三者知道，造成病患對個人「隱私安全」遭到侵犯時，他必定會否定醫院提供的一切服務品質。演員出外景時，保全人員若對於演員與影迷之間的「安全空間」沒有敏感認知，致使明星或演員的「隱私空間」遭受外界干擾，一樣會對保全的服務品質抱怨不已。

航空業競爭激烈，不論是飛機製造公司或航空公司，莫不為爭取更多的顧客而嘔心瀝血、挖空心思。飛機製造商中的美國Boeing公司和法國的Air bus公司，近二十年來的交鋒纏鬥，不但讓航空器推陳出新，更以速度縮短時空，形成無國界的地球村。波音公司的B747-400巨無霸客機載客量可達420人，但B777則可達到550人；至於空中

巴士公司研發的A-3XX載客量將可達到650人。事實上，從旅客的觀點來看，航空公司的飛機再大、班次再密、載客量再多、速度再快，都比不上「安全」和「舒適」來得重要。而其中「安全」的重要性又超過「舒適」的重要性。近年來，國內某家航空公司接二連三地發生空難造成的旅客反彈，足可以證明航空業唯有在「安全」的前提下，「舒適」才得以實現，也才談得上有「服務」與「品質」。因此，「安全」不但是航空公司經營的命脈，也是所有企業永遠追尋的最高目標（張永誠，1999）。

從以上說明各行各業「安全品質」的案例，使我們深刻瞭解到，消費者本身的個別安全考量，是所有服務業個人或企業絕對不可輕忽的關鍵，它攸關一切服務品質的成敗，服務人員或企業若能將消費者的「安全品質」給予最優先的保障，然後再談其他的服務品質項目才有意義，否則都是空談。

二、其餘的品質種類

傳統上服務業的現場，都是服務人員和消費者直接面對面的互動，由於科技的進步、電子商務的流通，使得除了服務業實體服務外，服務業虛擬服務也成為可能。服務品質除開上述「安全品質」外，另有下列十二種品質，總共十三種品質。這十二種品質分別為：視覺品質、聽覺品質、嗅覺品質、味覺品質、觸覺品質、顧客品質、服務人員品質、空間品質、時間品質、環保品質、意願品質、知覺品質。現在分述如下：

（一）視覺品質

消費者對服務場所及其周遭的環境中，所見到的人、事、物之看法所表現出的態度。從飛機的機型、建築的外觀、物品的造型等硬體視覺，到服務人員的服裝、儀容、舉止，和服務場所的規劃、動線、擺設、採光，服務設備或服務用品的數量和質感，食品的包裝和擺飾，提供服務時的服務人員人格特質和專業特性，均會影響視覺品質。

（二）聽覺品質

消費者對服務場所及其周遭的環境中，散播出的聲音所產生的聽覺品質。服務場所的冷氣雜音、飛機的噪音、服務人員的交談喧嘩聲，音樂廣播的不良品質，穿梭現場的鞋聲，此起彼落的手機鈴聲，視聽設備的音量過高，服務人員搬運物品的聲響，門外汽車喇叭聲，服務人員應對的音質、速度、內涵等等，都是聽覺品質注重的重點。

（三）嗅覺品質

消費者對服務場所及其周遭環境空氣中散發出的氣味，所產生消費者對服務個人或企業的品質態度。服務場所的環境管理，對於現代消費者來說，重要性越來越顯著。例如，進入服務場所聞到一股地毯的霉味，在非吸煙區卻聞到陣陣煙味，在用餐時聞到洗手間的味道，服務人員身上散發出的異味。有時顧客聞到的味道與服務場所提供服務的性質格格不入；最明顯的例子就是在進出餐廳、麵包店、啤酒屋、PUB等地方，聞到燒香的味道（因為中國人較為迷信，具有凡事

寧可信其有的態度）。這對服務業來說，絕對是一項「隱性失敗」的重要因子。

（四）味覺品質

消費者對服務場所提供的食品、菜餚、飲料或酒精類的嗜好味覺態度。對於服務場所提供的餐點飲料，在口感上的喜好程度，如食材的選擇、調味的手藝、飲料的純度、酒類的等級，直接影響味覺品質的好壞。由於消費者對口味的偏好不同，因此即使企業提供道地的佳餚或美酒，但是若不合消費者的口味，其結果也是不會令人滿意的。例如，素食者進入清真館，對辣忌口者進入湘菜館，不吃大蒜者面對蒜泥白肉等。人說：「吃在中國，中國菜講究色、香、味；聞名遐邇的道地餐館，之所以能夠遠近馳名，就是因為它征服了饕客的味覺。」由此可見味覺品質的重要。

（五）觸覺品質

消費者對於服務現場環境中，身體或雙手觸碰到的地方或東西的觸覺品質。對於提供服務的環境來說，舉凡消費者可接觸到的有形物品，例如，門窗、桌椅、寢具、衣物、浴品、餐具和電器設備等實體品質，均會影響消費者對企業的觸覺品質觀感。現代企業競爭激烈，消費者的比較心態濃厚，除了視覺、聽覺、嗅覺和味覺外，企業要能認知設備的保養、更新與升級，對提昇消費者「觸覺品質」的重要，這也是為什麼企業對不同等級的服務，要提供相異的設備與器皿之故。

（六）顧客品質

「不可分離性」是服務業的特性之一。也就是說，企業在生產服務的同時，顧客就在使用服務。基於因果論，服務現場顧客的型態、數量、水準以及對服務的態度，直接地會影響到服務的品質表現。一般而論，歐美日本先進國家的顧客，相較於亞洲開發中國家的顧客，由於國家工業化程度較高，與他們較易溝通，這是因為一個國家的社會成熟度與經濟成熟度使然。

（七）服務人員品質

服務的各項品質都需要由服務人員來執行，此外支援服務人員的幕僚人員之品質也會直接或間接影響服務品質的好壞。現今企業經營在同樣的外部環境、相同的服務項目、類似的競爭條件、大同小異的內部設備下，唯一能夠使顧客滿意的就是人員的表現，而這也是最不容易掌握的變數。根據統計顯示：「企業的人力資源素質好壞，能夠造就企業產值最高達到85%的效益。」由此可見人力資源品質的重要。同樣地，服務人員品質也跟國家的經濟和社會成熟度有密切的相關。

（八）空間品質

消費者對於提供服務時，自己所處位置與周遭互動的空間壓迫感受強度。例如，服務的場所太小，卻擠進太多的客人，造成顧客因空間過於擁擠，不得不被迫與周遭產生人身接觸，這種出於非自願性的被迫觸碰磨擦，也是顧客對服務品質抱怨的因素之一。因此桌子的間

距、走道的寬窄、天井的高度等都是會影響到顧客對空間品質的觀感。根據航空公司所做的一份機內調查報告顯示：旅客最需要的服務品質，是自己旁邊的座位是空的。若此，則旅客對服務的「空間品質」必定滿意。當我們進入五星級飯店或國際級連鎖餐廳，給我們感受到的好感就是空間寬敞。銀行和手機門號公司設計消費者抽取號碼牌就座等候，免除以往消費者在櫃台前大排長龍的擁擠窘況，就是要提供空間的舒適感，隨著服務業的競爭白熱化，空間品質的要求會越顯重要。

（九）時間品質

21世紀是速度競爭的世紀，速度就代表時間，時間就是代表品質。寬頻網路的時代，在服務業性質、規模、型態日趨雷同的今天，企業要針對消費者對時間要求的嚴苛，提供服務的即時性、服務的快速性、服務的準確性、服務的大量性；儘量為消費者設計最節省時間的方式，降低消費者因為不耐久候而產生抱怨的可能。相對而言，因為服務人員或企業為消費者節省時間，消費者對個人或企業提供服務的「時間品質」滿意的可能性會提高。

（十）環保品質

經濟的過度繁榮，造成環境的污染，因而造成人類居住品質下降。為了維護我們生存的地球不致惡化，全世界的環保浪潮澎湃洶湧。其中ISO-14001（環境管理系統及規格指南）就是世界性環境保護品質標準。消費者要求業者對環境保護的重視，直接促使服務業對環保品質的重視。餐飲業界長期使用的保麗龍材料包裝食物改成了再

生紙製品；標榜高級的稀有動物裘衣，因為消費者的抵制而滯銷；工業用的「四氯化碳」因為破壞臭氧層而禁用；服務業在設計產品或服務時，須考量資源回收再利用的觀念。國內的反核抗爭就是對提供電力服務時的環境品質相關問題之重新思考。現代企業若能將環保品質觀念融入產品中，將是市場競爭的利器。

（十一）意願品質

服務人員是否有具備提供服務的知識和技能；對於服務的場所，硬體設備損壞或故障時，能提前發現潛在問題。餐點、飲料變味或過期，定期清洗污垢之處，積極控制服務場所不當雜音，服務人員的外觀保持，注重消費者隱私權，關心消費者的存在意識；以及能否提供一致性的服務，能否讓消費者很容易接觸到消費，用親切的表情服務消費者，儘量以消費者能夠瞭解的語言溝通。以上無論是對個人、顧客、企業，服務人員均隨時處於樂於「關懷」對方的服務心態。

（十二）知覺品質

上述十二項官能品質中，「觸覺品質」和「味覺品質」是屬於物質屬性品質，「嗅覺品質」、「聽覺品質」、「視覺品質」和「空間品質」是屬於精神屬性品質，「顧客品質」、「服務人員品質」是屬於人性介面品質，「環保品質」、「意願品質」、「安全品質」屬於企業承諾品質，而「知覺品質」則是上述十二項品質的結合體所組成的綜合感受。

知覺（perception）係針對資訊處理的活動，它包括下列四個步驟：

1.暴露（exposure）：事物必須能確實讓消費者接收到。

2.注意（attention）：事物必須能夠被消費者注意到。

3.解釋（interpretation）：事物必須能被適當的解釋。

4.記憶（memory）：事物必須能在適當情況下，以被取回的方式儲存在記憶中。

　　所有的這些活動都是由個人、刺激與情境因素所運作而來。這種綜合感受反射到消費者的品質認知態度上，所產生對服務品質的最終結論，這結論所造成的感覺或判斷，稱為知覺。

　　針對服務業，綜合上述十三項顧客關心的品質，以圖9-3顯示其品質內涵。

圖9-3　**服務品質種類圖**

三、服務與品質的關係

「服務，品質」、「服務品質」、「服務與品質」之間，究竟有何關聯呢？綜合來說，「服務指的是一件服務事情操作的從頭到尾所有過程，服務的本身並無好壞之分。品質則是指消費者對企業或服務人員服務操作整個過程結果的感受與認知，品質的本身要經過消費者個人的解讀，才會有好壞之分。」因為同樣的服務品質對不同的消費者而言，會有不同的品質認知；也許某甲認為服務的品質是他見過最好的而讚不絕口，那是因為這種服務是他平生第一次接觸到，所以滿意至極。但是同樣的服務品質對一位經常接觸到如此服務的某乙而言，可能並無像某甲一樣滿意的認知。所以，在服務業來說，品質的好與壞，並無絕對性的，只有相對性的好壞。

服務若沒有品質作為最後指標與評量，則服務將失去前進的動力、正確的方向和改善的空間，此也可稱為「過程品質」。品質若不能從嚴格設計的服務操作過程一步一步製造出來，則優異的服務品質是毫無產生的可能。如此一來，品質的根基有如沙上聚塔般的鬆散不可靠，此也可稱為「結果品質」。戴明曾經說過：「品質是製造出來的」，卡文（David Garvin）也說：「品質只有經由接觸及經驗才能感受得到。」就是這個道理。所以我們也可以說：「服務是品質的前提，品質是服務的結果；有好的服務過程，並不一定會有好的品質結果，但是沒有好的服務過程，則一定不會有好的品質結果。」

品質是人們藉由經驗與工具的結合，在操作過程後所表現出來優良一致性的水準。服務的品質與產品的品質之主要差異在於下列六

項：

1.消費者很難辨別服務品質的特性。

2.行為是品質的要件。

3.形象亦是品質的要件。

4.服務標準不易訂定。

5.效率很難測量。

6.服務品管監督人員常不在現場，品質管制不夠嚴謹。

第十章
品質成本與品質衡量

第一節　品質成本

　　企業無不在努力降低錯誤的發生，做到零缺點，但是即使是零缺點也不盡然等於能夠建立事業或達到成功的境界。當汽車廠商努力做到汽車外型與色彩的無缺點，但若是消費者把注意力放在汽車引擎上，則汽車的外型與色彩無缺點所代表的意義不大。製片導演將一場外景處理得完美無缺，但是賣座卻奇慘無比，因為觀眾的口味不對。這裡我們要談到另一種心理狀態，就是品質的心智模式。關於品質的心智模式，就我們所瞭解的至少有五種，在服務業的任何組織中，都會有一部分經理人抱持其中一種以上的心智模式，現在分別敘述如下（Senge, Kleiner, Robert, Ross & Smith, 齊若蘭譯，1995）：

1. 維持現狀說：品質在我們公司裡，根本不是問題。我們有最優秀的人才，我們的服務與產品不輸給其他任何公司，我們一直保持如此的水準。

2. 品質管制說：品質就是在把產品和服務交到顧客手上之前，先檢驗產品和服務，找出可能發生錯誤的流程。我們要每一位員工為自己的服務與行為負責，現代的品管技術讓我們更容易追蹤員工的錯誤，並及時矯正。

3. 顧客服務說：品質就是聆聽顧客的聲音，盡快為他們解決問題，而且不收取任何額外的費用。任何產品和服務都沒有辦法避免瑕疵和錯誤的發生，所以我們有免費的電話專線，而且專

業客服人員24小時全天候待命，我們願意做任何讓顧客申訴或對服務感到滿意的事情，因為公司的企業文化就是「以客為尊」。

4. 流程改善說：品質就是運用統計的流程設計、流程改造和其他的品質控制工具，來瞭解和去除流程、產品和服務中不可接受的不一致性。我們相信，如果要探討缺乏效率的原因和進行變革，員工（團隊）是我們重要的資源，我們經常致力於改善作業方式。

5. 全面品質說：品質就是改變我們的思考模式、合作方式、價值觀、獎勵制度和對成功的衡量方式。所有的人通力合作，設計出一個完美無缺、能提高附加價值的系統，這個系統融合品質管制、顧客服務、流程改善與供應商關係，以及與社區的關係，所以這一切都是針對我們的共同目標，而發揮最大的效益，我們推行的學習型組織就是最好的例證。

　　每一種心智模式都會引導出組織不同的文化表現，例如，抱持「品質管制」心態的經理人會比較喜歡站在員工的背後盯著看，一手訂定所有的重要決策。抱持「流程改善」心智模式的經理人則可能讓員工負責重新設計流程。在組織裡面，五種心智模式可能都各有擁護者，他們對於學習型組織愈感興趣，愈願意協助組織培養開創未來的能力，他們就可能愈接近最後的「全面品質」的心智模式。就某種程度言，其他有關品質的心智模式都比較屬於「計畫」型，你可以找到或設計某個品質提昇計畫來推動必要的改革。全面品質的心智模式則屬於「轉型」式，把品質當作一系列持續進行的修練，不但不會影響

人們思考和互動的方式，同時會讓組織在根本上脫胎換骨。

一、服務業品質低落的原因

隨著服務業的興盛，學者專家們都不遺餘力地探討如何提昇服務品質，不可諱言的，服務品質低落的論調時有所聞；基於此，國內學者劉常勇（1991）就認為造成我國服務業品質低落的原因，大致有下列八點：

1.在服務業快速成長中，過於注重「量」的增加，忽略了「質」的提昇。
2.人力短缺現象，使得服務人手不足。
3.服務工作的價值觀尚未正確建立，使得服務人員的工作滿足感普遍不足。
4.有時為了提昇作業效率或降低成本，而犧牲了服務的品質。
5.顧客不敢期望過高的服務品質，因此許多顧客自動降低對服務品質的期望。
6.顧客鮮少提出抱怨，受保護或寡占性的服務業則根本不重視服務品質。
7.服務品質受到太多不可控制的因素影響，因此很難將其品質標準化。
8.服務無法事先加以檢驗或修正，當發覺品質有問題時，服務也已經進行完畢，因此為時已晚，不能預先控制。

服務是無形的，無法以量化的方式來衡量，一般僅能以顧客的口

碑、顧客的認知等抽象方式來形容服務品質的高低。

　　Folkes（1987）以搭機乘客爲實證對象研究中，發覺若將飛航班機延誤之理由歸咎於航空公司漫不經心與歸咎於壞天氣，旅客較會選擇前者抱怨，若感受到班機延誤事件原因是穩定地重複出現，則會形成負面感受，影響日後搭機的意願；此種歸因現象對企業服務來說，若穩定性歸因愈高，顧客滿意度愈低，企業向下沉淪的趨勢愈濃。

二、品質管理標準化

　　把製造業的品質管制方法移植到服務業的典型成果，應該是ISO-9004-2（《品質管理與品質體系要素》第二部分：服務指南）的頒布。服務業由於服務的特性，其產品似乎一直與「標準」二字無緣，但是隨著服務業在國民經濟中之比重增大，在跨國企業中的服務業，比重不斷上升（1995年世界服務業貿易額超過12,300億美元），在此比例下，服務業的全球化也不可避免。因此在1991年8月頒布了ISO-9004-2系統，成爲世界上第一套針對服務業品質建立標準體系的國際性指南；其內容闡明服務業的定義、服務業的特點、服務品質的基本涵義與範圍，同時還提出了服務業建立品質體系的原則，以及服務品質體系建立程序的詳細內容，服務品質體系建立程序如圖10-1所示。

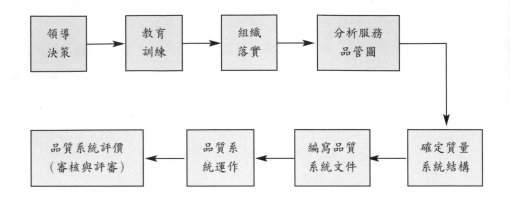

圖10-1　服務品質體系建立程序圖

資料來源：《服務業營運管理》（頁235），劉麗文、楊軍 ，2001，五南。

三、品質成本

　　品質管理大師朱蘭把品質分成兩大類：第一，產品基本特性：此類會增加成本。第二，免於缺失特性：此類會降低成本。常識告訴我們，購買任何事物都需要花費成本，品質亦不例外。服務業操作過程後的品質產出，所製造成本有下列四種：預防成本、鑑定成本、企業內部失敗成本、企業外部失敗成本。預防成本和鑑定成本，是指產品或服務在製造產出之前的各種研發的支出；而企業內部失敗成本，則是由於企業員工或服務人員因為對於製造過程或服務流程不熟，或是企業內部溝通發生障礙，導致產品不良或服務不佳的企業成本發生；企業外部成本則是指產品銷售後，或是服務完畢後，所造成顧客使用不順或服務不佳產生抱怨，企業為了彌補消費者抱怨所需花費的事後

成本之謂，如圖10-2所示。

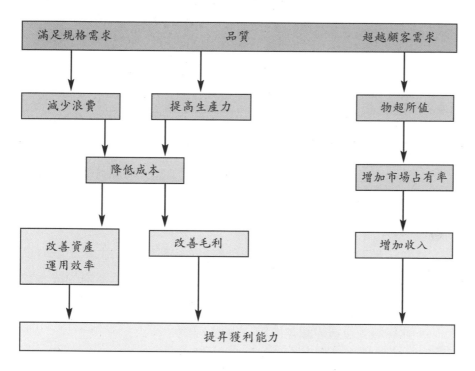

圖10-2　品質改善與獲利能力之關係圖

資料來源：George, S. and A. Weimerskirch. "Total Quality Management", John Weily and Sons, Inc., 1994, p. 8.

　　企業經營的目的為求獲利，在管理上，要求產品或服務符合品質規格，儘可能地超越顧客需求，追求各種品質成本的降低，是企業永無止境追求的目標。圖10-2顯示品質改善與企業獲利之關係圖。

　　由圖10-2可知，利益的產生源於品質改善過程中缺失的減少，所產生「減少浪費」與「提高生產力」兩種副產品。在成本降低之下，

毛利與資產的運用效率便得以改善；品質物超所值，自然會吸引更多的顧客購買，毛利與收入便上升（George & Weimerskirch, 1994）。航空公司的服務中，除了面對旅客的服務品質外，後勤補給的服務品質，一樣是提昇競爭能力重要關鍵。

（一）預防成本

1. 物品部分：品質規劃、新產品審核、製程研究與產品修正設計成本、品質稽核、供應商品質評鑑、訓練、檢驗設備的設計及發展費用、品質改良的研發費用，如發展ISO9000或ISO14000的費用。
2. 員工部分：教育訓練、模擬演練、心理輔導、生涯規劃。此外，不僅是公司員工，對於兼職、打工者也是企業的成本之一。企業爲了降低銷售成本而僱用打工、兼差人員，如果這些非專職人員造成顧客抱怨，也得不償失。

（二）鑑定成本

1. 物品部分：進料檢驗和測試成本、製程中的檢驗和測試成本、最終檢驗和測試成本、產品品質稽核成本、儀器校正和維護成本、檢驗的物料和供給成本、庫存品的評估成本。
2. 員工部分：服務人員招募、筆試與面試、性向測驗、身體檢查、身家調查。服務業挑選適合自己企業的服務人員，上述的鑑定成本是必須的過程。

（三）企業內部失敗成本

1. 物品部分：產品在交給顧客前，不能達到公司品質水準之不良再製品、廢品、重新加工、失敗分析、全數檢驗、重新檢驗和測試、可避免的製程損失或降級。
2. 員工部分：資遣與開除、冗員充斥、層級重疊、溝通障礙、勞資對立。員工進入企業內會因種種因素，導致服務績效不佳，此時對於企業來說，招募此一員工的結果是失敗的。同樣的若企業在景氣時招募了過多的員工，一旦經濟蕭條，勢必會發生員工過多、本位主義，甚至勞資對立的局面，這些都是企業內部失敗成本。

（四）企業外部失敗成本

1. 物品部分：售後保證服務之維修費用、顧客抱怨之處理費用、貨品退換之行政成本損失、自然酌減額。
2. 員工部分：應付客戶投訴事件之人事成本、因客戶投訴必須重新維護企業形象之成本、挽回顧客忠誠度之成本。

四、產品品質失敗的原因

　　服務業的成功與否，後勤管理（logistical management）是一門極為重要的關鍵。不論是航空公司所提供給旅客的機內侍應品是否短少、旅館提供給旅客房間設備是否故障、便利商店提供給顧客的牛奶

是否新鮮、電話公司提供給顧客的通話品質是否清晰，還是快遞公司運送貨品給客戶是否有所破損，這些完全牽涉到該企業後勤管理能力的強弱。服務業在提供服務時，除了無形的服務外，也要提供有形的服務；而這有形的服務必定會搭配產品。對於一件產品最終交到消費者手中時，若是造成上述的不良結果，就是一次失敗的服務。失敗的服務與下列各項因素或多或少均會有直接或間接的關係。

1.產品的複雜程度：構造複雜的產品比構造簡單的產品容易損壞，若一部電腦內的一個重要零件在保障期限內故障率是1/1000，一部電腦重要零件若有50個，其總體故障率就是1/20。賣100台電腦的1/20，若有5台故障回收，那將是很可怕的後果。烤箱若是多功能，一般來說操作也是較為複雜，相對地，故障率就會高。經常遇見企業引進極為先進的設備，但是卻經常停擺，原因不是不會操作，就是操作不當，造成故障。

2.零組件的材質：零組件使用材質的優劣，對品質也有直接的影響，如金屬材質較一般塑膠材質要來的堅固，但是價錢較高；玻璃製品雖較塑膠製品質感較高，但是運輸、傳遞時，容易破損；同樣的，材質為瓷器與FRP（樹脂）相較，前者高級易碎，後者廉價耐用。對於服務業來說，物品的材質，一體兩面，有時實在很難取捨。

3.環境的狀況：環境對品質的殺傷力亦不可忽視，如溫度對於食品、電器；溼度對於電腦、服裝；帶鹽分的濕空氣對任何物品的腐蝕性；音樂會場旁的機車修理行；餐廳旁邊垃圾場的異味；地下室停車場的空氣；傳統市場的環境等等，這些對於服

務業來說，都是不利的因素。

4.所受的壓力：產品必須要有的抗壓、抗溫、抗摔、抗捏、抗時間等能力；毛毯可以多床疊在一起抗壓，但是毛裘就不可以疊在一起；奶粉可以長時間抗較高的溫度，但是牛奶就不可以；FRP製的餐盤可以抗摔，但是瓷製的餐盤就不可以；饅頭可以抗捏，但是蛋糕就不可以；人造花可以耐看，但是鮮花就不可以。因此在提供服務的時候，產品的特性，有時也會是造成服務失敗的主因。

當發生產品品質的問題時，要如何發覺問題之所在？若能從以下是四點建議的方向搜尋，應該可以找到問題的癥結。

1.從產品設計階段。
2.從供應商的製造過程。
3.從收貨檢驗。
4.從產品生產過程。

五、產品品質失敗的解決方式

長期以來，企業遇到問題發生時，往往是站在本位主義來談事情。不管多麼複雜的新穎產品，一定會牽涉到跨部門事務，若要解決產品品質失敗的原因，居間協調的工作團隊極為重要。在企業中可以成立一個品質管理小組來負責此項任務。想要讓企業不但能夠在業界生存，而且揚名立萬，就要徹底履行3C哲學；即協調（coordination)、合作（cooperation）、溝通（communication）。 經過充分協調後的品質管理小組，可以發揮下列功能：

1.預設未來可能發生的問題。
2.確認目前已經存在的問題。
3.協調彼此的問題解決方案。

品質管理小組的成員，是要協調公司內各部門間的相關事務，他們除了要對各部門的工作內容嫻熟，也要有相當的威望，方可克竟其功。所以，品質管理小組成員最好應該包含下列各部門主管在內：

1.品質部門：品質部門提供的技術有品質評估、品質資料分析、確認製程能力、設定產品規範、書面程序、實驗設計、統計研究。
2.行銷部門：行銷部門提供的技術有顧客的需要、新產品設計之建議、行銷觀察、行銷預測、行銷定價、顧客型態。
3.財務部門：財務與會計部門能追蹤資金來源與用途，在進入產品製造前，他們需預估設計，生產機器、原料、人員、訓練、設備、測試機器、包裝等的成本預估。
4.設計部門：此部門為行銷部門與製造部門的橋樑，負責將行銷部門的夢想轉成實際的構圖與規格，以提供生產部門製造。
5.製造部門：此部門應分析現存機器與設備的優缺點，以及製程能力的極限 。否則設計人員可能設計出製造人員根本無法配合的規格。
6.採購部門：採購部門主管握有合格供應商的名單，同時也是第

一個知道供應商不穩定的單位。

7.各地服務站主管（駐外單位主管）：地區服務站（單位）的總負責人，是各地區狀況的消息彙總中心，可提供公司有關顧客對產品使用過後的改正訊息。

8.包裝和運輸部門：此部門的主管知道如何保護產品的技術與方法，包含最佳包裝材料、最適當運輸路線和最適當容器。

六、品質的一致性與成本效益

消費者重視服務的一致性與傳遞過程中的可靠度，但並非所有的服務系統要素都會在企業組織的直接控制下；顧客有時對於服務的方式或規則並不熟悉，譬如溫泉泡湯時，消費者是不可以在池中用肥皂擦洗身體，他（她）必須事先清洗身體完畢後，才能入池浸泡。旅館送客人到達機場，客人應該暫時先等司機從駕駛座出來繞到側門，待司機開門後旅客再下車；旅館游泳池旁寫著「禁止跳水」（No Diving），但是不遵守者仍大有人在。因此，有時企業必須嘗試管理顧客的行為，以確保顧客能在正確的時間、以正確的方法使用服務。否則可能造成顧客損壞設備、浪費服務人員的人力，或造成顧客本身受到傷害，同時也可能對其他顧客再度光臨有所疑慮。因此，企業應持續的教育顧客使他們瞭解情況，並在犯錯時巧妙地糾正他們。

第二節　品質衡量

　　企業在做內部績效考核時，對於如何判斷服務品質的好壞，是需要有一套衡量服務品質的標準公式，否則，若是評量標準的公信力被發生懷疑，對於企業的總體競爭力，是會產生負面的效果。

一、品質的一般衡量

　　企業一般的衡量服務品質好壞的方式，是以失誤率或者是瑕疵率來計算服務品質的優劣。其公式如下：

$$服務品質 = \frac{缺點出現的次數}{缺點出現的機會}$$

　　對於服務產生的品質瑕疵，在探討有效解決問題的對策時，可以依據下列的五個步驟進行：

1.蒐集資料。
2.製成圖表。
3.歸納訊息。
4.分析狀況。
5.解釋結果。

企業若是要以科學的統計方法，作爲解決服務時產生品質問題的
工具，則這些統計方法包含下列八項：

　　1.基本統計學。

　　2.製程能力的研究。

　　3.製程和產品的比較測試。

　　4.頻率分配圖。

　　5.控制圖。

　　6.事前控制。

　　7.迴歸分析。

　　8.經設計過的實驗。

二、六標準差

　　1980-1990年摩托蘿拉和其他許多歐美企業一樣，面臨日本企業
的侵蝕前途黯淡。在摩托蘿拉通訊部門的費雪（George Fisher）主導
下，提出了一項嶄新的做法——六標準差。原本預估五年改善十倍，
但後來兩年內就成長了十倍。再推行了兩年以後，便得到國家品質
獎。推行六標準差（Six Sigma）十年後，於1999年赤字由紅轉黑
（Pande, Newmar & Cowanagh，樂爲良譯，2001）。奇異金融（GE
Capital）是第一家推行六標準差的純服務業公司。

　　「六標準差」的定義有下列四個：

　　1.工程師和統計師所運用的高度技術性步驟，藉以精化（fine-
　　　tune）產品和流程。

2.近乎完美地達成顧客要求，如表10-1所示（每百萬操作中僅有3.4次失誤，準確率達99.99966%）（Pande, Neumar & Cowanagh, 2001）。

表10-1　六標準差表

良率	每百萬次誤差數	標準差
30.85	691,500	1
69.15	308,500	2
93.32	66,800	3
99.38	6,200	4
99.997	230	5
99.99966	3.4	6

3.讓一個公司達成較佳的顧客滿意度、更高的獲利率、更佳的競爭力，而進行全面的文化變遷。

4.為一全面具彈性的系統，可用於獲取、維持和擴大企業的成功。

六標準差的驅動要素，在於洞悉顧客的需求、嚴格使用事實、資料和統計分析，以及權利關注業務流程的管理、改善和創新。某些企業內「品質」和「六標準差」兩個名詞有不可分割的關係，六標準差潛藏的真相：

1.涵括多方面的企業經營作業典範（best practice）和技能（一些屬於進階、一些屬於常識），這些是成功和成長的要件。

2.六標準差方法內容多變，本書可提供客製化（customizable）的選擇和準則，而非僵硬的公式，將所有的變革程序均考慮進

去。

3.對服務性機構這類「技術性」環境而言，六標準差亦可帶來同等的潛藏利益（或是更爲顯著）。

4.使用此方法對人力資源提昇的重要性不亞於技術的卓越，創意、協力合作、溝通、奉獻，絕對比一群超級統計師更具威力。它能激勵、促動人們更佳的想法、表現，能讓個人天賦與技巧能力相輔相成，創造更大綜效（synergy）。作對了，它能帶來驚人且豐厚的改進效果。

企業實施六標準差的六大主旨：

1.眞心以顧客爲尊。

2.管理依據資料和事實而更新。

3.流程爲重、管理和改進。

4.主動管理。

5.協力合作無界限。

6.追逐完美；容忍失敗。

六標準差的用語，是找出造成問題或困擾Ys的少數致命因素Xs，大多數六標準差都是爲改善流程服務，逐漸成爲提昇企業競爭力的關鍵方式。稱這些需求爲高品質的必要條件（Critcial to Quality, CTOs），關鍵效果「Ys」規格限制。「誤差」是任何產品或流程未能達到顧客要求的事件或意外。而尋找標準差衡量依據有下列三個來源：始於顧客、提供一致標準、結合宏大目標。標準差的三大策略（從策略改進後切入）：流程改進、流程設計／再設計、流程管理。

六標準差的改進模型DMAIC是由PDCA——規劃、實施、查核、處置四階段，改進成DMAIC——界定、衡量、分析、改進、控制五階段。這是用在流程設計／再設計的工作上使用。

為何六標準差讓服務更具挑戰性，是因為服務業：

1.無形的工作流程。

2.工作流程和程序演進。

3.缺少事實資料。

4.欠缺搶先。

六標準差如何適用於服務業之步驟：

1.流程管理。

2.精確鎖定問題。

3.擅用事實與資料，減少模糊不清的局面。

4.不過度強調統計數字。

根據21世紀成功企業，通往六標準差行動步驟，必須經過三個坡道和五大核心競爭力，現分述如下。

1.確認核心流程與關鍵顧客（企業轉型坡道）

（1）確認核心企業流程。

（2）產品定位與關鍵顧客。

（3）制定高層核心步驟流程。

2.界定顧客需求（策略改進坡道）

（1）蒐集顧客資料研商顧客心聲對策。

（2）研商績效標準和需求聲明。

（3）分析並設定要求優先順序，評估每個商業策略。

3.衡量現有績效（策略改進坡道）

（1）依據顧客需求、計畫與執行績效的衡量。

（2）研商底限的物誤差與衡量，並確認改進機會。

4.排定改進措施的優先順序，並分析、執行（問題解決坡道）

（1）分析、發展和執行專門解決問題根源的方案。

（2）設計／再設計並執行有效新工作流程。

5.六標準差流程設計／再設計（問題解決坡道）

（1）分析、制定和執行解決問題根源方案。

（2）設計／再設計並執行有效的新工作流程。

6.擴充並整合六標準差系統（問題解決坡道）

（1）執行持續的衡量和行動，以維持改進成效。

（2）界定流程與管理責任。

（3）執行封閉循環管理並邁向六標準差。

第四篇

服務管理篇

　　本篇共分為三章，分別為第十一章管理機能與運作機能；第十二章服務需求管理；第十三章企業爭取消費者認同。

第十一章
管理機能與運作機能

第一節　一般管理機能及企業運作機能

一、管理沿革

　　自從有了人類歷史就會有管理上的問題，管理就是做決策。因為人是社會的組成分子，管理問題的產生乃是一種文化演進的節果，人們所從事的生產活動和社會活動都是集體進行的，要組織和協調集體活動就需要運用方法來達到預期的目的，這些經過精心規劃的過程就叫「管理」。管理乃是透過他人去完成目標的過程，因為管理思想隨著近代工業生產力的提高而發展，隨著人類社會生活的改進而進步，到了19世紀末形成了真正意義上的管理科學，管理乃是人類社會為了適應、解決及滿足某種當時需要所產生出來的。綜觀管理思想的萌芽時期，發生在19世紀以前，而進一步可劃分為「工業革命以前」和「工業革命時期」。

　　在工業革命前，是屬於農業社會型態，由於沒有誘因來刺激農業社會在管理理論上的改變，基本上沒有形成系統的管理思想和管理理論，但是管理的實踐活動卻取得了驚人的成果，例如，在西元前5000年左右，古代埃及人建造了世界七大奇蹟之一的金字塔；如此巨大工程不僅需要技術方面的知識，更重要的是管理技術的經驗。此外，我國古代許多偉大的工程如萬里長城與都江堰的管理技術實踐，也提供

了豐富的管理思想與方法的醞釀。值得一提的是《周禮》，它是一部論述國家政權職能的專著，是對古代國家管理體制的理想化設計，它包含政治、經濟、財政、教育、軍事、司法等各方面，在許多方面都達到相當高的水準，從而又推動了管理思想的發展。

工業革命時期，隨著管理的主要研究對象「組織」，在管理實踐活動終於日益受到重視，管理思想和理論才逐漸形成發展起來。因此工業革命時期成為我們研究和探討管理理論的分水嶺，工業革命使生產力有了較大的發展，隨之而來的管理思想的革命。管理是在計畫、組織、用人、領導、控制等組織機制，計畫性的運用上述各項機制達到組織的預定目標。企業規模不斷擴大，產品的複雜程度與工作專業化程度日益提高，企業管理人員從繁雜的日常工作中擺脫出來，專門從事既是一門科學也是一門藝術的管理。

英國亞當‧史密斯1776年出版的《國富論》中，系統是闡述資本主義政治經濟學原理，為資本主義的發展奠定了理論的基礎。被稱為「管理之父」的泰勒認為：一、科學管理的精神是要求勞資雙方都必須進行重大的觀念革命；二、科學管理的最終目的是提高生產效率。其後的管理大師們相繼提出個人對管理的獨特看法，帶動與提昇近代管理的觀念與方法，其重要思想有下列幾點：

1. 將經營與管理的概念加以區分，並最終構築成一個完整的理論體系。
2. 管理活動包括：規劃、組織、用人、執行、控制等五個階段進行分析與研究。
3. 費堯經過長期的管理經驗，提出了管理界十四項管理原則。

二、管理機能

　　企業面對內部各部門、各組織間的每日例行管理公事，必須要有一套制度化機制運作，才能達到組織要求的目標。在每一項管理機能運作上，通常有五個運作程序：規劃、組織、用人、執行、控制。各單位或各組織內的管理系統，都是遵照上述五項程序，持續推行企業交代的任務。詳細說明如下（李南賢，2000）：

（一）規劃

　　任何人若要開始從事事情的第一步驟（planning），就是要規劃。例如，本班決定要去墾丁旅遊，首先要規劃的事有：總共有多少人去？什麼時候去？要去多久？利用什麼交通工具去？玩些什麼地方？在哪裡用餐？住在什麼地方？每人花費多少錢？萬一不能成行，有無替代方案……等，都是規劃的範圍。

（二）組織

　　這麼多人要玩這麼長的時間，總務、採購、交通、安全、聯繫、公關、醫療等項目的任務分配，例如，要分成幾組、各組負責人、如何定期開會、安全的範圍、公關的對象、緊急醫療的編組等等，這些都是需要事先的組織（organizing）。

（三）用人

組織的架構已經設計好了，接下來就是要考慮各組的負責人，由誰來擔任，才能人盡其才。例如，精於數字觀念的人，適合作總務；個性外向的人，適合作公關；有學過護理課程的，適合安排在醫療。對的人要擺在對的位置，才能發揮最大的效果，這就是用人（staffing）。

（四）執行

「十鳥在林，不如一鳥在手。」任何事情的推動，莫過於一定要執行，才能分辨計畫的好壞。首先，要有一位強而有力，或者是協調有方的人出來帶領團隊，不管是對外交涉、談判決定、思考模擬，都需要頭腦清晰、當機立斷的領導，否則會造成群龍無首、各說各話的局面。整個團隊先前的規劃、組織、用人三個程序之後，執行（acting）是整個機能的第四個程序。

（五）控制

所有管理機能的五個程序中最重要也是最終的目的，就是控制（controlling）。前四項程序是管理的工具或方式，其目的就是要操作。結果朝當初規劃預期的方向移動；這種有方向性的約束，就是控制。老師利用規劃課程及教學方法、組織班上同學成為能夠協調掌握的小組、仔細挑選服務班上同學的幹部、由老師領導執行班級輔導的工作，達到控制班級運作功能的正常，以及學生功課朝好的方向發展。企業在管理時，利用規劃、組織、用人、執行四項功能，來要求

員工最終優良的工作績效，這就是控制員工朝企業獲利的方向前進。

　　管理的本質是科學的，管理必須運用邏輯即分析的技術做系統的觀察、分析，才能完成組織的任務。故面對事、物，管理者必須運用科學的方法解決問題所在與提高整體之工作效率。但當面對人的時候，管理者所應用的便是管理的藝術，因爲這些所應用的技巧如溝通、協調、激勵、領導等方法，均無法量化衡量其效果之故。畢竟企業的三大要素爲硬體、軟體、人。任何管理必須從人開始，只有在人的品質提高後，企業硬體與軟體的品質才能眞正的提高。

三、企業五大運作機能

　　任何企業對外要發揮企業內部各部門的總體績效，必須搭配基本的管理機能，而這些分散在企業內部各部門的功能，大致可以分爲五種機能：即行銷運作管理機能、生產運作管理機能、人力資源運作管理機能、財務運作管理機能、研究發展運作管理機能。當然隨著企業規模的大小，或多或少的增加或合併其中的特定機能是有可能的。現將企業運作各機能分述於後（陳海鳴，1999）：

（一）行銷運作管理機能

　　針對各種需求，採取不同的機能管理對策，完成行銷任務，達成組織目標，是爲行銷機能管理。行銷機能管理（行銷導向）的觀念演進，包括：

　　1.生產觀念（Product Concept）：認爲消費者喜歡價廉物美的產

品，且不論生產多少數量都能銷售完，主要是追求生產高效率與廣泛的配銷。

2.產品觀念（Production Concept）：認為消費者對品質優、性能好、特點多的產品較偏好喜歡，主要任務係生產優良品質與高性能產品。

3.銷售觀念（Selling-Orientation）：認為公司的產品要暢銷必須多促銷才會有成效，此係為推銷觀念，例如，推銷保險，此觀念經常忽略消費者購買後負面的反應。

4.行銷觀念（Marketing Concept）：認為組織應以消費者主權方式決定目標市場的需要，同時比競爭者更有效的滿足消費者的慾望，以達成組織的目標。

5.社會行銷觀念（Social Marketing Concept）：認為生產者不僅要滿足消費者的需要，更要滿足社會的長期利益。主要任務係在公司目標、消費者需要與社會服務三者間，取得平衡點。

行銷管理的程序包含：分析市場機會、選擇目標市場、訂定行銷組合、管理行銷組合，如圖11-1所示：

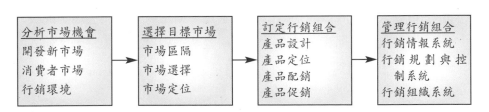

圖11-1　行銷管理程序圖

行銷管理組合包括4P：產品開發、產品價格、配銷通路、產品促銷。現分述如下：

1. 產品開發（production）：即發展、設計適合目標市場的產品及服務組合。在消費者導向的行銷時代，消費者喜好瞬息萬變，企業在產品設計開發之時，必須要有消費者的參與，才能設計開發出消費者滿意的產品。某一企業設計出一把洗澡時可以擦洗背部的刷子，長長的把柄附有一個精美的刷子，原本被看好的產品，推出上市後卻嚴重滯銷。後來經過消費者反應該產品使用不便的原因是：一、長長的把柄使得毛刷擦背力道不足，達不到毛刷搔癢的目的；二、洗澡時，手上沾有肥皂泡沫，根本無法正確握住把柄擦背；這就是一個典型的產品開發失敗的案例。

2. 產品價格（price）：訂定適當的價格以迎合消費者。企業最主要銷售的目的就是獲利，產品的生命周期，有四個階段；即開發期、成長期、成熟期、衰退期。產品是屬於什麼階段的時期，對於其價格的決定，有絕對的影響。數年前，國內興起一陣「葡式蛋塔」之風，一些先見之明的企業早一步將產品推入市場大賣，且價錢不斷的向上攀升。但是該項產品迅速由開發期進入成長期和成熟期，當後續企業爭相投入生產時，「葡式蛋塔」在短短六個月內，由明星產品變成垃圾產品，乏人問津。

3. 配銷通路（place）：運用不同的配銷通路，把產品送達目標市場。國內某便利商店的龍頭，在二十幾年前，剛從國外引進某種品牌時，一連虧損了十一年，目前由於該連鎖門市超過2,500

家，通路遍及全國各地大小鄉鎮。廠商爭相欲與其建立商業夥伴關係，著眼點就是在於該企業通路的競爭優勢。進入21世紀的商業競爭模式，市場領先品牌的指標，端看何者掌握較為強大、快速的通路而定。

4.產品促銷（promotion）：利用各式廣告、人員銷售等促銷手法，宣導產品的優點，增加產品於目標市場中的銷售數量。社會進入低成長、高失業的時代，企業的獲利也進入了「微利時代」。以往消費者一擲千金的豪華場面已不復見，取而代之的是消費者個個精打細算，算計錙銖，企業若不降價促銷，則產品銷路低迷不振，去化不順；反之，若有任何大幅減價活動，則門前車水馬龍，人潮洶湧。

（二）生產運作管理機能

亦稱為作業管理，負責管理公司對生產物品或提供服務所需的直接生產資源。包括：物料採購、存貨管理、廠址選擇、廠房設計、生產時程安排、品質管制、設備維護。生產管理的要素有5P。包括：人員（people）、零件（parts）、工廠（plants）、製程（process）、規劃與控制（planning and controlling）。生產力即衡量投入與產出之間的關係，而生產管理的目標就是使其產出值獲致最大。科技的進步，使得生產管理的效率大大的提高，電腦輔助設計系統（CAD）和電腦輔助製造系統（CAM）的導入、數位化資訊系統的傳輸、機器人的大量應用，以及各種輔助生產製造的軟體投入，使得生產現場呈現「少人化」、「自動化」的現象，增加管理的效率。

(三) 人力資源運作管理機能

　　係指企業組織的一切人力資源管理，包括人力規劃、招募遴選、教育訓練、員工福利、績效考核、薪酬計畫、勞資關係等。近年來，中國大陸的崛起，變成全世界企業投資的焦點。我國亦不例外，廠商絡繹不絕的前往大陸投資設廠，使得國內企業出現空前的蕭條。究其原因，就是因為企業長期以來並未做好人力資源管理的工作，當產業開始轉型的同時，企業人力資源並沒有同時轉型。因此，國內勞動力成本高於大陸的勞動力甚多，毫無競爭力。中高年齡勞動力紛紛失業，不但造成家庭問題，也造成嚴重的社會安定問題。由此可見，人力資源的管理良窳，實關係著企業甚至國家的盛衰。

(四) 財物運作管理機能

　　係指企業從事生產所發生的一切財務活動，包括投資功能、理財功能、風險管理、資金管理等。企業的財務管理一般有三個機制：

1. 財務規劃：主要是每年的財務預算，決定未來一年公司實際上要做的事務。估計這些事務所需花費金錢的收支狀況，在分析其財務盈虧、反覆修訂後、就是公司各部門的財務預測目標。
2. 財務控制：此步驟主要是協助主管達成財務目標。包括：評估實際的財務績效，並與財務目標做比較，如有差異就要設法彌補。財務控制有許多可行的方法，如成本控制、費用控制、存貨控制。
3. 財務改善：改善財務的步驟有許多方法，例如，降低成本計

畫、採購新設備以提高生產力、加速發貨單的處理、開發新產品以增加營收、併購其他公司……等。

（五）研究發展運作管理機能

　　熊彼得說，企業的利潤係來自於企業不斷的創新，因此企業為求生存必須不斷的研究發展，包括技術研究、產品開發、製程改良、市場開發等。當企業推出市場上暢銷的產品時，就必須開始設計該產品的後續式樣或是機種，延綿不斷的推出新產品是企業獲利的要素之一。自從電子商務（e-commerce）興起，企業迅速推出虛擬產品，例如，網路購物或是網路諮詢的服務，不但能夠增加企業的營收，同時也能用電腦取代人力，節省人事開支。知識經濟時代的企業管理，不管是生產製造的研究發展、行銷通路的研究發展、人力資源的研究發展、財務管理的研究發展，每一環節都是企業成敗的關鍵。

　　管理機能（規劃、組織、用人、執行、控制）與企業五大運作機能（行銷、生產、人力資源、財務、研究發展），在企業管理運作上相輔相成。當企業要操作行銷機能時，必須將管理的五大機能投入行銷機制中運作；亦即如何規劃行銷，如何組織行銷，如何用人行銷，如何執行行銷，以及如何控制行銷。其他如人力資源、財務……等；亦以此類推。

第二節　企業基層服務及企業運作機能

一、企業基層服務

　　對於服務業的基層服務人員來說，若能充分瞭解服務與企業機能的關聯與重要性，不但能夠提供企業要求的服務品質，甚至能讓顧客感受到物超所值的服務價值。服務性大企業中由於組織龐大、員工眾多，基層服務人員工作的內容大多屬於操作性的例行工作。工作範圍與工作性質大致固定，久而久之會因工作變化不大，而有生涯發展停滯現象，容易產生狹隘的本位主義，強調自身工作的專業性、排斥與同仁或是其他單位的合作意願；會抗拒新事物、新方法的引進，因為可能會造成他的既得利益受損，這對組織生存與發展定會造成不利後果。若是服務能與行銷機能結合，他會對服務產品的行銷4P：開發、訂價、通路和促銷能充分瞭解，當顧客希望瞭解公司產品的種類時，服務人員適時的提供顧客公司服務的項目，對各種服務或是產品的價格瞭若指掌，站在與顧客接處的最前線，提供給顧客公司最希望達到的目的。

　　服務若能和生產機能結合，服務人員在提供服務的同時，對展示在顧客面前物品之相關的物品採購時，採購人員對物品價位的斤斤計較，對品質管制的規格堅持，是設備維持良好率的重要關鍵，進而服

務人員會對目前的有形無形設備、物資、耗材的使用，更加珍惜。

　　企業以營利為目的，服務若能和人力資源機能結合，當企業因需要增加、裁減或調度服務人員時，基層員工均應能體會且感受出企業經營環境的難易程度，進而產生個人危機意識，督促個人從事終生學習的生涯規劃，增加自己第二專長的可能，以免遭到社會的無情淘汰，近來中高年齡的失業率大幅增加，就是一項警訊。

　　當企業發展到一定的經濟規模，若要企業繼續成長壯大，定會利用公司的盈餘或利用外貸的財務槓桿作用進行多角化經營與投資，企圖增加公司的獲利能力，同時分散企業經營風險，這是企業永續經營的階段規劃。作為企業員工若能瞭解一個成功的企業尚且要無時無刻的為企業成長做規劃與防範，更何況服務個人焉能沒有憂患意識。

　　企業生存之道在不斷創新，以便在激烈的競爭市場取得一席之地。服務產品、服務技術、服務流程，以及服務行銷，各種服務創新除了需要靠服務員工多年的實務經驗外，還要有服務理念的創新與服務心態的革新。

　　現代企業規模日愈龐大，員工分工愈見精細，單一員工除精通本身工作外，往往無法得知企業相關單位的訊息，造成服務人員提供顧客服務或資訊時，因為標準不一，使顧客感到困擾而對企業萌生不滿，最終還是企業受害。故企業若能讓員工瞭解企業各單位機能的全貌，對提昇企業有形的獲利與無形的士氣，均是極其正面的功能。

二、服務業產能管理

　　服務業的產能計算有許多不同方式，有的是以實體設備所能承載

的人或物的數量來衡量，如旅館、診所、超市、貨運等，有的是以機具設備的數量來衡量，如電話機、吹風機、烤爐、收銀機數量等。另外如醫療或維修業，其所提供的服務是一個結合多項步驟的連續性作業流程，若其中的任何環節因產能限制而生產遲延時，便會造成整個流程的瓶頸，使得服務過程運作不順暢，降低了整個服務品質和產出數量。所以服務業的產能使用狀況可由「設備的使用率」和「空間的利用率」（如房間數或倉儲的空間）作為衡量指標。

　　人力資源也是影響服務產能的主要因素。因為若有足夠的設備，但是人力資源不足仍無法發揮其最大效能。因為隨著時間的消失，要維持一定的產能輸出水準，人所造成的變動因素遠超過硬體設備。一個經過設計與管理的服務流程、硬體設備、服務人員，以及支援設施之間，必須在相互配合的均衡狀況下才能形成。同樣的，在設計連續性的服務流程時，最重要的就是要避免在流程中產生瓶頸。當然此一理想並不容易達成，因為外在的需求量隨時在變，而內部的流程中各工作點的人事情況也在變動。就所需時間而言，以「人」為主的服務較以「物」為主的服務變化較大且不易掌握。這些差異可從準備的時間長短（作一道菜的時間）與顧客人格特質差異（同在一間冷氣房，有人怕冷要求關小，有人怕熱要求開大）中得知。在服務內容上，也不一定都是相同的，如某些專業性的服務業或維修公司其進行診斷的時間常因顧客所需服務內容的不同而有所不同。服務業是一個很難用庫存方式來供應市場需求的產業。不過也有少數例外，如專門維修高級轎車的保養場，可以利用庫存車輛先提供顧客行的方便，待修好，顧客領回的同時，再將原車輛換回。

三、產能調整策略

服務設備的產能是相當具有彈性的，它可以吸收額外需求，如自助餐廳雖然只有200個座位，但生意好時，也可以將顧客容量提昇到220甚至250個座位以上。不僅設備具有彈性，人力資源運用上亦然，尖峰時段人力資源也可以在短時間內提供較高的產能，當然時間一長，服務品質會隨著服務人員的身心疲倦而下滑。

有時候產能受限於座位數，在尖峰時期可運用增加額外作未來應急，如航空公司在旺季時，會採取縮短座位間格或減少客艙伸腿的空間方式增加客艙座位，餐飲業用增加桌子來增加產能。但上述的擴充方式必須遵循下列兩項因素考量：安全以及後勤支援的能力。

其他擴充產能的方式如延長設備運轉時間，例如，客人用完餐後立即送帳單至座位，減少其在座位占用時間；另外操作流程由繁化簡也是一個好方法。尚有僱用「臨時工作人員或租用設備」來擴充服務能量，淡季時則可減少雇員、安排員工休假及訓練，將多餘的設施機具出租或執行設備總保養。具體的做法如下：

（一）在淡季安排員工休假及各類硬體設施的保養維護

為避免浪費服務人力資源，淡季時鼓勵員工休假，一方面可藉員工休假調整員工身心外，同時也可利用設備閒置空檔執行設備保養與維修的工作，延長設備使用壽命。

（二）僱用兼職人員

工商業發達的社會，每一個人除了有固定的工作外，尚有工作剩餘的時間也可以從事其他相關的工作，企業尖峰服務時間僱用兼職人員 （part timer）或是計時制人員 （by hour），一來可解決迫在眉睫的服務人力短缺的問題，二來可充分利用社會上多餘的人力資源節省企業開支。近兩年來，由於經濟不景氣，企業廠商對於景氣預期多抱持保守的態度，因此，員工離職後，通常採取遇缺不補的措施，或是不招募正式員工，而改採聘僱兼職或臨時人員爲之。

（三）租用設備或與他人簽訂共用契約

爲了避免固定資產上的過度投資，服務性企業在旺季來臨時可採取租用營業場所及設備的方式，或與有互補性的其他企業簽訂資源共享協定來服務產能。最近長榮航空公司因爲飛往香港的班次大增，飛機調度吃緊，於是向遠東航空公司租借波音B757飛機，經過塗換長榮航空標誌後，開始營運台北——香港航線；同時遠東航空公司也將飛機租給澳門航空公司飛行高雄——澳門航線，一方面解決澳門航空因高雄——澳門航線增班無機可用的困境，同時也可以解決遠東航空公司飛機過剩的困擾，可謂一舉數得。

（四）員工交叉專長訓練

爲了培養員工第二專長，以便能夠適應企業未來發展的需求，在服務尖峰時期，由於服務人力資源有限，只能利用離峰時段來作必要的訓練。也可作工作輪調方式，俾使員工工作豐富化以及工作擴大化，爲企業培育多重專業人才。

第十二章

服務需求管理

第一節　服務之各種需求介面

一、顧客需求不確定性

服務性企業經營，由於市場高競爭性與強烈的不確定性，在通常的情況下，都有可能面臨下列的需求情形之一，如圖12-1所示：

1.顧客需求超過服務最大產能，會導致目前和潛在顧客流失。
2.顧客需求超過服務最適合產能，雖無顧客立即流失的顧慮，但

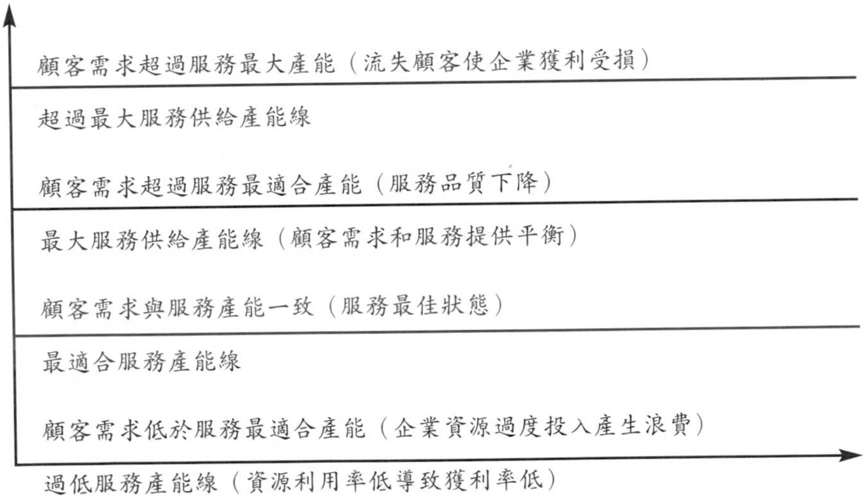

顧客需求超過服務最大產能（流失顧客使企業獲利受損）
_____

超過最大服務供給產能線

顧客需求超過服務最適合產能（服務品質下降）
_____

最大服務供給產能線（顧客需求和服務提供平衡）

顧客需求與服務產能一致（服務最佳狀態）
_____

最適合服務產能線

顧客需求低於服務最適合產能（企業資源過度投入產生浪費）

過低服務產能線（資源利用率低導致獲利率低）

圖12-1　顧客需求相對服務產能對照圖

服務品質一定會降低。

3.顧客需求與服務提供達到平衡的狀況，是一理想的境界。

4.顧客需求低於服務最適合產能，服務產能未能有效利用，會導致企業資源浪費，獲利率下滑。

　　上述超過最大容量與最大容量的差別在於當顧客需求是超過最大容量時，可能導致服務現場產生空窗，導致現在與潛在顧客因失望而流失，企業從此便失去了他們的生意。但是，當顧客需求介於最大與最適合容量之間時，雖然所有顧客都能獲得服務，但企業仍然要承擔部分顧客因需求位被滿足，感覺服務不周而離企業而去的風險。

　　當然有些場合最適合與最大容量或超過最大容量的意義是相同的，如大型演唱會，現場的觀眾聚集對最適合容量、最大容量或超過最大容量的感受似乎並不會太在意。反倒是因為大量的人潮，可使會場的氣氛帶到最高點，觀眾對服務品質的解釋在此時通常是正面的。故雖然服務產能有所區別，但此時的界線是模糊的。但是將此狀況用在餐廳或是銀行服務，便不適用上述解釋，因空間的擁擠會造成顧客直接的抱怨；這從旅客乘坐飛機的滿意度調查中發現，隔壁座位空無客人的旅客對服務滿意的傾向高過其他各項因素，表示出顧客對空間的要求，是一項重要值得注意的訊息。

　　無可諱言的，服務性企業在顧客對服務產能需求有供不應求、供需均衡或供過於求的三種狀況時，應採取的需求管理策略分為五種，如表12-1所示：

1.無為而治，聽其自然。

2.降低需求標準策略。

表12-1　不同顧客需求容量下的需求管理策略表

適用策略	供需狀況		
管理策略	供不應求	供需均衡	供過於求
無為而治	顧客極度失望的等候 激怒顧客致使顧客流失	物盡其用 是最佳利潤？	服務容量閒置 企業資源浪費
降低需求	以價制量 提昇獲利 疏導需求 （篩選顧客）	無須動作	無須動作
提昇需求	無須動作 （除非有利可圖）	無須動作 （除非有利可圖）	選擇性降價 （促銷活動）
藉預約制度 儲存需求	排定目標顧客之優 先順序，將其餘顧 客疏導致離峰時段	確保處於最佳 獲利狀況	確認尚有空位 不需事先預約
藉候補制度 儲存需求	考量放棄部分目標 客戶，讓等候的顧 客保持舒適，並準 確告知需等候時間	避免因瓶頸而 造成拖延	不適用

3.提昇需求標準策略。

4.預約制度儲存需求。

5.建立排隊候補制度。

二、顧客需求管理

服務業雖然無法將「員工服務」這項產品庫存化，但是卻可以將「顧客需求」這個項目庫存化。這可經由下述三種方法達成：

（一）經由排隊系統管理顧客行為

線上等待在生產管理研究中稱為排隊（queuing），是最廣泛的常見現象，現代社會人們忙碌最沒有耐性的就是無意義的等待，不但耽誤顧客的時間，對服務品質也是一項負面的訊號。不過由於服務業管理中的服務供給與顧客需求之間存在的落差，一定會造成顧客或多或少的等待；如買車票要等待，玩遊戲要等待，看醫生要等待，詢問事項要等待，第一線服務人員應能夠感受或掌握顧客願意等候時間的長短。排隊管理包含廣泛的資料蒐集、顧客接受服務的速度、每次服務時間的長短；實際操作策略是藉著平均生產計畫將人力資源及設備予以最佳化管理。只要顧客（或物品）持續地以這個速度到達，就不會發生任何延遲，但是到達的不確定性仍會造成延遲。

（二）多重管道降低等候時間

等候問題的最佳處理方式就是檢查現有作業方式與人力資源運用策略，服務的延遲通常是許多因素造成的，也需要找許多方法解決，其中最重要的方式有三種：

1.改善服務作業流程。
2.改變人力資源策略。
3.改善流程傳送系統。

（三）利用市場區隔取代先到先服務

1.工作急迫性：如醫院的先到病人不一定是急需要治療的對象。

2.處理時間的長短：如機場對不虛報稅的旅客所設的快速通關櫃，超市的五項以內購物快速結帳櫃。

3.額外費用的支付：顧客有時希望支付較多的費用以換取寶貴的時間，或較舒適的服務。

4.顧客的重要等級：將顧客劃分爲不同等級的區隔，提供適合該等級的服務，如航空公司的頭等艙、商務艙、經濟艙的區別。

5.預約制度的建立：另一種拉長服務的方式，就是服務預約制度，採用此策略能預先銷售服務，它讓顧客因避免排隊而獲利，能夠幫助服務公司平衡產能，確保服務品質的一致性。

心理學研究顯示人們常常高估自己的等候時間，最高達到七倍，並發展出等候時間八個原則：

1.空閒時間比忙碌時間長。

2.處理之前的等待時間比正在處理的等待時間爲久。

3.焦慮會使得等候感覺更久。

4.不確定的等候比確定的等候感覺久。

5.沒有解釋的等待比事先解釋的等待久。

6.不公平的等待比公平的等待久。

7.有價值的服務會有人願意等待更久。

8.單獨等待比群體等待久。

因此，基於等待心理的緣故，發展排隊策略常常被認爲是操作面的工作，它對顧客所知覺到的服務品質及服務速度而言是有重要涵義。服務人員爲要提供更好的服務，就要找出顧客願意等待較長時

間，讓顧客等待更愉快的方法，如愉快的環境（舒適的溫度、座位、空間、裝潢）、雙向的互動、資訊的提供、娛樂的消遣。

三、服務品質管理程序

服務品質管理是企業各種管理機能的總輸出，其目的是要公司的服務經由各種管理機能的發揮與控管，達到讓顧客滿意的程度。服務品質管理分為三個管理程序，分別為服務品質規劃、服務品質控制、服務品質改善。基本上與財務管理大致相同，不過程序的步驟與所使用的工具比較特別。

（一）服務品質規劃

服務品質規劃就是開發服務產品與流程以符合顧客的需求，其基本步驟如下：

1.決定誰是顧客。
2.決定顧客的需求。
3.開發服務產品的特性以符合顧客的需求。
4.研擬一套製程，能製造所需服務產品的特性。
5.將規劃成果交付作業人員。

（二）服務品質控制

1.評估實際上的服務品質績效表現。
2.比較實際表現與服務品質目標。

3.若有差異則採取行動彌補。

（三）服務品質改善

1.建立一套標準，使每年都能有所改善。

2.找出需要改善的地方，提出改善專案。

3.每一改善專案成立一專案小組，負責此專案的成敗。

4.提供資源、誘因與訓練給專案小組，要求他們找出原因，提出
解決辦法，擬出控制方法以保持成果。

這三個程序都有一套相同的順序步驟，這些步驟如表12-2所示：

表12-2　**服務品質管理步驟**

服務品質規劃	服務品質控制	服務品質改善
決定誰是顧客。 決定顧客的需求。 開發服務產品的特性以符合顧客的需求。 研擬一套製程，能製造所需的服務產品的特性。將規劃成果交付作業人員。	評估實際績效。 比較實際表現與服務品質目標。 若有差異則採取行動彌補。	建立一套標準。 提出改善計畫。 成立專案小組。 提供資源、誘因與訓練給專案小組，要求他們找出原因，提出解決方法，擬出控制方法以保持成果。

第二節　服務之品質改善與創新

一、起源

　　日本企業對服務品質改善的要求，極爲認眞且嚴格，經常圍繞在兩個主要的目標活動：維護與改良（maintenance and improvement）。　維護是指對那些現有技術、管理與作業標準的活動。改良指的是那些改進現有標準的活動，換句話說，就是作業標準的維護與改良。越是高階層的管理人員越關心作業標準的改良，一位新進人員每天需操作公司制定的作業標準，當他對工作日漸熟悉後，他可能對如何有效進行自己的工作有了心得，而逐漸有了改善工作方法的能力，可以藉由個人或團體的建議，對公司作業標準的改良貢獻心力。

　　改善細分爲改善（Kaizen）與創新（innovation）兩種。所謂改善是指作業過程中自發的小改良；創新則是在技術或機器設備方面投下鉅資之後所得到的成果，換句話說，改善是人員導向，而創新則是技術與資金導向。

　　1956年，日本短波電台在其教育節目中安排了品質管制的課程。1960年11月，日本舉辦第一次全國品質月活動，同年，品質標誌（Q-marks）與品質旗幟（Q-flags）正式被採用。1962年4月，JUSE又發行品質管理領班雜誌（Quality Control for the Foreman）。同年，品

質圈活動首次出現。

　　由於東西方企業對於品質管理的內涵解釋與看法有些許的微妙變化，歐美企業對於品質管理，通常指製造過程中的進料檢驗或製程末端的成品檢驗，這是「結果導向」哲學。然而日本企業很快就體認到，只有檢驗絕不能提高品質，產品品質與產品一樣，都是製造出來的。因此「品質是製造出來的」，便成為現今重要的一個品質管制標語，這是「過程導向」哲學。日本石橋輪胎公司的專案經理大坪檀更進一步說明；工作導向是一種過程導向的思考方式，也唯有透過過程的改善，工作才有改善的可能，這也是「以人為導向」的活動，它強調人員的努力。結果導向的思考方式是「大量生產時代」下的產物，過程導向的思考方式則是後工業社會、高科技社會、服務業時代的產物，管理者會發現支持與激勵的角色係用在過程的改善，控制的角色則用在結果或產品的階段。圖12-2中過程導向指標稱作P型指標，結果導向指標稱作R型指標。P型指標以人員的努力為重點，採用長期的觀點。R型指標則較為直接，考量的期間較短。

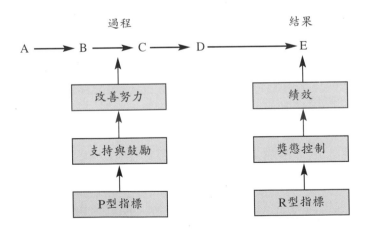

圖12-2　過程導向P型指標與結果導向R型指標圖

二、改善與創新比較

由表12-3可看出改善不需要很複雜的技術或尖端技術，只需要一般傳統的技術，而創新則常常需要很複雜的尖端技術及巨額的投資。改善與創新觀念最後一點不同在於其適用時機，低成長時代宜採用改善的觀念，高成長時代則較適用創新的觀念。改善是緩慢、漸進、長期累積的活動。表12-4將創新與改善作進一步的比較。

表12-3　改善與創新的特色比較表

	改善	創新
1.效果	長期影響深遠，但不劇烈	短期，但很劇烈
2.步調	小幅度的	大幅度的
3.時程	連續漸進的	間歇跳躍的
4.改變	穩定溫和的	突發劇烈的
5.投入	每一個人	少數優秀分子
6.方式	集體意識 群體努力 系統導向	個人主義，個人的意念與努力
7.型式	維護改良	捨棄，再造
8.動力	傳統的技術 當前的技術	技術突破，新發明新理論
9.所需條件	小投資、龐大維護努力	小投資 小幅維護努力
10.重點	人員	技術
11.評估標準	贏得成果的過程與所下的功夫	成果、利潤
12.適用時機	經濟低度成長時代	經濟高度成長時代

表12-4　創新與改善的比較表

創新	改善
創造力	適應力
個人主義	團隊導向
專家導向	通才導向
注重大的變動	留心細節
技術導向	人員導向
資訊為封閉私有的	資訊為開放分享的
功能部門別導向	奠基於現有科技
直線幕僚組織	跨功能組織
有限的回饋	完整的回饋

由表12-4可得知改善的主要功能在生產到行銷階段，創新的主要功能在科學到技術階段，這種差異在東西方社會和教育文化傳統上也可以看到。如西方的教育制度強調創造力和個人獨創性，而日本的教育制度則強調和諧與集體意識。

一套完整的改善活動，依複雜度與層次之不同可以區分為三個部分：管理導向的改善、團體導向的改善、個人導向的改善。推行改善的活動必須由上而下，而改善建議的提出則必須由下而上，因為基層員工最瞭解問題，也最有資格提出具體的建議。換言之， 推行改善活動需要由上而下，也需要由下而上兩種方向努力。

三、如何改善減少浪費

豐田的大野耐一所設計的豐田式生產制度，這個制度具備兩個基本特色：即「即時生產作業觀念」與「自動化」。顧客的品質要求經轉化而成工程要求與生產要求，他歸納出生產過程中可能產生的七種浪費如下：

1.產量過剩。
2.機器待命時間過長。
3.搬運上的浪費。
4.加工上的浪費。
5.存貨上的浪費。
6.動作的浪費。
7.瑕疵品所造成的浪費。

所有改善的活動都有一個共同的特徵，那就是先獲得公司員工的支持，重視過程就是重視努力。因此管理人員應該建立一個能夠獎勵員工努力工作的管理制度。高階管理改善在設計方法的運用，基層人員改善在分析方法的運用，這些還需要管理人員不斷地改善勞資關係。

1.強調員工的教育訓練。
2.培養員工的非正式領袖。
3.推行諸如品管圈等小團體活動。

4.支持與承認員工有關改善活動的努力。

5.設法讓工作現場成為員工賴以追求生活目標的地方。

6.讓員工的社交生活與工作現場相結合。

7.訓練領班與作業人員的溝通能力，讓領班與作業人員打成一片。

8.維持工作現場的工作紀律。

經由不斷的改善，它可以為企業帶來下列的成果：

1.員工能更快掌握問題的重點。

2.讓大家更重視規劃活動。

3.鼓勵過程導向的思考方式。

4.每個人都能以解決重要問題為理念。

5.每個人都能參與新制度的建立。

改善並不適合於用來取代創新，也不會阻礙創新的進行，因為兩者實際上是互補的。理想的情況是改善的盡頭蹦出創新，創新之後隨即進行改善。創新與改善是進步過程中不可分割的一體兩面，改善會提高現狀的附加價值，但無法徹底改變現狀。因此當改善的邊際價值低落的時候，便該向創新挑戰，企業主管的職責就是永遠改善，不忘創新。

日本在企業各階層全面品質管制運動的改善重心，有下列八項：

1.品質的確保。

2.成本的降低。

3.產品目標的達成。

4.定期目標的達成。

5.安全。

6.新產品的發展。

7.生產力改善。

8.供應商的管理。

最近，進一步的品質管制包含行銷、銷售、服務作業，甚至牽連到組織層級架構、跨單位管理、企業政策的制定，以及品質發展等活動都包含在內。企業在向前邁進的同時，必須能夠瞭解到，持續不斷的改善，就能夠造就企業強大的競爭力，這是企業前往成功的必經之路。

第十三章
企業爭取消費者認同

第一節　企業組織文化

　　企業經營目標、良善的管理制度、各個功能單位的發揮皆是由人去執行，因此「人」是最基本，也是企業得以生存的最基本要素。所以談企業要如何爭取消費者認同的前提，就是要先把人力資源管理好，有了優秀的人力資源，企業才有希望，但人卻是最難管理的。因此，人力資源管理的各項管理機制，例如，領導、溝通、協調就顯得相當重要，溝通不良，一切免談。

　　服務業提昇服務的起點，就是先要從組織層面著手，其次要培養服務人員的服務理念，當然在設備與資訊傳遞的考量上，亦不可偏廢。也就是說需從組織服務、薪資服務、傳遞服務、設施服務、人員服務、資訊服務等全方位思考。其中公司對服務的基本思惟及全體員工對工作的態度，其差別在於系統設計是基於公司的效率，還是顧客的需求。設定服務判斷標準的根本是要讓員工以服務為目的，當然這個目標難度很高，若真能做到，則企業便能產生異於其他同業存在的差異化優勢。企業的目的在營利，亦即經營的目的是在爭取消費者認同。面對競爭的環境，且消費者的選擇愈趨多樣化，企業要在眾多競爭對手中脫穎而出，超越同業，必須加倍努力於爭取消費者認同。如何提昇服務的競爭力，則不外乎要在企業組織架構、企業文化以及核心能力上下功夫。

一、薪資與福利

　　許多研究文獻都明顯指出，企業要有競爭力，其所提供的薪資結構也要有競爭力。企業若要提供優異的服務，則必須有優異的服務人員；要招募到好的服務人員，企業必須提供吸引人的薪資與福利。然而，薪資與福利對於企業，又是一項「經常門」的沉重消耗負擔，在想要吸引優異的員工加入團隊，又希望減輕企業的負擔，是企業面臨兩難的局面。眾所周知，薪資的多寡與福利的好壞，是激勵員工工作意願的重要因素之一，員工普遍都願意為薪資較高、福利較好的企業效力。

二、服務性的企業文化

（一）服務之環境氣氛

　　工作地點的遠近、工作環境的舒適或危險程度、工作夥伴的互動情形與工作團隊默契，這些服務環境氣氛的好壞，會影響服務品質的優劣。

（二）服務設計一致性

　　企業組織架構、管理層級和服務流程表現在服務系統上若呈現不一致性，也就是「海豚式」的服務（註）。這不但會影響提供服務時

的速度與廣度，也容易造成消費者的混淆和負面印象。

註：「海豚式服務」是將服務比擬成海豚游泳時的姿勢，忽高忽低、忽上忽下；若服務人員提供的服務品質也如同海豚一樣，忽好忽壞，沒有一致性，這樣的服務是有瑕疵的服務。

（三）工作時段

服務業的工作性質不同於一般企業，尤其在周日、假日、清晨或與深夜，其他行業大都在休息或休假的狀態，服務人員才開始要工作或仍然正在工作。因此，工作時段的安排妥當與否，對服務人員的家庭生活深具影響，尤其是已婚員工的衝擊更大。所以工作時段會影響員工工作的績效是絕對的。

三、人力資源因素

（一）服務人員本身

1. 有無調整對服務的認知：對組織的承諾、企業文化的體認、服務人員的自我工作認知程度，都會造成服務人員對服務認知的增強或減弱。
2. 是否具備服務的意願：服務人員的專業訓練、人格特質以及工作意願和熱忱，直接影響服務過程的品質好壞，也是顧客對企業滿意度最重要的守門者。

（二）專業訓練

知識日新月異，服務專業訓練以及服務觀念訓練，也要配合時空環境改變作持續性的調整。設備是提供服務的要件之一，其汰舊換新的速度、操作的精密性及複雜程度，也使得服務人員需要較佳的專業知識配合。

（三）服務年資

服務年資的長短通常代表服務經驗的多寡，這對服務業來說相當重要：由於處理消費者抱怨的經驗及對消費者心理的掌握，工作年資產生的經驗累積會是一項服務的相對優勢。同時，對於後進的教導、服務的年資的長短，也是經驗的深淺表示。

（四）個人情境因素

人是感情的動物，在工作前、工作中或工作後，親人、情人、好友或長官對服務的不當介入，會影響服務人員的心理而發生不一致的服務。尤其在服務人員的年齡不長，服務年資不長，工作心理尚未調適良好，個人身心發展未能取得平衡，就要面臨複雜的人際關係困擾，對服務品質是會造成負面的效應。由於個人的不確定性因素很多，其中為了個人的生涯規劃，對目前的工作也會採取一種個人認為最適當的因應。

（五）主管領導因素

　　服務單位的主管對服務理念的堅持與服務品質的要求，會影響到服務人員積極投入或消極應對，進而對服務品質產生影響。同時服務單位主管的人格特質及對服務團隊的領導方式，也是造成服務品質的優劣因素之一。

四、服務的資訊系統

（一）資訊服務的及時性

　　在追求速度的時代裡，消費者對希望能夠迅速得到正確的服務訊息，有著愈來愈嚴苛的標準與要求，同時對於設施的保養維護要有快速的行動力，對於資訊詢問的回應，要求的是及時性，這些都是現代消費者的特性。當我們上網站去搜尋資訊時，若畫面遲遲不能出現，消費者可能會立即改變網站，這就是網站不能及時提供資訊服務所致。

（二）資訊服務的正確性

　　業者在提供資訊服務時，要在第一時間內將事情做對，除了要注意提供服務的時效性外，還要追求資訊的正確性，所以業者的資訊要能隨時更新，以方便消費者獲得。航空公司調整航線票價，但是，消費者來電或上網詢問票價時，服務人員或網頁仍然告知消費者舊的價錢，這種不正確的資訊，會產生不良的後果。

（三）資訊服務的多樣性

　　現代企業在提供顧客資訊時，會被要求資訊的多樣性，以滿足顧客對資訊的大量需求，以往單一性的資訊系統，已經被多功能的資訊服務所取代。亦即在資訊的取得上，消費者不但要資訊的深度，也要資訊的廣度。航空公司在接受旅客訂位的同時，附帶的會提供旅客外出需要的租車、旅館、旅遊等相關資訊，對消費者而言，資訊多樣性會增加企業獲利的可能。

五、提供服務的地點

（一）服務地點數目的增加或更改

　　服務地點的增加，代表後勤補給系統擴大，由於通路延長，相對的會使優異服務的難度增加。服務地點的變動，代表服務的不穩定性增加。地點的變更若是由於業者本身的因素，例如，房租到期，或是擴大營業範圍，或是結束營業；如此的動作不但會使服務人員需要花更多的時間與精力來熟悉新的環境與工作流程，因而降低提供消費者服務的時間，使服務品質趨於不穩定；而且會強迫消費者調整慣性思考的習性，增加消費者消費時的資訊搜尋時間。若因消費需付出較以往經驗更多的代價，容易使消費者心生不滿。

（二）服務地點的便利性

　　提供消費者服務地點的方便性，不但可以增加企業獲利，更可以

讓消費者滿意。例如，麥當勞餐廳無條件提供消費者使用洗手間，雖然對業者的立即收益毫無助益，但是由於消費者感受到業者的社會公益形象，會對其品牌產生好感，若有類似機會選擇消費，麥當勞一定是他們的第一選擇。三角窗的服務場所，對於開車族來說，一來停車方便，二來容易辨認，提供消費者服務較快速。

六、服務的設備與價格

（一）服務設備的更新

除非是歷史古蹟或有紀念價值的設備，隨著科技的不斷發明，提供服務的場所或設備的適時更新，會使服務的效率與品質向上提昇。消費者喜好新完成的旅館，選擇新購進的機型，採用全新的車種，研發容量更大的光纖電纜線路，換裝接收更快速的寬頻網路，無非是要消費者享受更新式的設備。

（二）服務時有形商品之品質或數量的改良或增加

服務業者提供服務的內容，包含有形的物質品質與無形的專業精神：在有形物質方面，數量的增加或品質的改良，均會使整體服務得到較好的評價。購買速食餐廳的超值全餐時，會另贈送半餐或咖啡等相關物質回饋，購買經濟艙機票可以升等至商務艙，這些將原先較為量少或者較為次級的有形商品，提昇到較為量多或者較為高級的商品上，對消費者略施小惠以滿足消費者超越預期的需求。

（三）服務或有形商品之價格

　　商品的價格的高低，始終都是消費者關注最主要的對象，誰能提供價格上較具競爭力的產品，誰就能搶得市場先機。在目前低成長、高失業的商業社會，「價格破壞」已經成為市場主流，開發物美價廉的平價商品一定能受到消費者歡迎。美國911事件以後，企業經營更是雪上加霜，若想在商品獲利上有所斬獲，則服務的力道必須更加強。

　　將上述業者爭取消費者認同的主觀及客觀因素，以表13-1示之。

表13-1　服務人員（業者）爭取消費者認同的主客觀因素

消費者	服務人員　（業者）	
改變對服務人員（業者）態度的因素	薪資與福利	1. 服務的環境氣氛。 2. 工作時段。 3. 服務一致性。
	服務性的組織與文化	
	人力資源因素	1.服務人員本身。 2.專業訓練。 3.服務年資。 4.個人情境因素。 5.主管領導因素。
	服務的資訊系統	1.資訊服務的及時性。 2.資訊服務的正確性。 3.資訊服務的多樣性。
	提供服務的地點	1.服務地點數目的增加或更改。 2.服務地點的便利性。
	服務的設備與價格	1.服務設備之更新。 2.服務有形商品之品質、數量的改良或增加。 3.服務或商品之價格。

第二節 人力資源管理

現代行銷中有所謂的個人形象（personal image, PI），其內容包含視覺形象、行為形象與內在形象三個層面。人的儀態、打扮等視覺形象是屬於第一印象；談吐溝通、應對進退與舉止禮節等行為形象稱為第二印象；第三種則是需要較長的時間才能培養出的內在形象，也就是一個人的內涵、操守與處事為人的風格，所以服務業對個人的人格特質需求較其他行業更為強調。

一、實際型及理論型

服務人員是一個比較「實際型」的人，而不是「理論型」的人；意思是說前者比較注重短期、狹隘的利益，後者著重長期、廣大的利益。「實際型」的人，較沒有延後的能力，他需要快速的成功和勝利。對他來說，「現在」指的是接下來的數秒鐘、數分鐘或數小時；但是對於「理論型」的人來說，他的「現在」則可能延長至數年的時間。所謂系統性思考方式，並非單向的因果鏈，而是由中心向外擴散的無數個同心圓，或是由數個綜合體所組合而成。理論型的人比較能意識到長期而遠距離的後果，但是實際型的人則無法做到這一點。從另一個觀點來看，實際型的人或業務員，思考方式比較具體而非抽象，他總是專注眼前發生的事情，被看得見、摸得到、聞得到的東西

所吸引，對於看不見未來可能發生的事情，就不太能產生興趣（Maslow, 李美華、吳凱琳譯，1999）。企業經營有近程、中程和長程目標，對於各階段目標的推動，是要按照規劃循序漸進，階段性的目標有時會和企業內的員工個人生涯規劃相衝突。現今的經濟不景氣，企業為求生存，大力提倡學習型組織架構，但是根據研究報告，70%-80%的學習性組織計畫最終都以失敗收場，就能瞭解到企業員工忠誠度日漸低落的今天，員工與企業如何進行合作共創未來，是留待我們進一步思考的議題。

服務業基本操作就是服務顧客，過程中包含了技術的結果和處理服務事務的人際手腕。通常服務分前場服務和後場服務，雙方最終服務的對象都是顧客，但是與顧客接觸最為頻繁的還是前場服務人員。

二、人力資源管理因素

他們的服務品質優劣，幾乎決定企業成敗的命運。因此下列五項因素對企業在維持第一線服務人員專業素質而言，極為重要。

（一）選擇服務人員

在「人際接觸」的服務業中，面對顧客的前場服務員工，通常是最直接與持續的影響到顧客對企業服務的觀感與品質的認知。對前場服務人員來說，必須具備某些人格特質，例如，親切、微笑、主動、敏捷和關懷，這些人格特質雖然是與生俱來的，但是經過後天的訓練亦可以造就出優秀的服務人員。因此確認職位所需的人格特質，才能

錄用到適當的人員。例如，聯邦快遞公司（Federal Express）在甄選人員時使用科學的方法來辨識其人格特質與優劣，藉此成功的編製了從業人員資料庫。服務人員的天敵就是「情緒」，這也是人類的通病，是無法完全避免的；而服務人員最起碼要有「不要將情緒帶入工作職場」的認知才對。

（二）員工的訓練

訓練是相當重要的，服務業中具有良好品質的公司，都會提撥1%-5%的工時訓練員工，訓練的內容視工作的需要而定，通常是強調產品與服務的專業知識。此外，如顧客抱怨處理以及會員服務等，都是朝服務的品質一致性方向努力，以求最高的顧客滿意。但是，目前的企業經營環境困難，為了降低企業營運成本，員工的訓練逐漸有「外包」（outsourcing）的趨勢。

（三）授權員工

授權是在訓練之後，員工進入服務的場所工作時成敗的關鍵因素之一，包含給予前場服務人員權限的廣度與深度，授權意味著信任並鼓勵員工去處理不正常的服務事項，使得員工能夠信心的即時採取必要的行動，以便立即滿足眼前顧客的需求。企業內經驗傳承制度是很重要的資產，資深的員工將經驗傳授給資淺的員工，好讓新進員工可以早日得心應手，獨當一面。反之，資深員工也可能會將不好的經驗傳授給新進人員，這會對企業造成殺傷力，不可不慎。很多時候資淺員工正面積極的經驗沒學好，投機取巧的負面經驗卻照單全收，主管在授權基層管理的時候，需留意經驗的負面傳承。

（四）團隊合作

成功的企業，除了有品質優良的個人，同時也有總體競爭力強的團隊。個人的能力與知識畢竟有限，面對競爭激烈、資訊爆炸的服務業，默契良好的合作團隊能夠及時有效的幫助個人提昇能力，讓服務進一步發揮，彌補個人有限的精力與知識，全面提昇團隊戰鬥力，對企業形象具有積極正面的效果。

（五）投資員工個人需求的進修

企業投資在員工教育訓練上的費用，回饋到公司的經營服務上是理所當然的，這對服務品質的提昇有相當程度的助益。但是眼見目前社會上許多企業由於漸漸失去競爭力，裁員、關廠時有所聞。當此種情況發生時，看在員工眼裡，會感受到即便對組織再忠誠，當大環境不利於企業發展的時候，企業為求生存，個人也有可能遭到裁員的命運，被企業犧牲掉。危機意識會引發員工強烈的自利行為，這是為什麼企業高唱學習型組織，但最後多流於失敗的主因之一。

以往企業對於員工個人需求的學習，往往認為那是對企業毫無助益的個人行為，不值得企業鼓勵。時至今日的知識經濟，企業競爭的最後一道防線就是要加強企業員工的知識資本。過去認為員工個人進修對組織發展會造成傷害的論調，必須從新檢視，否則，光是企業裁員、組織精簡，一旦遇到景氣上揚的時候，企業會發生內部可用之兵有限的窘境。我們常聽到：「沒有快樂的員工，就沒有快樂的顧客。」同樣我們亦可引伸出：「企業沒有成就員工，員工一定不會成就企業。」企業在蓄積企業人力資本，增加企業競爭力的時喉，必須假設

員工所習的知識對企業的經營都具有正面意義。當然如果能夠規劃出與企業競爭力有關的學習方向，由員工自行挑選學習，對企業競爭力一定有乘數效果。同時由於這是員工個人自動自發的學習，其學習動機與學習意願，相較於企業刻意要求員工學習，要來得積極且強烈。

　　基於成本考量，企業的短期專業訓練若能配合長期的基礎教育，也就是短期訓練經費由企業負責，長期教育經費由員工個人負責，以培養未來長期競爭的人力資本，一旦經濟不景氣，競爭激烈的市場出現，這些曾經投資員工個人進修的企業必定能夠衝破逆境，遙遙領先。

第五篇

顧客服務篇

　　本篇共分為三章,分別為第十四章顧客滿意與員工滿意;第十五章顧客抱怨與顧客不抱怨;第十六章品牌忠誠與企業獲利。

第十四章
顧客滿意與員工滿意

第一節　顧客滿意

一、顧客滿意與口碑

顧客滿意（Customer Satisfaction, CS）的行銷定義：「由企畫、開發、設計、生產、銷售、服務、品質保證部門等構成跨功能小組，基於顧客滿意的觀點，掌握乃至於因應顧客、市場的共創活動。」由於服務品質的控制與操作，需要許多環境條件的配合，而或是由於服務人員本身的服務不周，或是服務設備的條件不足，致使服務招致顧客抱怨的機會，在所難免。完美的服務包含硬體服務設施、軟體服務觀念，外加積極的顧客抱怨處理態度，就可以達到最高的顧客滿意，進而使顧客對企業產生品牌忠誠（佐藤公久，1992）。

依佐藤知恭從消費者心理學推演古特曼（Goodman）有關處理顧客抱怨的三項要點：

1. 顧客對企業提供的服務抱怨，經申訴反映能得到立即圓滿的解決，比雖對服務有抱怨但卻放在心裡不說的顧（旅）客，再次購買服務的意願要高出許多。
2. 對服務人員處理顧客抱怨後，仍然表示不滿的顧客，其對企業潛在殺傷力是對抱怨處理感到滿意顧客的二倍，這對企業形象產生負面作用。

3.因企業與顧客之間的良性互動關係，使顧客對企業的信賴增加，經由口碑的擴散，會增強顧客再次購買意願，對企業擴大市場有益。

所以，服務品質是由顧客的認知來決定。顧客是由使用過服務產品的整體感受，經過比較來決定其對企業服務的滿意程度（劉常永，1991）。有關服務品質的上游規劃設計、中游訓練演練、下游的實際操作，其目的便是要達成服務的最終目標—「顧客滿意」。惟有使顧客滿意的程度提高，顧客再次光臨消費的意願才會增強。如此一來，除了社會形象良好、增強企業的對外競爭力外，亦能大幅提高企業獲利的能力，達到企業永續經營的境界。

美國最先採取「可換貨、可退錢」政策的是Nordstorm百貨公司：該連鎖百貨在1980年代初期，即推出「不發問、免爭論」（Without any Hassel）的退貨政策，也就是百分之百無條件讓顧客換貨或退錢。此一政策推出後，該百貨連鎖在全美各地的市場占有率在一年之內，由12%徒增至18%，其他百貨業也不得不採取同樣的措施。如今「可換貨、可退錢」、「不發問、免爭論」，已經成為普遍的交易法則（張永誠，1999）。通常消費者蒐集資訊從兩方面：

1.內部資訊：記憶、經驗或相關消費知識。
2.外部資訊：個人來源（口碑）、商業來源（廣告）及公共來源（報導）（Elam著、王坤譯，1998）。

不論是到王品牛排打牙祭，還是到寶島眼鏡換一副老花眼鏡；不論是到西雅圖咖啡或是誠品書局看書吹冷氣，不論連鎖業提供的商品

是自家的還是代銷的，不論具有獨家特色或具有高替代性，顧客上門往往為的就是那一套餐、那一副眼鏡、那一杯咖啡、看那一本書的氣氛。對顧客而言，需不需要，就看對這些商品當時的執著有多高。只要一些客觀因素出現，如消費力降低，替代品因價格或品質及其他原因而竄起、消費情境因客觀因素跟著轉化等，都將使業者和顧客賴以維繫關係的商品遭到顧客三振。

「口碑」（word-of-mouth）是草根行銷中最普遍的一種產品宣傳方式，經營口碑被視為所有行銷宣傳當中最具份量的一種。（Upshaw, 吳玟琪譯，2000）對口頭溝通或人際行為中，最容易影響消費者的因素包含：產品特性、人際導向、績效導向、新生活經驗、預期社會化、智力。星巴克咖啡（Starbucks）的口碑為其帶來兩億美金以上的商機；北歐航空（Scandinavia）的口碑，使得其業績反敗為勝；NIKE球鞋在1989年時仍落後於愛迪達（Adidas）球鞋，排名世界第二；不過，如今已成為全世界體育項目的運動員贊助各項商業行銷的模式，這也是口碑的效果。蔡瑞宇（1996）認為口頭溝通訊息中有三分之一以上是負面訊息，往往也是最受到顧客重視的。這種負面的溝通對潛在的顧客殺傷力很大，可能會使一項產品或一家企業失敗。大部分顧客對於負面訊息的重視程度高於正面訊息，尤其在購買他們以前沒有經驗的產品時，花費更多的注意力在這種資訊上面。

例如，一家全球連鎖的速食商家，該家的商品相較於一些本土速食連鎖的食品品質不甚可口，但是顧客還是一窩蜂的往那裡跑。因為對他們來說，那裡已經不是一家速食餐廳，更是約會碰面的地點、慰勞小孩的場所、K書的去處，甚至是緊急「方便」的場所。同樣的，一家最知名的便利超商，其商品價格絕對較其他同業為高，但是還是

吸引了很多顧客上門。這是因為顧客對他們的商品有信心，不怕買到過期貨或瑕疵品。

二、顧客服務階梯

　　激勵（motivation）是行為的理由，動機則是代表一個不能觀察的個人內部力量，它能促使該行為發生，並提供此一反應明確的方向。就像大多數消費者的行為因素一樣，我們無法看到動機，我們只能從一個人的行為當中，去推測其動機的存在。

　　消費者對於購買服務的商品，某種程度上，是基於生理的需求（滿足飢餓）或是安全的需求（為防備騷擾、快速到達），此外尚有被他人認同的企圖（提高身分）。當然每一項購買動機都不一致，因此，我們瞭解動機在某個情境下會引領行為；而在另一種情境中又可能會產生不同的行為。

　　成長動機（growth motivation）論者認為人若能滿足基本需要，才會進一步追求更高層的需要。上述說法也可以用習慣來說明：我們不能說一個服務不佳的員工，其服務不佳的原因是他有服務不佳的習慣，應該說他學習到以紊亂的方法來服務顧客。顧客服務階梯如表14-1所示。

表14-1　顧客服務階梯

	客戶是…	向誰說？	介紹？	再次購買？
頂階	忠誠的	告訴大家	自動介紹大家給你	總是會回來向你購買
中階	非常滿意的	告訴幾個人	介紹一些客戶給你	有時候會回來向你購買
最底層	滿意的	被問起時，也許會說	有人開口說話，也許會介紹	如果方便的話，也許會購買
地下層	可被接受的最低限度			
地下一階	無動於衷	不向任何人說	大概不會吧	也許會，也許不會
警鈴階	不悅	至少向10個人說	肯定不會介紹客戶給你	數年後，也許吧
錯誤階	做錯事	至少向25個人說	鐵定不會介紹半個客戶給你	除非被迫
笨蛋階	生氣	告訴任何想聽的人	你開什麼玩笑	絕不可能，除非太陽從西邊出來
糟糕透頂	告狀	向全世界張揚	p 可以跟任何人訴說	即使對太空計畫有助益，也不會向你購買

資料來源：修改至Jeffery H. Gitomer, *Customer Satisfaction Is Worthless, Customer Loyalty Is Priceless.*, Brad Press. 何心瑜譯，1998，商周，頁25。

學者提出相當多的激勵理論，而這些激勵理論對企業相當有助益，我們試著用馬斯洛（Maslow）的動機層級，來觀察大多數人類行為的總體理論。

馬斯洛的需求層次（hierarchy of need）理論上是根據以下四個假設前提：

1. 所有的人類由先天的稟賦，以及社會的互動而得到類似的動機組合。
2. 某些動機比其他動機更為基本或需要。
3. 較基本的動機必須在其他動機產生之前，就已先滿足其最低的需求水準。
4. 一旦基本的需求獲得滿足後，更進一步的動機才會產生。

圖14-1描繪的是馬斯洛的需求層級，他將每一層次的需求作了簡要的敘述。馬斯洛的理論對一般行為提供了相當不錯的指引。

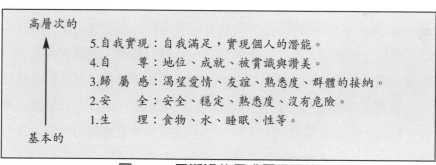

圖14-1 馬斯洛的需求層級理論

圖14-1中，員工若在1、2、3項得到滿足，則對工作不會感到不滿意，因為這是屬於「維持因素」；更進一步，員工若在4、5兩項得

到滿足，才會對工作感到滿意，因為這是屬於「激勵因素」。

　　美國Lexus公司加州分公司總經理Dave Illingworth強調：「滿意度唯一有意義的衡量標準，就是顧客是否會再度光臨。」所謂商品的價值，就是在顧客的各種需求之下，提供顧客有形或無形之相對等的服務；也就是說，這種價值是附屬在商品上的服務。至於什麼是附屬在商品上的價值呢？由於商品不一定是有形的，尤其在服務業的商品，因此服務業的商品價值就是服務品質。以往企業重視的商品硬體價值是品質、機能、價格等，只要物美價廉，顧客就滿意；但時至今日，顧客除要求硬體價值外，還更進一步要求商品能達到軟體價值的設計、操作便利性等，並進而要求銷售後的服務品質。

　　過去組織的功能都是以企業為中心，業務方面的分析及改善，也都是以提高企業的效率、有系統的擴大營業額或強化人的行為管理為主。但是在顧客滿意經營理念中，各種行動的主要目的都是站在對顧客有利的觀點出發，以顧客標準來設定工作目標。構成顧客滿意的環境，需要有三個因素方能達成：商品（直接要素）、服務（直接要素）、企業形象（間接要素）。商品直接要素中包含硬體的操作機能品質、價格，軟體的設計、方便性。服務是屬於軟體，內容包含氣氛、態度、專業和資訊。企業形象包含社會回饋和環境保護等活動。商品加上服務的總體表現，若是使消費者感到滿意，企業的形象就會提昇。反之，商品或服務中的任何一項，使得消費者感覺不滿意，甚至產生抱怨，則一定會損及其企業的形象，如圖14-2所示。

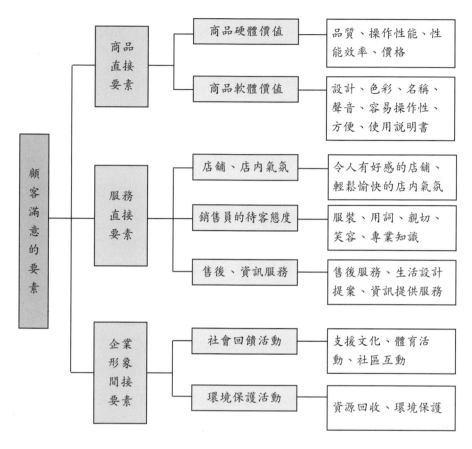

圖14-2　顧客滿意要素圖

三、顧客重視度

　　一般企業在談到服務品質時，一定會談到顧客滿意度，但是光討論顧客滿意度，還是無法完全瞭解顧客的實際需求。這是因為我們忽略了其中還有一個相當重要的觀念，那就是顧客重視度。顧客重視度

與顧客滿意度之間存在有很大的差別，我們必須充分瞭解這兩者的內涵，才能體認服務品質的眞諦。

　　企業挖空心思提供了許多服務與措施，企圖討好顧客，但是這些服務與措施並不一定能夠得到顧客的青睞。例如，一般餐廳提供信奉回教顧客豬肉類的拿手好菜，對回教徒來說，是毫無意義的事情，可能有適得其反的效果。又例如，旅館對商務旅客提供耗費時間的全套全身按摩，原本是一件善意的服務設計，但對某些分秒必爭的生意人來說，占用時間過長，反而會耽誤他與客人洽公的時間，這種服務並不能得到此類顧客的重視。還有航空公司飛機長途飛行，旅客因為生活習慣不同，所以睡眠時間也不定，但是機內的用餐時間卻大致固定；當旅客好不容易睡著了，空中服務人員在用餐時間準備了豐盛的餐點，不經意的將熟睡中的旅客叫醒用餐，此時，餐點對旅客而言，絕對沒有睡眠來得重要，說不定旅客還會大發雷霆一番。企業或服務個人細心安排的服務與設計，將其放在不同的人、不同的場所與不同的時段上，會產生不同的結果，這與服務好壞無關，完全是根據顧客當時的需要而定。因此，在討論顧客滿意度的同時，也要瞭解提供此項服務是否會得到顧客的重視，唯有得到顧客重視的服務才是眞正的好服務。

　　根據行銷顧問Leonard L. Berry近日在史隆管理評論的分析指出，顧客經驗指的是，從顧客一開始的期待，到顧客最後下決定購買，這中間的過程。如果企業能夠掌握過程中的許多線索，提供顧客滿足顧客期望或超越顧客心理需求的服務，就能夠從競手中脫穎而出，這就要強調顧客重視度。企業如何能夠成功的從顧客經驗中找出他們傳送給企業的重要訊息，看看這些訊息或線索，是不是顧客所重

視的。其中包含產品本身、實體商店的外觀，以及員工的服務態度、應對技巧與服裝儀容。艾維斯租車公司（Avis）就是利用顧客的重視度，來改進顧客服務的缺失。1990年初，該公司的顧客服務評比下滑，經過系統的研究與訪談，發展出顧客重視的「解除顧客壓力與焦慮」項目。因為艾維斯發現，在顧客還車的同時，會對是否會趕上搭乘的飛機，感到焦慮，進而產生壓力。為了減輕顧客的焦慮與壓力，艾維斯特別發展了服務人員守候在還車現場，等候租車租期屆滿進場還車，現場利用行動電腦處理顧客還車手續，待顧客將行李從車上卸下時，所有還車手續（包含哩程計算、油料檢查、車況瞭解、租金計算、會員優惠、帳單列印）同時完成。並在還車中心設置飛機班次動態時刻表螢幕，隨時讓顧客瞭解班機動態。此外，更可讓顧客離開租車公司時，可以和自己的公司聯繫，打電話、發傳真，甚至接上個人筆記型電腦網路。就在強調顧客重視度後，該公司從1999年的全美第十二名顧客滿意度，上升到2001年的全美第一名。

第二節　員工滿意

在探討顧客滿意的同時，我們不能忽略一項重要的因素，那就是員工滿意。雖然「要有滿意的員工，才會有滿意的顧客。」這句話已經是老生常談，但是直至今日，企業對如何讓員工滿意的論點，仍然相當分歧。但是本節還是要來探討員工滿意的相關文獻。

以顧客為導向的經營理念的品質方案或計畫需能成功的激勵主要的顧客，包括對員工、顧客、公司所有者等，如圖14-3（Erickson,

1992）。其基本理念以員工、顧客、所有者為核心建構成一個持續的迴路，迴路中的行動與工具，是協助達到激勵效果的目標，包括有效的領導、溝通、管理方式、品質工具與技術、衡量與回饋系統建立等。

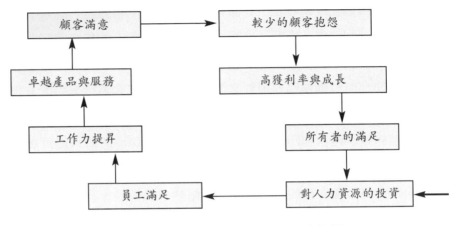

圖14-3　高績效企業運作流程圖

資料來源：Tamara J. Erickson, "Creating the High Performance Business", *Management Review,* July 1992, p. 59.

一、對工作本身的滿意度

彼得聖吉的「學習型組織」中，對於組織如何從以往的思維跳脫出來，採用學習互動的方式，使組織有機化的說明非常透徹；但是「學習型組織」中的組織成員生涯規劃，除了依照組織規劃的步調進行，達到組織預期成長帶動員工的成長外，尚有組織成員各自成長的需求，在「學習型組織」中，組織對於這一方面的回應是否能夠滿足

員工個人的成長需求，也是對工作滿意的一種指標。

在戴明的十四項原則中對人員的管理有許多要求，例如，對人員恐懼心理的消除、員工的教育訓練、去除對員工所設定之工作量目標、對員工堅實的自我成長計畫及管理上對員工所設定的數字性目標。在Black and Porter（1995）實證調查全面品管重要因素的結果，在所列的十項因素中，人員、團隊的管理與溝通便占據其中的三項，足見人力資源在全面品管中角色之重要。

一般企業在人力資源發展中，教育訓練最常被使用。但是教育訓練所設定的目標，應以符合或超越顧客需求為前提，所有的訓練計畫，也應以全面品質管制為中心來發展（Black & Porter, 1995）。此外，對於工作的模糊性也會感到不滿，員工有時不清楚管理階層及顧客的期望所在，因此管理階層應向服務人員詳細說明公司的服務理念及工作要求，同時要將顧客的意見及抱怨定期給服務人員知道，以免因管理模糊造成服務也模糊的現象。

二、對工作場所的滿意度

顧客意識所強調的是企業重視顧客滿意，並確實加以落實的程度。長久以來，顧客意識雖然已經被談論很多，但是大多停留在「坐而言」，而非「起而行」的階段，其實顧客意識的落實，並沒有想像中困難和複雜，它所需的僅是高階主管的決心與堅持，以及對所有人員的觀念改造。高階主管具有舉足輕重的影響力，他們的言行舉止動見觀瞻，對員工的所作所為具有直接而重大的影響。就顧客意識言，包含有兩個層面：

1. 每個人都有責任把自己的顧客照顧好，並努力讓自己的顧客能夠滿意。公司賦予你的責任，就是要為公司照顧前來惠顧的顧客，並使他成為常客，對公司營運會有正面作用。

2. 最終顧客的滿意是所有員工的責任，並非只是前場人員的責任而已。大多數人（包含主管人員）都以為顧客滿意是前場人員的事，是顧客服務部門的事，是業務部門的事，就不是自己的事。但是以顧客來說，任何與他有所接觸的企業員工，都是代表該企業的「服務人員」。因此，企業的任一員工在與顧客接觸時，都有義務提供顧客滿意的服務，絕不能認為本身不是第一線服務人員，就可以忽略顧客的想法。

企業文化究竟為何？根據迪爾（Terrence E. Deal）和甘迺迪（Allan A. Kennedy）所合著的《塑造企業文化》一書中，作者提出企業文化的五大要素：

1. 企業環境：每個公司因產品、競爭者、顧客、技術，以及政府的影響等不同，而在市場上面臨不同的狀況。要想在市場上獲得成功，每個公司必須有某種專長，這種特長因市場的特質而異，在某些市場指的是推銷，某些指的是創新發明或成本管理。換言之，公司營運環境決定這個公司應選擇哪一種特長才能成功，並因而牽動公司的整體企業文化。

2. 價值觀：這是一個組織的基本概念和信念，他們是構成企業文化的核心，價值觀以具體的字眼向員工說明「成功」的定義：「假如我這樣做，我也會成功，因而在公司裡立下了成就標準。」

3.英雄人物：由英雄人物所透露的價值觀，會為其他員工樹立具
　體的楷模，聰明的主管通常直接選擇某些人來扮演英雄角色，
　因為他們深知其他員工會試著效法或超越這些英雄；基本上，
　英雄人物對員工的意義：「只要如此這般，你也可以在此出人
　頭地。」
4.儀式典禮：這是公司日常生活固定的例行活動，主管會利用這
　個機會向員工灌輸公司的信念，並用明顯有力的例子向員工昭
　示其中的宗旨與意義。有強烈企業文化的公司會不厭其煩地告
　訴員工，公司要求員工遵循的一切行為。
5.人際網絡：這雖然不是一個機構中的正式組織，但卻是機構裡
　主要的溝通與傳播樞紐，公司的價值觀和英雄事蹟也都靠這條
　管道來傳播。

　　從企業的五大機能，我們可以推論出，藉由內部行銷的持續努
力，我們的確能夠有效的在組織內部建立起服務文化。曾到Macy's百
貨公司購物的顧客，拿著在Macy's購買卻未經過包裝好的禮物，到
Nordstorm百貨（美國顧客滿意度最好的百貨公司）繼續購物，而
Nordstorm的服務人員主動為其免費包裝，使該顧客感到意外驚喜的
例子；總經理除了私下嘉許該服務員一番外，在公開場合（儀式與典
禮）當眾表揚這位服務令人激賞的員工（價值觀）；因為在競爭激烈
的服務業（企業環境），唯有提供優異的服務，才能令顧客流連忘
返。這樣公開的場合表揚，經過口耳相傳（文化網絡），大家就會明
白公司所重視的是什麼。一旦此類情況不斷重演（內部行銷的持續努
力），相信所有的員工就會逐漸地了然於心，當所有員工都信仰這種
想法時，服務文化就會深植人心了。Sherman and Bohlander（1992）

認爲90年代由於員工成熟度大幅提昇,利用遠景與承諾來領導漸受重視。但是很多時候服務人員會被公司與顧客夾在中間,造成尷尬的場面,這也會使得員工產生不滿。

三、對組織、人事的滿意度

　　服務文化對員工的薰陶與影響是漸進式的,而非躍進式的,因此不能期望所有員工在一夕之間就通通接受服務文化的感召,並在服務行爲上作180度的大轉變,而是希望員工能夠因爲置身在服務文化的大環境裡,在不知不覺中,逐漸受到潛移默化,並將這些影響內化爲自己的行爲規範。Nordstorm的服務文化令它享有極大的競爭優勢,使得該公司的顧客滿意度與忠誠度、企業形象,乃至於營運狀況,都相當爲市場稱道。Macy's也是一家百貨界的百年老店,在與Nordstorm交手幾次後,屢嘗敗績,乃決定全面仿傚Nordstorm,希望將其服務文化原封不動地移植到公司內部。但我們可以看到原本叱吒一時的服務人員,跳槽至Macy's百貨公司後,赫然發現自己沒有辦法像以前那麼神勇,因爲以前在以服務出名的Nordstorm百貨公司時,爲了讓顧客滿意,服務人員有相當大的彈性,而在Macy's,服務人員可以裁量的空間相當有限。因此昔日跳槽的服務英雄,發現自己被綁手綁腳,整個組織氣氛截然不同。

　　就整體服務表現而言,服務人員本身固然重要,企業本身的服務文化,才是最重要的背後原動力;如果缺少良好的服務文化相配合,就算服務人員再厲害,也會因爲整體運作被限制而施展不開。

四、對工作條件的滿意度

招募人才難，留住人才更難。「人在哪裡，抱怨就到哪裡。」是企業內員工的通病。世上難有十全十美的工作環境，因此，要刻意挑剔，實非難事。然而對於企業體而言，卻不能因為這項客觀的事實，而放棄了留住人才的努力。誠如前言，人力資源的重要性已無庸置疑。學者甚至認為，優秀的人才足以成為企業體的主要競爭優勢。因此，企業體必須卯足全力去慰留優秀的人才。更何況，企業歷經了千辛萬苦，好不容易千挑萬選地，終於篩選出適合公司文化的優秀人才，並給予充分的訓練與良好的激勵，使他們得以成為具備獨立作戰的將才，當然要好好珍惜他們，並想盡辦法留住他們，使他們能夠繼續留在組織裡貢獻心力。

有關人才的留存，企業體對於員工的重視與尊重是必備的先決條件，如果缺乏這項要件，則期望能留住人才無異於是緣木求魚，因為這樣的環境根本不適合真正的人才長久生存。這並不是說一定要把人才捧在手心上，百般討好；但是重視他們、尊重他們可說是最起碼的要求，如果連這一點都做不到，其餘的就更不用談了。因為在不被重視與不被尊重的情況下，人才如果不是選擇立即離開，就是等待適當的時機離開；否則人才遲早也會被同化成庸才，甚至淪為麻木不仁的奴才。一旦企業體的人才走的走，離的離，試問企業還有何發展可言？

不同工同酬，通常是員工對組織造成不滿的主要因素之一，「能者多勞」雖是一句玩笑話，但若能幹的人拼命的做，而其他的人則悠

哉悠哉，這對組織來說會造成優秀人才離職的反淘汰現象。組織在設計員工薪資結構的時候，應該充分考量勞逸均衡的問題，否則好不容易招進來的優秀員工，只因工作設計上的疏忽造成優秀人才流失，實在得不償失。

　　強化員工的認同感與歸屬感，以提昇其忠誠度，也是相當重要。在其中，有人以優異的福利措施收攬人心，有人則以建立彼此的互信互賴作為關係經營的基礎。無論如何，如果企業與員工之間的關係不僅僅只是利益的結合，而存在著更深一層的關係，則雙方的關係應該有機會可以較為持久。基於此，許多公司會絞盡腦汁，苦思如何與員工建立可長可久的長遠關係，以期能留住優秀人才。

五、對公司的滿意度

　　「有滿意的員工，才有滿意的顧客。」雖然這樣的邏輯關係有點過於簡化，但這樣的主張至少已經充分展現企業對員工滿意度的重視。員工滿意未必就會形成顧客滿意。但不可否認的，員工滿意程度的確會對顧客滿意程度造成相當程度的影響。意即，員工滿意雖非影響顧客滿意的唯一要素，但卻是重要的因素之一。企業唯有先讓員工感到滿意，員工才有可能真正的「樂在工作」、「樂在服務」。如果員工心存不滿，企業又如何要求他們要隨時以顧客滿意為念。就算員工基於種種因素，能強壓住心中的不滿，在顧客面前強顏歡笑。但是，這種違反人類本性的勉強作為，總是難以持久，壓抑的情緒終有爆發的一天。其結果就是讓顧客覺得服務的品質不佳，以致於企業未能真正討得顧客的歡心，這終究不是長久之計。

學者指出，不滿意的員工可能成為隱藏在公司內部的「恐怖分子」，身上藏滿了不定時的情緒炸彈，不知會在何時、何地、對何人何事爆發開來，這種破壞力是相當可怕的。更可怕的是，當這些隱藏在公司內部的「恐怖分子」，穿上公司制服，掛上公司名牌時，他們就正式以「企業代表」的身分出現在顧客面前。不知情的顧客，就以他們的言行舉止與服務作為當作判斷企業體好壞的主要依據。這意謂著，顧客將從一群對公司心懷不滿的員工身上，得到對企業體的負面印象。對企業體而言，這實在是一個很可怕的惡夢。因此，企業體一定要想辦法避免這種危險的情況發生。事實上，經營卓越的企業體深信員工關係會反映在顧客關係上，以激發員工良好的服務績效。此外，管理當局也會定期地調查員工的工作滿意度的數據，以作為提昇員工滿意度的參考依據。

　　員工滿意的影響範圍並不止於顧客滿意，員工如果不滿意，除了會造成服務品質低落與顧客不滿意的現象外，還會導致整體工作效率的低落、營業額下滑、公司形象與口碑受損，以及員工對公司的忠誠度與認同感日益下滑的嚴重後果；隨著員工對公司的歸屬感逐漸淡薄，最後可能會選擇離開，造成公司之前投入人員身上的訓練費用，人事管理成本等大增。有時企業因要省錢而僱用了學非所用的員工或是因為員工調度的關係，採用了所用非所學的員工，都是企業需要注意的地方。

第十五章
顧客抱怨與顧客不抱怨

第一節　顧客抱怨

一、服務失誤

　　根據Bitner, Boom and Tetrearlt（1990）的研究指出，顧客感覺服務失誤的原因，是歸咎於企業而且極有可能再度發生時，其對企業之不滿意程度容易上升。例如，員工對顧客的解釋、提供補償、實體環境等，會影響顧客對服務失誤原因的歸屬。

1. 當服務失誤發生時，顧客若感覺此失誤是企業可控制的話，其不滿意程度會提高。
2. 當服務失誤發生時，若顧客感覺這種失誤很可能再度發生的話，則會感到更不滿意。
3. 若員工對於服務失誤提出解釋時，顧客較不會將失誤的原因完全歸咎於企業。
4. 顧客將服務失誤歸咎於企業可否控制的心態，會受到企業對於服務失誤是否能提供補償所影響。

　　Bitner, Boom and Tetrearlt（1990）認為服務失誤可能發生在許多方面，例如，顧客要求的服務無法提供、服務因某緣故延遲或核心服務低於可被接受的程度。顧客面對服務疏失的最初反應可能產生些許

失望或生氣，但公司若無法解決服務疏失所造成的問題，顧客的反應會比之前更為強烈。

Boulding et al.（1993）也指出服務疏失有幾個向量要被考慮，例如，時間、嚴重程度及發生頻率。若服務疏失發生在顧客與公司接觸的早期，將會讓顧客對該公司的整體評價更低，因為顧客只有很少的成功服務經驗。由於服務有異質的特性，不同的顧客即使惠顧同樣的公司，將會經歷不同的服務疏失及補救措施。

二、顧客不滿意

你永遠不能將顧客的惠顧視為當然，這項真理被許多人所忽略。基於對它的認知，你將不會提供顧客任何人情味的服務。在失去生意機會的例子中，80%並非基於品質不良，而是未能持續投注心力在維持與建立顧客滿意上。這顯示出顧客似乎不完全會在意提供服務的好或壞，而是在乎服務時雙方互動的微妙感覺。由「美國品管協會」（American Society for Quality Control）所主辦，每年所做的調查追蹤顧客滿意度。調查中檢視顧客對33種產業，300家大企業的態度發現：從1994年第一次調查到1997年間，顧客滿意指數下降了5.1%，降幅最大的就是服務和交通。滿意的顧客平均只有71%，另外29%的顧客則隨時會跳槽（On Q, 1997）。27個不滿的顧客中，只有一個會向企業提出抱怨，另外26個並不會向你宣洩，這26個心存不滿的顧客，平均每個人會告訴22個人，甚至13%以上的心生不滿顧客會告訴22個人以上，顧客這種行動傾向會導致該企業從市場上消失（Levinson著，蕭富峰譯，1992）。

國內某家外商航空公司一架原定從越南胡志明市飛往高雄小港機場的班機，因為無故停飛，機上所有旅客，在行程被耽誤十多個小時，旅客回到高雄抗議說：「班機無故停飛，該航空公司沒有做任何說明，甚至食物和飲水都沒有充分供應。」旅客對服務品質的不滿意，肇因於企業工作績效的失敗，服務業的經理人要致力於將那些會導致不滿意的屬性維持在最低的預期水準上，而對那些能引導出滿意屬性的，則企圖將其達到最大的績效表現上。圖15-1表示出消費者對產品不滿意可能採取的行動，若消費者不採取行動，就表示他可能要

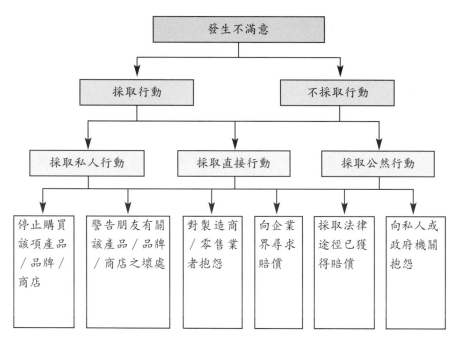

圖15-1　顧客不滿意運作圖

資料來源：Adapted from J. Singh, "Consumer Complaint Intentions and Behavior." *Journal of Marketing,* January, 1988, pp. 93-107.

忍耐他的不滿意或將其不滿意合理化，他之所以不採取行動的主因是
採取行動是必要花費時間與精力，而這樣做可能會使其付出的時間、
精力超過認知價值，但即使沒有採取任何行動，該消費者對這家商店
或品牌的態度也可能會不若以往。

　　當人們獲得需求滿足後，就會產生其他的需求，因為人們不斷的
追求幸福，得到之後，也許會獲得短暫的滿足，但是久而久之習慣之
後，就會逐漸淡忘，開始尋求更高的滿足。針對上述人類對需求滿足
的一般弱點，企業在提供產品與服務時，似乎應牢記顧客是非常健忘
的。為反映其不滿而採取的行動可能是以私下的方式進行，例如，警
告朋友、轉換商店及品牌或產品。消費者也可能會採取直接的行動，
包括對業界抱怨或要求退費、替換。最後消費者可能會採取公開的行
動，諸如向消費者保護協會抱怨或透過法庭申訴請求賠償。研究顯示
3%的消費者會向製造商抱怨，5%的消費者會向零售商抱怨，35%的
消費者會將該商品退回，58%的消費者不會採取任何行動。

三、顧客抱怨

　　服務業的服務，由於硬體設施搭配的品質出現瑕疵，會造成顧客
的不停抱怨，下列舉數個典型的例子：

1.旅館房間冷氣風扇發出的微弱噪音，使得房客睡覺不得安寧。
2.汽車裝配員組裝時的疏忽，使得新車車輪發生雜音，影響駕駛
　開車心情。
3.新買的紙杯喝水時底部會漏水，新燈泡一試用就燒掉了。

4.知名品牌的掌上型計算機,顯現不出螢幕,或螢幕數字出現斷裂現象。

　　某大飯店每天約有二千通電話進出,根據調查顯示,一般顧客在電話鈴聲響五聲之後還沒有人接聽,便會有不耐煩的感覺,並且不會再打電話進來。反之,若能在兩聲之後立即有人接聽,則會給顧客愉快的接納感,讓他們有興趣繼續再用電話接洽公事。圖15-2為顧客久候電話的因果圖,最終使得顧客等候電話的時間縮短了。

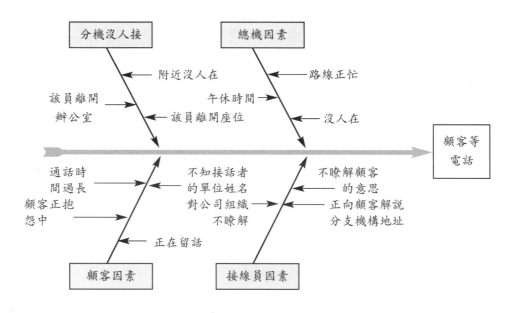

圖15-2　顧客等候電話因果圖

完美的服務會使顧客滿意，這是每一家企業或者是個人夢寐以求的事情。但是服務業的特性之一就是「異質性」；同樣的人，在星期一和星期五的工作表現，會因為他個人的生理條件、心理狀態不同，而有不一樣的服務狀態；一家企業，上個月與這個月，因為組織改變，或是負責人職務調整，而有了新的作風，這種新作風反映到現場服務，消費者也許會有不同的評價。基於服務的總總不確定因素使然，服務所造成的顧客抱怨在所難免。令顧客抱怨的原因不勝枚舉，現舉出下列各項可能的原因：

1.專業領域的傲慢。

2.公司工作程序的理由。

3.公司其他單位的錯誤所致。

4.設備不一致的保養。

5.環境的影響。

6.工作人員的經驗不足。

7.工作人員的情緒起伏。

8.工作人員的表達能力。

9.工作人員的肢體語言。

10.負責人的管理方式。

11.顧客的嫁禍。

12.社會風氣的感染。

四、抱怨反應

　　顧客對服務的品質感到不滿意，直接會影響到後續行為就是顧客報怨，抱怨行為可被解釋為顧客對於不滿意的購買經驗，所可能採取的反應（Singh, 1998; Richins, 1983）。學者Andreasen認為當顧客感覺對服務的品質感到滿意時，效果可能是直接的；但是若感覺到不滿意時，結果就可能不確定。消費者對服務的品質「起初的」滿意或不滿意，是根據他們的期望來評估產品或服務的績效；而「最終的」滿意或不滿意，卻是從向公司抱怨後的結果與公司解決抱怨的方式和手段來判別。通常抱怨的選擇包括五種：

1. 言語直接反應 （voice responses）：直接向業者表達個人的不滿。
2. 尋求補償（compensation responses）：如退款、交換、修理或道歉。
3. 私下抱怨做負面宣傳（private responses）：告訴他人有關自己曾經歷過的不滿意之購買經驗。
4. 不再購買（never return responses）：不再向該企業購買。
5. 與第三團體接觸（third party responses）：如向消基會申訴、寫信到報社、採取法律行動，也可能同時採取兩種以上的行動（Blogett, Hill & Tax, 1997）。

　　若抱怨的問題不涉及金錢賠償時，消費者對於業者在處理抱怨事件的反應時間快慢，會直接衝擊顧客滿意或不滿意，更會影響顧客未

來是否再度消費的意願。在圖15-3模型中，消費者在不滿意的情形下開啓了顧客的抱怨反應（consumer complain response, CCR）流程。在流程中，消費者經過內心複雜的決策過程回應抱怨，產生抱怨反應動機及對業者處理抱怨的心理期待；當消費者抱怨訴求傳達到業者後，經由業者的抱怨解決機制處理抱怨後，將結果反應給抱怨者，這時抱怨者會將對方傳來的結果（P）與消費者對處理抱怨的心理期待（N）作比較，若P＞N時，消費者會改變其原先不滿的態度成滿意，若P＜N時，消費者會強化其不滿動機，甚至拒絕再購買該業者的產品。研究發現影響到顧客提出抱怨前所評估預期利益的因素包括：先前的抱怨經驗（Bagozzi & Warshaw, 1990）、顧客在接受服務或購買產品時所感受到的疏離感（Allison, 1978）、顧客對服務失敗責任歸屬的看法（Folkes, 1984; Singh, 1996），以及該產品或服務對顧客的重要性（Blogett, 1993）。

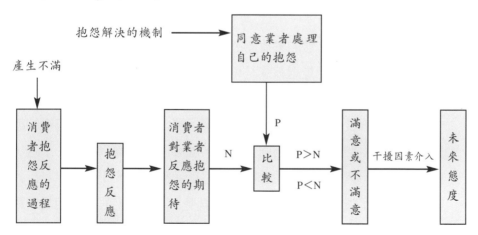

圖15-3 顧客抱怨反應模式評估過程與結果圖

資料來源：Jagdip Singh and Robert E. Widing II, 1991, "What Occurs Once Consumers Complain ?", *European Journal of Marketing*, Vol. 25, No. 5, p. 33.

抱怨是顧客對產品功能不良的一項衡量指標，據一項研究顯示，至少有6位顧客提出嚴重抱怨以及20～50人有較輕微抱怨，企業才會視其為「抱怨」加以處理。1982年寫《追求卓越》（*In search of Excellence*）的作者承認他在書中所研究的企業中，目前仍舊「卓越」的僅有原先的五分之一（Frederik, 1995，顧淑馨譯）。其中抱怨的內容大致如下：

1.不關心顧客。

2.無視於顧客的存在。

3.對顧客冷淡。

4.像對兒童一樣。

5.服務機械化。

6.服務公式化。

7.服務無專人操作。

　　研究顯示顧客抱怨的主要原因有兩個，第一個是希望得到一些經濟損失的補償，可能是退款或是再得到一次服務。第二個比較微妙的原因是重建個人應有的尊嚴，如果提供服務的員工表現出無理、不耐煩或輕視的態度時，顧客也可能會抗議，要求員工以更尊重有禮的態度相對。這兩個因素如果夠強烈的話，顧客就可能提出抱怨。不過，顧客是否提出抱怨，還得看看提出抱怨所花成本的大小，若只是打打電話、上網寫信抱怨的話，所花的成本不大則可能抱怨；若抱怨要親自前往企業場所或更進一步要打官司才能抱怨的話，因為成本太大則可能就放棄了。這種「不高興又不抱怨」的情況，乾脆就換一家公司，這是一種最不利得情況。

根據馬斯洛的說法，抱怨的層次分為低層次抱怨（low grumbles）、高層次抱怨（high grumbles）和超層次抱怨（metagrumbles）三種；低層次抱怨如安全問題、無故被解僱、不知道工作能持續多久而影響生計，他也會抱怨缺乏工作安全感、廠長的專橫，以及為保住工作而犧牲尊嚴；高層次抱怨則是尊重與自尊的層次，與尊嚴、自發、自尊以及他人的尊敬有關，希望有價值，期望自己的成就得到他人的讚美、報酬和認可。這種層次的抱怨多半起因於尊嚴的失落，或是自尊和名望受到威脅。至於超層次抱怨，則與自我實現生活中的超越需求有關。更明確的說，我們可以歸結為存在價值的一部分。對完美、正義、美、真等價值超越需求，使得他們會抱怨組織沒有效率。我們可以建立一個通則，就是藉由抱怨的層次來評斷企業發展以及健康的程度（Maslow, 李美華、吳凱琳譯，1999）。

　　面對的抱怨永無止境，企業探討抱怨是否能夠成形，主要取決於抱怨者下列四項因素：

1. 經濟環境：抱怨的發生是在買方市場還是賣方市場，即使是對同一產品。顧客抱怨若僅是打一通電話或者是當面質問就可以得到解決，顧客通常都會立即採用此法。但是，假若抱怨需要花費高額的代價。例如，到警察局報案、到法院控告，或是到環保署檢舉等曠日廢時的抱怨，則消費者大多會採取迴避的態度。

2. 使用者的年齡、財力、科技技術：對相同的產品，不同的顧客會有不同程度的抱怨，甚至有些人根本沒有抱怨。這要根據當事人的年齡與經濟狀況等客觀條件而定，相較而言，年齡大的消費者對於「公平性」較為強調，年輕者對於「舒適性」較為

重視。

3. 使用者認定缺點的嚴重性：本項常受到使用者的心境影響；例如，對兒童而言，餐盒中有無附帶玩具，是一件嚴重的問題，但對企業而言，餐盒中有無附帶玩具，也許是可有可無之事；商務客人對於時間觀念的要求，較之休閒旅客爲強；女性對於周遭環境的安全性及隱私性，又較男性來得挑剔。

4. 產品的品質：單價低的產品，其抱怨比例可能會被低估了；抱怨比例應該爲實際缺點率的20-100倍之間。由於服務業的產品與服務具有不可分離性，所以服務業的服務品質與服務人員工作產能的上限，會遭遇管理上的瓶頸。也就是說，當顧客數量在短時間突然增多的情況下，企業爲了維持（產品）服務的品質標準，則必須在服務人員的數量上相對的提昇。否則不是會造成服務的品質下降顧客抱怨，就是服務人員因爲工作產能無法配合，業務量大增，導致壓力而離職。這對產品的品質都是負面的結果。

企業面對顧客的抱怨，需要以系統的方法來分析，如果抱怨的數目增加，系統分析的需求也會因此增加。然而有些公司缺乏組織性的方法已經造成不好的顧客關係。企業面對不同的顧客抱怨問題，是需要有不同的應對措施，下面分別敘述四種不同的方式：

1. 滿足抱怨：對不同的抱怨需要有同樣的待遇，其中最關鍵的因素是「誠意」。包含服務適當的復原，適當索賠的調解，商譽的恢復。

2. 避免個案的抱怨再次發生：在實務中，顧客會注意到自己受到

的傷害是否會再次發生，因此會特別注意那些引起傷害的問題並且會要求避免再次發生的保證。

3.重視「重要的少數」嚴重抱怨：這些都是需要深度研究加以發現其基本原因，並且去除這些原因。例如，問題是否個案或是普遍性；問題是否為重要項目如安全等。

4.深度分析已發現抱怨的基本原因：在「顧客導向」原則下，需要針對那些引起抱怨的少數個案，進一步分析以便發現及執行矯正措施去除這些原因。

提出抱怨但是得到滿意解決的顧客，比從未感到失望的顧客，常常更具有忠誠度，如果他們的抱怨能夠得到解決，大約有34%曾經嚴重抱怨的顧客會再度惠顧；若是當初只是輕微抱怨，再度光臨的比例會上升至52%。若是抱怨能夠迅速獲得解決，再度惠顧的比率將介於52%（嚴重抱怨）與95%（輕微抱怨）之間。

顧客在抱怨時只有一個目的，就是迫切需要幫助，每一次顧客有問題的時候，都是服務人員的機會，如果這時你把顧客拋開，你的損失就是顧客（Gitomer, 何心瑜譯，1998）。企業遭遇到顧客抱怨，也會直接使企業遭受有形和無形的損失：

1.無形損失

（1）品牌忠誠度以及不良印象引起的顧客流失。

（2）員工因公司服務不周招致抱怨而工作士氣低落。

（3）士氣低落導致優秀員工離職，使公司反淘汰、競爭力下降。

2.有形損失

（1）公司處理顧客問題產生的人力成本。

（2）公司處理瑕疵產品產生的銷貨成本。

（3）公司處理顧客抱怨產生的公司內部溝通成本。

第二節　顧客不抱怨

一、顧客不抱怨原因

目前企業在提供服務時，面臨最大的困難就是：根據調查只有5%至10%的不滿意顧客會向公司抱怨，其他的不滿意顧客則是直接轉換其他廠商品牌，或是逕自傳播對企業的負面口碑。在該研究中，作者提出顧客為什麼不抱怨的五大原因：

1.顧客不相信公司會有回應。

2.顧客不希望面對服務缺失的負責人。

3.顧客不確定他們的權利與服務企業的義務。

4.顧客認為沒有必要花在無謂的抱怨上，因為投入的時間成本太高。

5.顧客預期抱怨後，對方可能會有的負面的回應。

二、顧客流失之成本支出

　　企業最具警訊作用的失敗因子當中，顧客流失是其一，顧客流失暴露出兩個訊息：一、最明顯的徵兆是公司提供顧客的服務價值正在惡化中；二、顧客流失會反映到公司現金流量的減少。顧客成長率若下降，等於是對企業已有問題的預警（Frederick, 1995）。服務缺失造成品質粗糙，導致顧客流失，對企業來說要付出什麼樣的代價呢？Johnston and Hewa（1997）在研究「商業運輸者」（Commerical Carrier）時發現，顧客流失對企業會產生下列的成本支出：

1. 顧客的離去成本：顧客的轉換行為與離去行為是最常見到的服務流失成本。
2. 失去潛在機會成本：這是無法被測量出來的巨大成本，但是公司之所以會失去潛在機會，大部分因素是因為負面口碑。
3. 負面口碑：一位不滿的顧客所形成的連漪效果，會造成其他顧客對企業失去信任，對企業是一沉重的打擊。
4. 被顧客怨恨：充滿怨恨的顧客不但會傳播負面口碑，甚至會採取報復行為。服務疏失與關係行銷之間也有密切的關係。David and Adrian在1998年的研究中指出買賣雙方的關係模式（buyer-seller relationships model）如圖15-4所示。

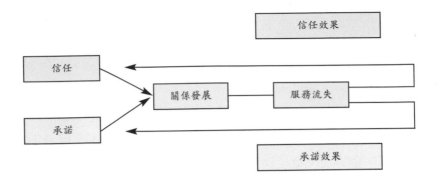

圖15-4　買賣雙方關係模式圖

資料來源：Bejou and Palmer（1998）. Service Failure and Loyalty: An Exploratory Study of Airline Customers, *Journal of Service Marketing*, Vol. 12, No.1, pp. 7-22.

　　以航空公司為樣本的調查，發現乘客對航空公司的信任因為尚在蜜月期之故，雖不會在初期就急速下降，但若公司持續發生服務流失或者服務補救讓顧客不滿意，中後期都是呈現急速下降的趨勢。

三、疏失補救措施

　　鄭紹成（1997）認為服務的疏失是「顧客認為企業之服務或產品，不符合其需求或標準，由消費者認定為不滿意之企業服務行為」。Boulding et al.（1993）也指出服務疏失有幾個向量要被考慮，例如，時間、嚴重程度即發生頻率。若服務疏失發生在顧客與公司接觸的早期，將會讓顧客對該公司的整理評價更低，因為顧客只有很少的成功服務經驗。由於服務有異質的特性，不同的顧客即使惠顧同樣的公司，將會經歷不同的服務疏失及補救措施（service recovery）。

服務補救措施是對服務提供者針對缺陷（defects）或失誤（failures）所採取的反應和行動，Hart, Heskett and Sasser（1993）則認爲服務流失補救是服務提供者爲了減輕及修復因爲服務傳遞疏失對顧客所造成的損害。

　　賣方留心（seller beware）原則就是說顧客現在已經很懂得照顧本身的利益，在購物時雖有風險，但是經驗可以累積，於是顧客會越來越聰明，只要上過一次當，下次他們再也不會上門消費。服務疏失補救能夠提高顧客的滿意度並對該服務提供企業有更多的品牌忠誠度。美國最先採取「可換貨、可退錢」政策的Nordstorm百貨公司；該連鎖百貨在1980年代初期，即推出「不發問、免爭論」的退貨政策，也就是100%無條件讓顧客換貨或退錢。此一政策推出後，該百貨連鎖在全美各地的市場占有率在一年之內，由12%徒增至18%，其他百貨業也不得不採取同樣的措施。如今「可換貨、可退錢」、「不發問、免爭論」，已經成爲普遍的交易法則（張永誠，1999）。

　　Tax and Brown（1998）、Gillianad（1993）、Goodwin and Ross（1992）的研究中皆發現：公平的概念可以用來解釋人在面臨衝突狀況時之反應。從程序觀點來看，抱怨處理可視其爲在一個程序中，所發生的一連串事件，起源於顧客向公司或服務人員溝通抱怨，在決策與產出發生所衍生的互動關係。抱怨過程中的每一個環節，對顧客評估公司是否公平對待消費者都很重要。公平牽涉到一個決策之制訂是否適當，也因此三種公平觀點在過去研究中，被陸續發展出來。公平三個構面的觀念是由學者Austin（1979）所提出，分別是分配公平、程序公平和互動公平。大部分的抱怨者都是在認知問題嚴重的情況下出聲抱怨，並且一抱怨，就表示希望企業能有回應，包含：正義

（justice）或公平（fairness）的行動。顧客對公平的認知來自於評估服務疏失補救的三個面向：

1. 分配公平（outcome fairness）：Deutsch（1985）認為分配公平理論主要著重在利益與成本之分配上；社會交換理論強調分配的角色對於人際關係形成之重要性。消費者會從產出的公平（equity）、平等（equality）與需求（need）這幾個原則去評估抱怨分配的公平性，並配合下列企業對顧客的補償是否公平，作出其公平與否的判斷。

   （1）先前經驗：不管是針對這家企業還是其他企業。

   （2）對於其他顧客抱怨後所獲得的補償。

   （3）知覺到自身的損失。

2. 程序公平（procedural fairness）：程序公平定義：「在達到最終點與事件完成之時，顧客對於整個過程中所採用的方式所知覺的公平性」（Lind & Tyler, 1988）；即使分配不公平，程序公平仍是有意義的，因為其目的在於解決衝突，使兩者關係可以持續下去（Greenberg, 1990）。

3. 互動公平（interactional fairness）：Bies and Shapiro（1987）、Gilliland（1993）認為在整個顧客抱怨處理過程中，顧客所得到的對待是否有人際互動的公平性。互動公平可用來解釋為什麼有的顧客在程序與產出都公平時，還是覺得不滿意。研究指出顧客與員工或管理者溝通時，會影響到顧客滿意。

良好的抱怨處理可以大幅提高顧客的滿意度，為企業創造更多的

利潤；差勁的抱怨處理，則將使顧客再經歷一次不滿意的經驗，不僅不會再來購買，且會一有機會就到處做負面宣傳。針對「商業運送者」報導研究，蒐集了150個服務疏失補救的事件，整理出六大服務疏失補救措施如下：

1.事後補救措施（squeaky wheel）：當顧客抱怨時才回應的策略，沒有一定的處理原則，抱怨聲音愈大的客人愈能夠被公司注意到。

2.系統回應（systematic response）：當顧客抱怨時，採取有系統有計畫的補救措施。

3.及早預防措施（distant early warning line）：於潛在服務疏失發生之前，就採取預防措施，以防止服務疏失的發生。

4.零缺點（zero defects）：公司追求消滅所有服務系統中的缺失。此方法要花費大量時間、金錢、資源在服務品質維持上。

5.故意發生服務疏失（instigate and recover）：公司為追求服務補救之後的更高顧客滿意，遂故意發生服務疏失，讓顧客感受到成功的補救措施，進而增加顧客忠誠度。此方法風險極高。

6.幫競爭者作服務補救（on deck）：當公司發現競爭對手發生服務疏失時，即積極幫助對方處理該服務疏失，以獲得顧客的好感，繼而變成新客戶。

四、疏失補救措施內涵

Hoffman, Kelley and Rotalsky（1995）針對餐飲業，檢視餐飲業

服務疏失的種類及企業採行服務疏失補救的種類共有七種：

1.免費食物贈送。

2.消費給予折扣。

3.給予折價券下次抵用。

4.管理人員出面處理。

5.更換其他餐飲。

6.重新給予正確的餐飲。

7.向顧客道歉但不作任何補償。

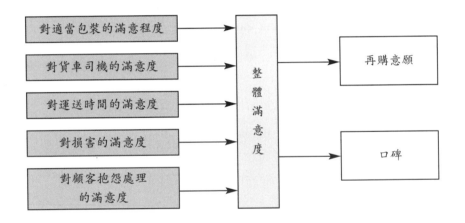

圖15-5　服務疏失補救模式圖

資料來源：Spreng, A. S. G. D. Harrell and R. D. Mackoy（1995）, Service Recovery
　　　　　: Impact on Satisfaction and Intentions, *Journal of Service Marketing*, Vol.
　　　　　9, No. 1, pp. 15-23.

Conlon et al.（1996）在對消費者服務疏失補救方式研究中，分別為「解釋」與「補償」作說明。「解釋」包含內、外部解釋；「補償」包含「實質補償」與「非實質補償」；其中「實質補償」包括「服務補償」與「金錢補償」；「非實質補償」則專指採取「道歉」方式。而Christo（1996）以飛機乘客為對象探討不同服務補救方式對消費者滿意度的影響。他將服務補救方式分成三種：只有道歉、道歉加上同等補償、道歉加上超額補償。結果發現補償對於消費者滿意有一定程度的影響，但是補償並非是消費者滿意的必要條件，補救處理的回應時間與滿意度成反比。Spreng, Harrell and Mackoy（1995）曾提出「服務疏失補救模式」（Service Recovery Model）如圖15-5所示。

　　該研究是以美國州際間搬家服務為研究對象，以拖運貨品損壞為服務疏失的案例，提出服務疏失補救模式圖，發現適當包裝的滿意度、對司機的滿意度、搬運時間的滿意度、損害滿意度、抱怨處理人員的滿意度與整體滿意度之間呈現著正相關，其中尤以抱怨處理人員的滿意度最重要；整體滿意度則與再購意願、口碑成顯著正相關，顯示旅客愈滿意，愈可能向新朋友傳達正面的口碑。研究中特別強調抱怨處理人員與賠償過程的重要性，對抱怨處理人員的滿意可提昇整體滿意度，進而影響消費者再購意願與正面口碑的傳達。

　　Tax et al.曾提出「服務補救程序」（service recovery process），此程序共有四個階段。第一階段是確認服務錯誤，第二階段是解決顧客問題，第三階段是溝通及分類服務錯誤，第四階段是整合資料及改進整體服務，如圖15-6所示。

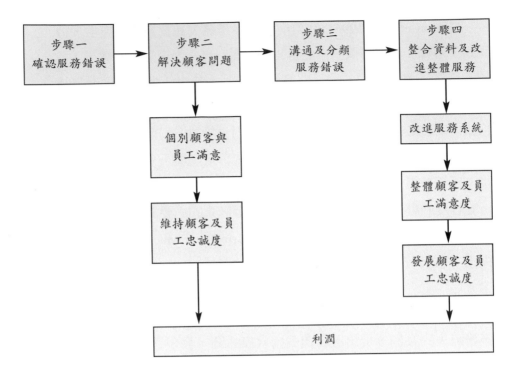

圖15-6　服務補救程序圖

　　Grahn（1995）以美國Menasha公司在推行全面品質時所使用的五大驅力架構爲例，說明企業在追求品質過程中可用來解決困難的方法。這五大驅力包含：人員品質、企業精神與創新品質、資訊品質、規劃與決策品質、操作與執行品質。五大驅力因素中，人員品質是模式運作的基礎，其影響力也最高，擴及隨後四項驅力功能的發揮。而企業精神與創新品質是決定企業所面對目標市場與顧客需求的主軸，對所應蒐集的資訊種類與品質影響也最高，是保證企業成長成功的因素。

資訊品質則是企業獲取新知的管道，在知識管理功能健全的企業，資訊品質的控管，是不可或缺的。規劃與決策品質，可看出企業管理團隊素質的良窳，方案規劃好壞起於始，決策品質優劣終於尾，在在考驗管理的體質。操作與執行品質，往往是企業競爭優勢的核心能力所在，如圖15-7所示。

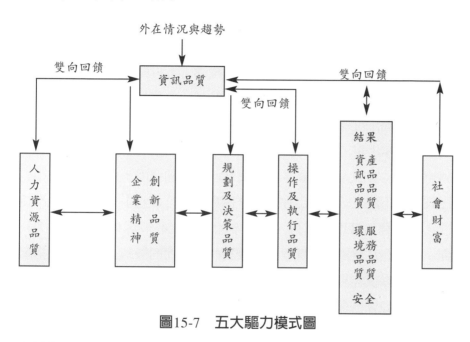

圖15-7　五大驅力模式圖

資料來源：Gennis P. Grahn, "The Five Drivers of Tatal Quality", *Quality Progress,* January 1995, p. 66.

五、顧客關係管理

顧客關係管理（Customer Relationship Management, CRM）在21世紀的激烈競爭環境下，將會在服務業中扮演更重要的角色，其最深

層的邏輯意義是以「顧客」爲中心（custom-centric）來思考的組織文化。而其成功的關鍵又是以「人」最爲重要。「人」的重要性在CRM中，約占有60%的比例，流程設計或改良占30%左右，最後才是科技占10%。故由此可見若要CRM能夠成功，「組織」與「人」的因素，爲其最重要的成功因子（遠擎管理，2001）。但是，你或許也有此經驗，當有問題需要求助於企業的顧客服務中心，不管這家企業先前如何知名，但是整個過程下來，就是感覺有不對勁的地方。我們在百忙之中抽空撥打客服專線，電話接通了，可能是因爲撥打的時間屬於尖峰期，面對機器語言的問候語後，一長串的語音說明後，系統將顧客帶進了可能到達的部門，待等候中的音樂快接近尾聲，服務人員的聲音才出現，若碰到問題非服務人員能夠當場解決，顧客又會被轉至另一位客服人員，顧客又得重新敘述一遍原委，但是此時的顧客已經開始不耐了。問題出在哪裡？問題出在「流程」——企業內部流程。顧客關係管理的機制，讓企業縮短了產品與專業內容訓練的時間，因爲在企業操作工具裡早已設計好了如此的機制，只要機制搭配得當，可以很容易找到問題的解答。目前設立顧客服務中心的單位越來越多，顧客也會從被服務的經驗中成爲診斷專家，一旦在企業接受款待的時間不斷地縮短，顧客也會用「他那心中的一把尺」去衡量該企業的績效。

　　服務流程設計是靠人而不是靠工具，CRM功能再超強，縱使記錄了顧客所有的消費行爲或偏好，態度再親切，一開始與顧客接觸的設計，就需要以顧客的角色去思考，也就是「站在顧客的立場，給自己找麻煩。」顧客需要面對服務的對象，應該是企業的「單一」窗口，而不是要面對許許多多不同的窗口，還需勞駕顧客親自「一一」

處理。這對顧客來說，將會是一項高難度且慘忍的任務。但是企業內部若能事先充分協調安排，CRM將會是企業競爭的利器；因此，企業需要定期檢視內部流程是否該做調整。2002年台灣某大保險公司就在華航澎湖空難發生後，立即修改服務中心的語音內容，不管是不是罹難者家屬，在當時去電的顧客都能充分感受到這家公司能為顧客著想，這就是發揮了真正的CRM精神，但這卻不是有了CRM就會自動隨時調整的。顧客滿意度高的企業，除了要有很好的CRM外，在CRM機制的背後，其實是更需要一群優良的服務團隊，盡心的在為顧客付出。

　　企業的CRM能夠為企業贏取新顧客，鞏固保有既有的老顧客，以及增進顧客利潤貢獻度。透過不斷地溝通，以瞭解並影響顧客行為的方法。企業中的CRM，基本上有四個循環過程來分析顧客資訊，如圖15-8所示。

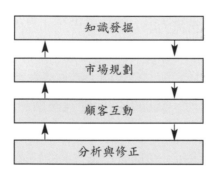

圖5-18　CRM之四個循環過程圖

　　以往顧客都是被動的接受訊息，行銷服務人員於是勾勒出一個夢想：「企業只要有產品或服務問世，顧客自然會自動上門（make it available and they will come.），所以企業會花大錢在廣告預算上。但

是此種文宣效果已經不管用了，企業若實施CRM良好，在舊顧客跳槽前，必定會發現蛛絲馬跡的徵兆，這時顧客服務部門的專員若能及時前往諮詢，並迅速解決顧客的問題或疑慮，則顧客繼續與企業保持良好關係的可能性就會大增。

前全美行銷協會會長Berry 和同事Parasuraman研究結果，將人與人的關係分為下列三種層次，以此建立關係的具體方法。

1. 第一層次——以經濟性的情誼為中心：以提供經濟方面的利益作為建立關係的基礎，例如，航空業界的「飛行里程酬賓」（Frequent Flies Program, FFP）計畫：此一層次不太容易建立深入的關係，以經濟上的條件所建立起來的關係，很快便會被其他的同業模仿。

2. 第二層次——建立經濟性與社會性的情誼：除了建立經濟性的關係外，還要加上社會性的關係，在本層次裡，顧客對企業而言，已經從單純的顧客變為客戶（client）。顧客與客戶的不同包含下列各點：顧客對企業是無名的存在，一種統計性的存在；客戶有其名字，是以個人的身分存在而非大眾，它們會被要求個別處理。當顧客的個別性凸顯出來後，服務會有差異性；即在經濟性的關係之外，還有社會性的關係。例如，銀行每年六月會送每一位顧客一袋有名的特產作為禮物。

3. 第三層次——建立經濟性、社會性及結構性的情誼：此一層次除了上述兩項關係外，還有一項是其他同業無法模仿的，就是將變異性加入服務的生產體制內，利用這些可以加強顧客與企業的關係，使顧客無法逃脫，成為其他企業的顧客。例如，總

部設於大阪的**Culture Convenient Club**錄影帶連鎖店，旗下750家分店，此行業競爭非常激烈，分店經營盛衰全靠軟體是否齊備而定，總公司將所有分店資料輸入，根據來店客層資料，提供各分店最佳的軟體，使分店周遭的同業無法模仿而達到競爭優勢（近藤隆雄著，陳耀茂譯，2000）。

第十六章
品牌忠誠與企業獲利

第一節　品牌忠誠

　　近年來，品牌的話題在台灣變得十分熱門，不僅製造商、行銷傳播、代理商等推陳出新探討各自品牌哲學，政治人物也不時將自己化身品牌，藉以維持公眾形象。再以消費者的觀點來看，一般人的生活似乎與品牌結下不解之緣。品牌形象的觀念更深深的影響消費者判斷與選擇產品的過程。因為品牌會以不同的符號呈現，消費者對不同符號，會賦予不同情感，以及付出不同價錢購買；因為這一符號代表消費者的形象地位，甚至不同的世代與個性，品牌的迷思也就逐漸產生。然而許多品牌經營者不斷著重於品牌的培育，卻忽略了產品是英雄形象的觀念。換言之，品牌與產品之間具有密不可分的關係。產品可以說是品牌的基礎。

一、人口結構改變

　　消費市場的劇烈改變，歸根究底是因為人口基本結構的改變，行銷者根本無法控制此一變動；此一改變對於傳統目標造成影響。在消費力強的先進區域，人口成長幾乎是零，這剝奪了我們原來呈現平穩狀況的新客源。更嚴重的是第一波嬰兒潮已經50歲了，許多產品和服務則屬於小家庭和較低的消費比率。長期以來，年長的消費者通常較不願意接受新方式，使介紹新產品的時間又加長了。成長已經越來越緩慢了，但是多角化卻一直在繁榮。在2000年之前，非洲、拉丁美洲

和亞洲人種，將占所有消費者的1/3，而在2010年之前，預測這些人將會超過加州和德州其他種族的數目。家庭人口數的組合正在改變中，就像在1970年，40%的家庭是傳統的丈夫模式，先生、太太外加至少一個小孩；但是在今天這樣的群組，大概只有25%的家庭，比例仍在下滑中（Garth, 黃復華譯，1998）。

消費者打破「同一尺寸」的觀念，順從潮流的壓力來自於越來越多的個人主義，及對不一樣的獨特和渴求，廣告媒體的興盛足以說明這種「特殊品牌」。成長的變數與消費者使用媒體的方式有關，特別是電視，70%的家庭有兩台以上的電視，插播的廣告畫面輕易地被遙控器消滅，徹底顛覆廣告買主購買時段的理由，企業已經找不到忠誠的顧客在哪裡了。消費者變得挑剔，不相信權威性的數字，他們對此起彼落的廠商名字毫無興趣。受到時間的限制，傳統雜貨店漸漸地消失在市場中，購買的管道多元化使得品牌的銷售方式毫無規則可循，這種種改變，造成廠商影響消費者對品牌忠誠的企圖，變得難上加難。

二、品牌思維

何謂品牌？品牌是：「頂著高知名度招牌名稱的產品或服務」。顧客在建立品牌模式時，是依據（F. R. E. D.——熟悉度、關聯度、評價度、差異度）來判斷。Young and Rubican曾經對全美國調查13,000個品牌發現：「一個品牌的優勢，主要來自於差異度和關聯度。」關聯度就是企業產品要和顧客的生活產生關聯。根據美國行銷協會定義委員會之解釋：「品牌（brand）為用以識別一個或一群賣

主之產品或勞務，以求有別於競爭者之產品或勞務，所定之名稱、術語、符號、設計或以上四者的組合」。

　　產品可以被模仿，但品牌是獨一無二的。品牌能替企業帶來許多好處，例如，幫助企業建立形象，並能為企業區隔出與競爭者不同的優勢。品牌亦能使產品受到法律，防止競爭者仿傚，以鼓勵企業創新。品牌與消費者之間的關係有什麼特別？心理學家Susan Forunier由人與人的關係為出發，提出七大品牌與顧客之間關係的構面，分別為：

1. 獨立行為（呂玉華，1990）：該品牌在生命中扮演重要的角色。
2. 個人承諾：會隨時間改善關係的品質。
3. 愛與激情：沒有其他品牌可以完全取代該品牌。
4. 懷舊連結：該品牌讓個人想起某些美好的片段。
5. 自我概念連結：該品牌提醒了我是誰。
6. 親近感：個人對該品牌知之甚深。
7. 合夥品質：該品牌會看重我這位顧客。

　　品牌形象對於企業長期成功占有重要的關鍵地位。使得必須擁有一個架構，去長期地策略性管理其形象。由Parker等學者在1986年提出的「品牌形象管理」（Brand Concept Management, B. C. M.）指出每一品牌形象應該建立在一個品牌概念的基礎上，或者是一個特殊的品牌抽象意義。一般品牌概念的形成可能是象徵性的或是功能性的。功能性的品牌滿足直接及實際的需求，象徵性的品牌則滿足象徵性的需求。例如，在手錶種類中，Casio品牌是被認定為功能性的品牌，

因為他的實用性主要展現在於他正確的報時能力；至於另一種Movado則會被認為是象徵性品牌，因為他主要是用於地位的魅力。

Park, Lawson and milberg （1989） 認為品牌概念可分為三種：一、功能性的品牌概念：強調品牌的功能表現設計，以解決消費者外部需求；二、象徵性的品牌概念：將個人與期望的團體、角色及自我形象連結在一起設計；三、使用情境品牌概念：設計去實現消費者對於刺激性或多樣性的內在需求。進一步說明品牌的重要性，又可分為賣方及消費者兩方面：

1.對於消費者
（1）採購者輕易認出他所需要的產品或勞務。
（2）使消費者覺得有牌子的東西品質更可靠。
（3）產品後面有公司支持，消費者無形中受到保護。
（4）品牌為商品比較性之保證。
（5）品牌可促進產品之改良。

2.對於賣方
（1）公告活動及陳列計畫。
（2）幫助增進控制和市場占有率。
（3）減少價格比較，進而幫助穩定價格。
（4）便利產品組合之擴張（王勇吉，1997）。

品牌的範圍超過產品（Aaker, 1996），一個產品所包含的特色有：產品範圍、產品屬性、品質和價值；此外，一個品牌還包括：品牌使用者、品牌來源國、經濟的聯想、品牌個性、符號、品牌與顧客的關係、情感的利益、自我表現利益，如圖16-1所示。

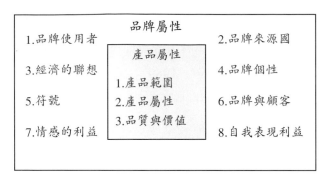

品牌屬性

1.品牌使用者　　　　　　　2.品牌來源國

產品屬性

3.經濟的聯想　　　　　　　4.品牌個性

1.產品範圍
5.符號　　　　2.產品屬性　　6.品牌與顧客
　　　　　　　3.品質與價值

7.情感的利益　　　　　　　8.自我表現利益

圖16-1　品牌屬性與產品屬性圖

　　在今日高度競爭的時代，產品功能之間的差異越來越接近，因此欲建立商品的差異性，除了以往單純的功能品質考量以外，長期累積品牌形象，以及建立品牌形象與消費者之間的良好溝通，將是達成商品差異化的主要方式。建立一個清晰的品牌形象能使消費者瞭解哪些需求可以被滿足，使該品牌與其他競爭者產生差異化，而此點也被行銷工作者與許多其他學者指出是產品成功的關鍵因素。再者，與消費者溝通良好的品牌形象將有助於此品牌明確的品牌定位，確立利基並建立市場潛力，進而發展行銷策略，所以一個溝通良好的品牌形象是品牌經營成功的要素之一。

三、數位世界的品牌關係

　　如同企業實體行銷一樣，數位範疇同樣需要細心的經營與呵護而更重要的是除了利用獨特的產品、高明的廣告和包裝得宜的公共關係外，相較於傳統的品牌建立，在數位品牌的塑造環境中，顧客與品牌

的互動感受性的經驗值，往往占了很重要的因素。在數位工具的媒介下，企業與顧客建立了直接的互動關係，經由數位化傳播工具，如網站、e-mail、eDM、SMS等工具快速傳播，在藉助網路口語及病毒式行銷的快速擴散效力，使得數位品牌的經營更是不可輕忽。

如同實體的品牌經營一般，除了以上所提到的廣告、公共關係等，可藉由數位技術來拓展品牌經營的深度之外，經由更直接的客戶服務及客戶關係管理，以更直接的方式來建立與顧客及潛在顧客的互動關係，進一步使品牌的廣度與深度更擴展，並深植於品牌所欲溝通對象的心中。因此，我們不妨從數位互動的的顧客服務上來探討企業如何藉由數位工具與顧客互動，進而強化品牌的印象。根據美國Stanford大學「說服科技實驗室」（Persuasive Technology Lab）受芬蘭 Makovsky 公司委託，調查美國及芬蘭1649位網路族後發現，網路消費者喜歡那些在交易後，會回確認信的網站；對客戶詢問與回應系統的完備與否，儼然成為企業藉助數位化工具提供客戶服務時，是否能夠效率優質化的一項重要考量。

在客戶服務數位化的過程中，企業主往往對於使用數位化客服工具，到底是必需品，還是裝飾品感到疑惑，或許我們可以透過以下的關鍵因素作一檢視：

1.有太多的電子郵件、電話諮詢和投訴的企業和產品。

2.客戶服務成本不斷上升的企業。

3.對於「服務品牌」推廣成效不彰的企業。

4.對於現有客服代表工作效率不滿意的企業。

5.客戶服務以及產品應用知識一直在不經意間大量流失的企業。

6.大量客戶要求個性化服務的企業。

7.對於無法或不知如何充分利用網路成爲客戶服務和市場行銷「第一道防線」的企業。

8.沒有足夠溝通管道瞭解客戶時需求的企業。

9.無法建立客戶忠誠度的企業。

10.一直無法提高線上產品交易的企業。

從另一個角度來看，客戶服務應不僅於回應及解決客戶的問題，如能再透過有效的運用將客戶所產生的問題予以整理分析，而其所產生的價值將更勝於處理客戶的問題。從實際的運用案例來看，顧客會花時間詢問的問題必然是其所關注、顧慮或正面臨困擾的問題，這樣的詢問往往就直接暴露了顧客的需求，而這項極有價值的資訊，往往是行銷人員所花費許多時間及經費蒐集而來的。某知名消費電子大廠在運用數位客服系統後，除了能有效的回應顧客的詢問外，更重要的是蒐集了許多與產品使用有關的資訊，而這些資訊除了提供行銷部門作爲行銷溝通的重要依據外，產品研發部門也將顧客反映的資訊運用在產品的研發和改進之上。而一般消費性產品企業在運用數位客服系統所獲的投資報酬還包括：

1.電子郵件和電話諮詢或投訴量的減少。

2.累積未處理的客戶諮詢或投訴逐漸減少。

3.增加和客戶間的直接互動關係。

4.能對客戶的諮詢或投訴予以追蹤記錄，並以此作爲商業決策的參考依據。

5.增加產品銷售。

6.新產品發布前，能將新產品的資訊提前放在網上，蒐集客戶意

見以作為公司產品包裝和市場推廣的參考依據。

　　曾三次獲得美國政府技術部門的年度最佳電子化政府獎的美國華盛頓州政府網站，所提供的線上問題服務系統Ask George，和美國社會安全局網站的線上回應系統，由於系統規劃的完善與便利，使得原先需透過客服中心（Call Center）電話處理的大量語音服務顯著降低，轉而讓客戶（州民與國民）因便利而習慣上網查詢問題的解答。此舉不但有效的降低了電話費的支出，同時因為有效的利用數位系統在知識運用和管理上的優勢，使得第一線的客服人員不再因為需要對業務熟悉度高，能快速提供諮詢服務而配置資深人員，進而使得人力效益的運用更為合理有效率，相對的也降低的人力的成本。

　　此種類型的數位化客服系統，除了能夠快速有效的回應顧客需求，並達到降低成本、提高效率的優勢外，最重要的是能夠記錄分析顧客的問題，並根據發問的來源、客戶的背景含提問的內容歸納整理，進而作為行銷和產品開發時的重要資訊。同時，更能提昇企業及品牌形象。

四、品牌忠誠度

　　如果企業的顧客都像前芝加哥公牛隊麥可・喬丹 （Mikchael Jordan） 的死忠迷一樣，那麼企業成功的時候，他們會熱情歡呼；失敗的時候，他們也不會離他而去，會儘量地支持，耐心地等待企業重新站起。如此的希冀，有如天方夜譚。但是，一旦顧客展現如此高度的忠誠度，則能夠如此獲得顧客衷心支持的企業，勢必成為市場上的

贏家。2001年的台北捷運在納莉風災肆虐之後，我們親眼目睹台北市民對捷運的高度忠誠，在捷運開通倒數計時的日子裡，大家無不以熱切期待的心情引頸企盼，我們發現台北市捷運已經成為台北市民生活中不可或缺的重要交通工具。或許有人會說乘客對於台北捷運的高度忠誠度，是來自於它的獨占性，這種說法或許有些道理，但不可抹滅的，維持捷運顧客高度忠誠度的因素還包括：良好的服務態度、持續進行中的服務創新、號誌指引系統的不斷改進，以及舒適的搭乘環境等。

依據研究報告顯示，顧客忠誠度對於企業經營利潤有絕對的正面驅動效果，因此，有所作為的企業莫不卯足了勁，推動各種方案來提昇顧客忠誠度，並降低顧客的流失率。不過，在消費者消費意識高漲、產品不斷推陳出新、市場環境快速變遷的時代下，想要維持顧客忠誠度有日漸困難的趨勢。在過去，一家公司可能只要透過電視媒體，就能對潛在的顧客進行良好的廣告宣傳，然而我們可以發現目前電視廣告的效果日益降低，其主要原因在於媒體的多元化發展，使得消費者的注意力為眾多媒體稀釋，同樣額度的廣告費用投入，能得到的成效可能不及過去的一半。這種現象促使了許多企業開始改弦更張，重新思索新的媒體操控模式，以強化顧客的品牌忠誠度（Brand Loyalty）。

近期影響顧客忠誠度最大的主因在於經濟蕭條，由於不景氣影響，使得顧客對於價格的敏感度提高，價格成為顧客選購產品或服務時的優先考量因素之一。此外，由於市場大餅大幅萎縮，更造成超額產能的形成，進一步引發企業間的價格競賽，如果企業所處的是成熟度較高或產品規格較為標準化的產業，如個人電腦、金融商品、家電

產品，這種現象將益趨嚴重，消費者會在同一等級的產品或服務中遊走，尋找價格對自己有利的產品。在產品愈來愈難以形成差異化的產業裡，服務就成為決勝的關鍵，如何將服務有形化、具體化，是企業提昇顧客忠誠度的重要關鍵。

　　1955年知名演說家大衛奧格威就曾經說過：「如果企業還寧願花大把的鈔票在促銷活動，而不專心在建立品牌知名度的心思上，時間會告訴你答案。」根據「全球航空公司與顧客關係協會」（Worldwide Airline Customer Relations Association, WACRA）對於紐西蘭航空公司於1993年所做的調查發現旅客對服務品質不佳的航空公司，有22%的旅客會忍受搭乘，但在1996年的同樣調查發現旅客忍受服務不佳的情性下降至19%，可見旅客的主導性愈來愈強了（吳兆玲，1999）。網路界流傳著一句話：「忠誠與背離，只是滑鼠的一按而已」。美國顧客中只有10%完全忠於單一品牌（Grahame, 1997）。「忠誠度盲點」（loyalty blindness）是企業常犯的毛病，他們相信消費者是「屬於」他們的或是競爭者的，或是屬於那種看到價錢就會改變購買行為的。企業常常無法清楚地認知他們所處的市場每隔數年就會有所變化，《價值變遷》（*Value Migration*）一書中提到各行各業的顧客需求與競爭力每幾年便會有極明顯的改變，去年的致勝策略可能造成今日的慘敗（Kotler著，高登第譯，2000）。消費者在購後感覺後悔，會產生購後失調（postpurchase dissonance），這感覺對消費者的滿意度影響很大。會影響下一次購買意圖及其他的消費者對這個品牌的評價，行銷人員不僅要促銷更要降低購後失調。Cavilan電腦在1983年漢諾威電腦展中推出攜帶式個人電腦，訂單蜂擁而至，市場一片看好大好，有取代Compaq的態勢，但是由於後續服務無法投入，招致消費者唾

棄，在1984年宣布破產（劉常勇，2001）。開發新產品要傾聽市場的聲音。在傳統速食業，存在著最低的品牌忠誠度，尤其超值價格已經變成速食業的榜樣，鼓舞更多的消費者為了價格而更換選擇（Upshaw著，吳玟琪譯，2000）。

一項產品或服務若是無法達到消費者的期待，不久後其品牌在消費者心目中一定會被降級，英國的積架（Jagrar）跑車被消費者唾棄後由美國福特汽車併購，通用汽車的奧斯摩比（Oldsmobiles）汽車和凱迪拉克（Cadillacs）汽車陸續發生瑕疵，使得原本具有的良好品牌識別遭破壞（目前大部分通用車廠已經恢復元氣）。

單一的危機事件，也會讓顧客忠誠度發生變化，舉例來說，日本雪印乳業就曾因為對食品中毒事件的處理緩慢，導致含毒素乳品回收延遲，致使食品中毒人數於一周內快速攀升至上萬人，最後雪印不得不宣布無限期停產。此次中毒事件不但讓雪印損失了20億日圓，更糟糕的是讓消費者對雪印的品牌信心喪失，導致最後宣布倒閉。水可載舟，亦可覆舟，危機處理得當，可以變成轉機；例如，台北捷運公司，在「桃芝」颱風過境後，造成全台北市所有的地下車站都淹水，但是市政府主動面對市民指責，並全力搶救水患，在最短的時間內恢復原狀，重新拾回消費者對捷運公司的信心。轉機處理不當，就會變成危機：例如，日本雪印乳品公司，被消費者控告鮮乳內摻雜奶粉，而未能及時有效處理，終於導致公司關門，就是最好的例子。

在2001年美國911事件發生當天，紐約立即宣布關閉全國所有機場，地面交通工具也無法直接進入機場。此時，在紐約的華航危機應變小組，馬上安排免費巴士接送乘客進入機場，由於能及時的提供旅客貼心的服務，這一段期間，華航櫃台圍繞、充滿著乘客，也使得公

司當時營收較同行表現爲佳。不過，2002年華航發生了澎湖525空難事件，立即受到各方的指責，企業形象與顧客的忠誠度又受到相當的衝擊。由此兩案例可以看出顧客忠誠度的轉向的快速。

此外，造成顧客忠誠度下降、顧客流失率升高，還會受到下列因素的影響：

1.活型態轉變而導致需求的改變，如結婚、搬家和家庭人口增加。
2.經濟景氣的波動，造成顧客消費能力的改變。
3.企業無法滿足顧客新需求或需求的改變。
4.顧客發現更好的選擇與解決方案。
5.顧客對服務感到不滿意。
6.粗魯無理的第一線服務人員。
7.企業所提供的產品與服務和消費者的預期有差距。
8.購物（服務）流程讓顧客覺得不方便。
9.企業帶給顧客不良的購物（服務）經驗。
10.遭遇競爭者毫無理性的殺價競爭。

當消費者用口頭或寫信抱怨時，對企業已經是一個警訊，當消費者用口袋來抱怨時，企業不但幾乎永久失去了一位顧客，同時也樹立了潛在的22個敵人。「知名度」係指社會大眾知悉某產品存在的程度。若知悉者愈多，則知名度愈高。其衡量的方法是以知悉者占總消費者之百分比。

「品牌忠誠度」，是指顧客持續購買某一種品牌的產品或服務。一旦形成習慣，產生印象時，則不易改變其對該品牌的購買習性與態度

而言，品牌忠誠度可以說是服務的極致。一旦建立起品牌的忠誠度之後，就幾乎可以確定有一群人會在目前和未來，都購買該公司的產品。只要提高5%忠誠度，即可將獲利率提高85%。如果有一大群具有品牌忠誠度的顧客，則該品牌的獲利就相當可觀，不具備品牌忠誠度的企業，前途堪慮，在建立品牌忠誠度的過程中，「學習」扮演一個相當重要的角色。曾經盛極一時的兒童玩具企業「兒童宮」（Children's Palace）和「耐昂尼遊樂世界」（Lionel Playworld），在服務敵不過「玩具反斗城」（Toy "s" Us）後，都已經歇業了（Beemer & Shook著，劉會梁譯，1998）。最早研究品牌忠誠的學者是廣告學家George H. Brown（1952），將品牌忠誠度分為四類：

1. 連續忠誠度：一直購買同一品牌。
2. 不連續忠誠度：交換購買兩種或兩種以上品牌。
3. 不穩定忠誠度：顧客買某種品牌將轉移至另一品牌。
4. 無忠誠度：顧客隨機購買各品牌的產品。

五、建立品牌忠誠的方式

根據Brown的研究指出，大部分的顧客都有品牌忠誠的傾向，但隨著產品類別不同，忠誠的程度也有所不同。品牌忠誠度不易建立的原因有下列數項：

1. 各個品牌所提供的商品與服務幾乎毫無分別。
2. 消費者信任感高漲，建立品牌中程度使得困難重重。
3. 媒體傳播充斥，使得消費者對品牌訊息排斥。

4.品牌慣性：驅使消費者採用慣性購物的力量，正在被削弱。

　　尤其在服務業的忠誠客戶流失的情形會比其他行業更為嚴重，因為服務業提供顧客看不見的產品，還要拿出具體而實際的理由，顧客才會再次光臨，因為持續的服務才叫做服務，有許多企業在顧客上門時，與顧客購買後對顧客的態度差異甚大，這是為何百年老店梅西百貨（Macy's）最後要申請聯邦破產法保護、華府的伍洛（Woodward & Lothrop）百貨、舊金山的美格林（I. Magnin）百貨名字至今均已杳如黃鶴的原因。（Beemer & Shook著，劉會梁譯，1998）在發展品牌忠誠度的過程中，知覺、試用和重複購買是相當重要的三個條件，因此，服務人員要提高這三者活動，才能使顧客漸漸建立起品牌忠誠度。活動包含：

1.建立知覺：可利用新的動機或屬性，以及產品新定位的方式，來吸引顧客的注意。
2.樣品試用：免費試用樣品逐漸在市場中興起，因為他最能刺激顧客的重複購買，在建立品牌忠誠度的過程中，試用品可能是最重要的一種方式。
3.重複購買：是指買來使用的顧客，用後覺得滿意而再次購買使用，這是維持現有使用者，使其進一步成為忠誠顧客的最後階段，降低「品牌轉換率」（brand switching）。服務人員要不斷地維持產品的競爭力，防止其他競爭者趁機切入。

　　在企業大力提倡顧客忠誠度的同時，各種研究發現忠誠度顯現的力量，來自兩個重要的層面如下：

1. 顧客數量效應（customer volume effect）：即每年顧客保留率與流失率相較後的正數。

2. 顧客利潤效應（profit-per-customer effect）：即每位顧客維持的越久，企業自其身上獲得的利潤就越多。

「知名度」係指社會大眾知悉某產品存在的程度。若知悉者愈多，則知名度愈高。其衡量的方法是以知悉者占總消費者之百分比（王勇吉，1997）。形成品牌忠誠度的優勢有下列五項：

1. 品牌忠誠度可降低企業經營風險，節省行銷成本。

2. 品牌忠誠度是一種心理統合感的優勢，吸引新顧客。

3. 品牌忠誠度是避免消費者認知失調的指標，也有價格上的優勢。

4. 品牌忠誠度是優異行銷策略造成的結果，可以提供一個策略反擊的機會。

5. 品牌忠誠度會使供應的流通廠商支持（Brown, 1953）。

顧客忠誠度正變成過眼雲煙，表16-1是過去45年在美國發生的事情：顧客忠誠度下降的原因是企業拒絕達到今日消費者的期望。

表16-1　顧客忠誠度顯示表

年代	顧客忠誠度
1950年	66%
1960年	50%
1970年	33%
1980年	25%
1990～1995年	16%
1996年	12%

資料來源：Britt C. Beemer and Robert L. Shook., *Predatory Marketing-WhatEveryone in Business Needs to Know to Win Today's Consumer*，《掠奪式行銷》（頁124-125），劉會梁譯，商周。

從上述資料使我們瞭解顧客忠誠度年年下降，企業必須有所作為，才能防堵可能產生的顧客流失。對於企業為了避免與防範顧客流失所從事的各種活動，我們稱之為「叛逃管理」（defection management）。首先企業要能掌握哪些顧客有可能流失？顧客流失的因果關係為何？當對於顧客流失的主要原因能有效掌握時，才有可能擬定出妥善的對策來加以因應。以電信產業為例，顧客轉換手機門號的機率相當大，業者如果不能適切地採取因應措施，根據美國的研究顯示，顧客有可能於5年內全部流失。以台灣為例，有許多人因為想換手機，結果連門號也跟著換掉。因此電信業者能夠於顧客想要換手機時，給予他們具吸引力的折扣價與配套特惠方案，就可以將顧客流失率有效地抑制。問題是許多業界或許有這樣的想法與作法，卻沒有透過適當管道與顧客進行互動，致使許多忠實顧客並不知道優惠措施、不知道如何申請，甚或申請手續困難繁瑣。因此，筆者在此要特別強調：「有優惠措施一定要讓忠實的顧客知道」。

第二節　企業獲利

一、企業80/20法則

　　從獲利的角度來看，不是每一位消費者對企業的貢獻都是一樣的，這就是所謂的「帕瑞托（pareto）原則」（即80/20法則），也就是20%的消費者製造出80%的業績；同樣又有資料顯示大多數產業三分之一的消費者擁有至少三分之二的購買量，在最上層三分之一的信用卡持卡者，是分布在15%的家庭手中，這些家庭卻製造出三分之二的信用卡消費金額數量；故對於核心顧客的開發與維護，是企業要面對的課題。

　　企業都知道「要把主要的資源運用到最有價值的顧客身上，不要把資源浪費在不重要的顧客身上。」這就是80/20比例。也就是說，企業要將公司有限的資源，用在所有顧客中的20%顧客身上，因為這些核心顧客對企業能產生企業所有利潤中80%的價值。但是上面的敘述說來簡單，實務上卻不容易做到。為了掌握最有價值的顧客，企業常用的工具是「顧客終身價值」（life time value），此一工具要計算的是：「企業於取得新顧客一段期間之後，每一位顧客的平均利潤淨現值。」可是由於顧客終身價值的計算，牽涉到平均消費、顧客保留率、變動成本、保留成本、推薦比率、折現率等資訊的取得，如果不能擷取此數字，則所有的努力都將落空。為了精準地計算顧客終身價

值，企業可能必須導入新的管理工具，近來最受眾人矚目的是作業成本制度（activity base costing, ABC）。當導入此一新的成本計算工具後，有時會有意外的發現過去被認為是帶來利潤的顧客，可能因為耗用企業大量的作業成本，反而成為是企業賠錢的顧客，這使得企業資源與績效評估的基準必須加以重新調整。

　　另一個企業在進行忠誠度管理時常犯的錯誤是，誤以為顧客消費額度與顧客價值會有完全的關聯性。常見的是把大量單次採購的顧客視為最有價值的顧客，或者是把現有採購量小的顧客視為不重要的顧客。這兩種看法都有失偏頗，容易造成資源扭曲、誤置的現象。美國有一家超市就曾經為了吸引顧客上門，於感恩節時贈送火雞給顧客，結果引來投機型顧客瘋狂搶購，事後該公司衡量這項活動的成本效益，結果發現這些「投機客」所帶來的利潤，並無法彌補促銷活動所投入的成本。通常單次大量採購的消費者不一定是忠實的常客，長期下來所帶來的利潤往往不會大於經常上門的消費者此類型的顧客為了折扣而大量採購，屬於精打細算型的顧客，企業將其視為不重要的顧客，給予較低水準的服務，使得他們對該企業的服務不滿意，甚至成為永不回頭的流失顧客。

　　當企業有能力將數量龐大的顧客群，有效的加以區隔，就有可能針對不同的市場區隔，採取不同的行動策略。企業必須運用創意來篩選顧客，以鎖定具有價值的顧客。舉例而言，企業或許可以將顧客區分為：

1.重視服務型：此型的顧客願意付出較高的代價來取得相對的服務，其忠誠度高不容易流失，是屬於A級的客人。企業應該給予相對等的服務水準，以免他們為其他競爭者所覬覦，同時宜

透過各種創意手法來強化彼此的關係。

2. 精打細算型：此型的顧客會經常性地尋求更好的廠商，其忠誠度略遜於A級的顧客，但是還是能夠帶來合理的利潤，是屬於B級的顧客。企業要小心應對此種顧客，試圖轉變他們成為企業的常客。

3. 流行追求型：此型的顧客習慣性地更換廠商，花成本挽留他們可能也無濟於事，是屬於C級的顧客。企業無須特別花費心力去照顧，因為他們遲早會離開的。

4. 成本消耗型：此型則屬於典型的「奧客」（專門製造紛爭，與企業唱反調，對企業有負面貢獻的人），企業不但很難從他們身上賺到錢，還要忍受他們經常性的干擾，造成企業額外的負擔，企業最好對他們敬而遠之。但是企業在篩選或避免接觸某種類型的顧客時要特別小心，最好不要讓這些顧客感受到企業對他們有所歧視，或者因而得罪客人。在網際網路盛行的今日，得罪客人的代價絕對是得不償失的，最好不知不覺中與這一類顧客逐步疏遠，甚至可以設定一些門檻讓這些顧客不得其門而入。例如，某些建設公司設定超高收入的族群，就將預售屋單坪坪數訂為天價的，以便篩選他們希望的顧客能夠出現。

在雙極服務互動模型的效應下，企業必須時時警惕，因為顧客忠誠度節節下降，若稍微疏忽，企業由紅翻黑，或者開低走高，都可能瞬間轉變企業的生態。維護、提高顧客忠誠度不是一件容易的事，但卻絕對是值回票價的事，企業必須隨時掌握目標客可能的需求變動，想出一石二鳥的作法，一方面要能夠降低顧客流失的速度，另一方面又要能夠提昇他們的消費額度，端看企業如何操作了。

二、競爭優勢

「競爭」是一個動態的過程，企業所面對的環境與所採的競爭行為，會因時、因地、因對象與顧客而不同。企業在競爭中必須仰賴「優勢」，或是說必須創造出與競爭者不同之處，方能屹立不搖。但是任何一種優勢都無法永遠的維持，所以企業必須不斷的開創出新的競爭優勢，競爭是一個不斷開創與抵銷的過程。若服務個人或企業能將被動反應式的服務轉變成預應先發式服務，光這一點就已經創造了絕對的服務優勢。

在許多企業的發展過程中，我們可以看到類似的情況：一家廠商在成立之初，多半以「廉價」作為優勢；但到了一段時間後，後起之秀會以更便宜的價格搶占市場，於是「品質」便成為成長企業的競爭優勢。此外，「顧客滿意」便成為企業競相努力的目標。企業開始思考，如何從顧客的觀點出發，提供符合其價值的產品與服務。換言之，物美價廉並非是顧客所喜歡的，能讓顧客滿意，甚至超越他們所期望的價值，才是企業競爭的新利基如圖16-2所示。

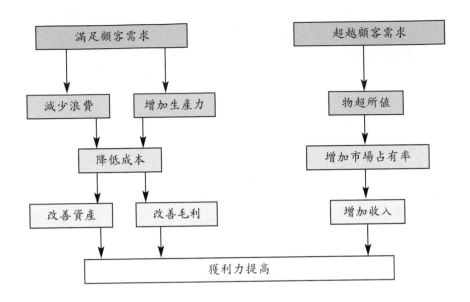

圖16-2　品質改善與獲利能力之關係圖

資料來源：Stephen George and Arnold Weimerskirch（1994）.

　　「核心競爭力」首次出現在1990年Prahalad and Hamel之《企業核心競爭力》一書中：「在一組織內部經過整合的知識、技能或服務，尤其是關於如何協調多種生產技能和整合不同技術的知識和服務能力。」中國國務院發展研究中心副主任陳清泰說：「核心競爭力是指一個企業不斷地創新產品和提供新的服務，適應市場的能力，不斷創新管理的能力，不斷創新行銷手段的能力。」核心競爭力是屬於企業戰略管理的創新，人們往往把它稱之為歸核經營戰略，也就是提供給消費者更好的產品、服務、文化與價值。核心競爭力的主要特點和作用可歸結為下列八點：

1.核心競爭力有助於企業在顧客創造價值過程中，長期領先於競爭對手的能力。

2.核心競爭力具獨特性，企業在產品和服務上體現競爭對手所不具有的差異性。

3.核心競爭力具延展性，企業能夠從某種核心競爭力衍生出一系列產品與服務。

4.核心競爭力不是「資產」，但它既是企業成功的要素，更是維持競爭優勢的保證。

5.核心競爭力是企業長期的生產經營活動過程中累積形成，難於被競爭者模仿。

6.核心競爭力是通過學習、創新累積得到的能力，不能在公開市場上進行買賣。

7.核心競爭力要求企業的資源相對集中少數關鍵領域，以便在此領域建立優勢。

8.核心競爭力沒有絕對性，外部環境發生劇變或內部管理不善它會貶值或流失。

企業最具警訊作用的失敗因子當中，顧客流失是其一，顧客流失暴露出企業的兩個警訊：

1.最明顯的徵兆是公司提供顧客的價值在惡化中。

2.顧客流失會影響公司現金流量。

顧客成長率若下降，等於是對企業已經發生問題的一種警訊。企業之所以追求品質改善，源於品質所產生的競爭優勢。戴明在所提出的戴明鏈（Deming's chain reaction）中指出，企業對品質不斷改善所

產生的利益，包括成本及不良率的降低、市場占有率的提高、增加工作機會及維持企業生存等。利益源於品質改善過程中所產生的成本降低與產品物超所值兩種效果，在成本降低之下，毛利與資產的運用效率便得以改善，而產品物超所值自然會吸引更多顧客的購買，進而促使毛利與收入上升。

我們也談了許多品質的種類與內容，但是唯獨在「觀念品質」的充分建立下，各種品質才有實踐的可能。若企業或服務人員對服務觀念產生偏差，就會曲解品質的定義，沒有品質做方向依歸，會導致服務過程偏差而失敗，顧客滿意就不會出現。因此，「競爭優勢」的形成，其關鍵繫於企業或服務人員對品質的觀念建立與否。

企業生產產品或提供服務的目標，是希望被消費者購買或使用；消費者購買該產品或使用該服務之前，必須要對該產品或該服務產生信賴感，否則消費可能會有失敗的風險。銷售產品或提供服務的目的，則是希望達到企業獲利、永續經營的最終目的。

三、企業案例

（一）各種企業

國內多如過江之鯽的企業行號，每天都在開張，親友、同業餽贈的花籃、花圈並列商店兩旁，好不熱鬧。「開幕送機車、送汽車」、「一元吃到飽」、「來就送」等等的促銷手法不一而足，這些促銷無非是希望顧客在上門接受企業提供優異服務的同時，能夠達到顧客再度光臨的願望。但是，許許多多新開張的企業，都在隆重揭幕後的不

久，便因為開幕熱潮已過而草草收場。企業吸引顧客上門的手法不難，但是企業要想留住客人的方式，的確需要深思熟慮。企業抓住顧客喜歡貪小利的心理，用施以小惠的方法吸引顧客進門，但是這種短暫的心理刺激，若沒有長期「顧客導向」的服務心態融入，能否得到顧客的認同，尚不得而之。

1. 我們常見到商店正門口前，放了一盆植物盆栽、或放一塊招牌，或是放著一輛腳踏車、機車；有顧客汽車想要臨時停靠，除非是到這家光顧，否則馬上會被店家強力勸阻駛離，這種企業是否有「顧客導向」的觀念？

2. 企業經常推出會員促銷活動，例如，集點活動，每次顧客購物後，店員根據購物金額多寡，會贈送一張上面貼有累積點數的卡片，希望顧客集滿點數後來兌換贈品。我們不經要問，既然會員資料都在電腦內，企業若想要回饋老顧客，為何不在顧客結帳時，將顧客消費金額直接累計到消費者帳號內，待消費者下次出現在結帳櫃台前，消費金額累計到達企業規定的門檻時，主動告知消費者他可以獲得贈品，同時也給消費者一個意外的驚喜不是能夠輕而易舉的做到「讓顧客感動的服務」效果嗎。但是，企業偏偏要消費者好好保管該企業的贈品卡，不但不能遺失，同時每次消費時還要記住帶在身邊以備查驗，這種帶有懲罰性「顧客導向」服務方式，能夠得到消費者的認同嗎？

3. 國內油品價格彈性化，加油站為了拼業績，紛紛推出會員加油集點大贈獎活動，會員開汽車前來加油一次數百元不等可以累積點數，但是同一會員若是騎摩托車前來加油一次數十元，卻

得不到同樣的集點優惠待遇，這是什麼道理？企業有站在消費者的立場上思考嗎？

4.吃宵夜幾乎是每一個人都有過的經驗，每當顧客在店內吃的津津有味的時候，牆上掛的營業時間尚未到達，便看見服務生或是老闆開始移動桌椅，清掃地面。先不管清掃地面是否會有礙衛生，光是讓身歷其境的消費者看到這種情景，便會聯想到不是該店不尊重消費者，就是老闆要消費者快一點吃，以免耽誤他營業時間。難道老闆不知道消費者在想什麼嗎？

5.季節性的流行性感冒，造成某些知名診所經常門庭若市，父母陪伴子女前來看病，掛號完畢一等就要幾十分鐘，診所空間通常狹小，各種病菌充斥室內，門口又沒有停車空間，有時家長會利用等候空檔處理雜務，隨時電話遙控門診情況，以免錯過問診時間。當電話詢問得到的答案：「對不起，現在看診的病人、等候拿藥的病人很多，我沒空也不知道現在是幾號，請妳過來一看就知道了。」試問：門診的「服務」是否只有醫師的問診而已嗎？

　　二十一世紀的所有產業，若沒有導入人性化的服務觀念，都將會逐漸被潮流淘汰。本書中，我們在書中曾提出一個將「顧客導向」具體化的觀念，那就是：「服務業是站在顧客的立場，給自己找麻煩的行業。」人際互動的服務，絕對經常會發生令服務一方出其不意的時候，消費者提出意想不到的需求。本書中又提到另一個觀念：「正常服務不是服務本領，非常服務才是服務本領。」企業員工若是照著企業規定的程序，按部就班的操作，這樣的正常服務，提供給顧客好的服務是應該的，不值得大書特書。因為所有正常的服務，都是經過企

業千百次的演練、修正裁定案的，基本上，顧客可能發生的情形一般都已經被考量進去，不應該有不滿意的情形發生。但是，除了一般的情況，企業在提供消費者服務的時候，基於服務業的特性不同，各種環境的不一，企業不可能考慮的面面俱到，這個時候，若發生企業標準程序上沒有列印的條文或狀況，對於服務人員來說，就是非常時期，因為沒有標準可循，服務人員若是在非常時期能夠提供消費者滿意稱讚的服務，這樣的服務，才是值得稱道的服務，才是值得叫好的本領。

　　颱風期間，機場的班機動態一定大亂，不僅是航空公司的服務人員要犧牲休息，加班處理滯留機場的旅客的長期疲勞；旅客本身或是因為颱風，造成不知何時才能成行的焦慮心情，或是因為颱風是否會影響飛行安全的恐懼心理作祟。這些種種因素湊在一起所引發的可能骨牌效應，航空公司的操作手冊中絕無記載該如何面對。對服務人員來說，這就是一項高難度的服務挑戰；這種非常時期的服務，不斷考驗航空公司面對情況瞬息萬變，如何做好敏感旅客的服務應對，這種服務若能夠做好，才值得一提。

（二）電話案例

　　在我們周遭日常生活中，應該曾經聽到、碰到、看到過下列各項的電話對答的情形：

1.狀況一：「抱歉，現在是本公司中午休息時間，請你在下午一點XX分再打來。」

　　說明：當企業中午休息的時候，所有的消費者都有空閒，而且

這些空閒是一天中唯一可以做點私人的事情。當貴公司下午開始上班的時候，很抱歉，消費者也被關進他企業的牢籠內沒有時間了。

2.狀況二：「小李，喔！他剛離開一下，請你五分鐘後再打來。」

說明：打電話進來找小李的王先生，也許認識小李，也許是王先生的朋友認識小李，介紹他來找小李詢問小李企業相關的事情。類似找小李的電話，有相當的百分比，辦公室其他的任何同事，若能用「請問有什麼事情，我能效勞嗎？」的話，都能夠立即解決該電話的問題；但是，很可惜，卻都用「請你五分鐘後再打來」回應，王先生再打來的時間，也許是五分鐘、五十分鐘、二三天後，甚至從此不再打來。現代人生活都非常緊張忙碌，想到的事情過後再想起的時後，往往跟預期的時間有相當的落差。這些辦公室的同事，不能說沒有服務的精神，但是可惜只做了一半。

3.狀況三：「對不起，這是銷售部門造成的錯誤，我會向有關部門反映你的抱怨。」

說明：企業內員工的本位主義在此充分顯現：因為這是其他部門造成的錯誤，不是我這個部門造成的錯誤，因此，我只要將你的抱怨向有關部門反應，我的服務就可以到此結束。在旅館客房服務人員，不可以將房間安排不好歸咎於櫃台人員的錯誤；航空公司空服人員不可將旅客應該坐商務艙，卻被機場櫃

台人員劃成經濟艙的錯誤，看成是地勤運務人員的作業疏忽；遊樂區、主題樂園的工作人員，不可以因為同事告知遊客錯誤的營業時間，而將責任推給當事人。

因為服務業的服務是具有整體性的，不可以分割處理。當客人抱怨時，他抱怨的是該企業的整體形象，而不是某一個單位或部門的疏失，若回答客人抱怨時，採取與我無關的心態，只會讓客人覺得這家公司的服務人員是在逃避客人的責難，於事無補，反而會對該公司形象產生負面效果。

4.狀況四：「對不起，張先生，你的繳款的確是在規定期限之內存入郵局，因為作業時間，所以轉帳進入本公司系統內的時間超過了本公司規定的繳費時間，以致造成張先生存簿被扣違約金。這是本公司作業上的疏忽，你的扣款，本公司會在下個月彌補調整過來。」

說明：這是典型企業員工的偷懶行為；既然已經承認是公司內部作業的疏失，就因該立即改正錯誤，為何還要再將錯誤拖延一個月才矯正，這是毫無道理的懲罰客人。更何況，違約金放在銀行的口袋，和放在顧客的口袋，意義大不相同，結果也大不相同，無緣無故被銀行剝奪可以生利息的機會，這種服務的心態是「顧客導向」嗎？

5.狀況五：「劉先生，請問你的車有沒有保竊盜險。」，「嗯，這個我不太清楚ㄟ，這是我太太的車，不知道她有沒有保呢。」三小時後……，「對不起，陳先生，我太太剛回電說她

有保竊盜險。」，「啊！但是劉先生，我已經將新的裝上了呢，之前的破壞原狀沒有事先照相，恐怕……。嘎？沒有照相，那怎麼辦……」。

說明：既然進入產業保險服務行業，對於理賠的事前、事後相關理賠事項，應該是本業專業範圍的常識，劉先生的車有沒有保險，站在「顧客導向」的立場，其實根本就不需要去問，應該在車被竊後，立即作產業保險業應該作的標準動作（其間當然包含修理前的照相確認，修理後表單填寫）；而不是還要問顧客有沒有保竊盜險。上述的案例造成理賠上無法挽回的的遺憾，站在保險從業人員服務的立場上，「顧客導向」的服務觀念似乎不強。

　　從上列的案例中，不乏我們日常生活中或遭遇的情形，假設你（妳）是一位服務人員，試想：在服務的經歷中，有沒有曾經發生過上述類似的情境而不自知。社會成熟度，迫使服務性企業因為競爭，必須在品質上不斷地向上改進提昇，一般硬體的建造或翻修，對品質固然有提昇的作用，但是他的半衰期也相對快速，唯有軟體的服務品質提昇，才是企業歷久不衰、永續經營的保證。但是，許多服務的觀念，會隨著顧客的要求，不斷地調整，「十年前，企業要是能夠承認自己做錯了，也許顧客就會原諒它了。」，「五年前，企業要是經過查證承認錯誤後，並補償消費者損失，也許消費者認為已經討回公道、就心滿意足了。」，「今天的消費意識抬頭，資訊、交通的發達，使得消費者早已行遍天下，見多識廣的結果，造成消費者比業界還瞭解類似服務應該要有的規範內容，業界已經愈來愈不容易欺騙消

費者，且一旦發現消費者有理，不但要立刻調整自己的規範，向消費者道歉之外，還要立即補償消費者在這方面的物質、精神上的損失。台灣長期以來在服務的領域上，始終是一個後進國家，即使是進入二十一世紀的今天，很多最新的「服務觀念」仍然要靠國外進口，因此，某些服務的觀念比不上一些曾經遊遍世界的消費者，是理所當然的事情。

中國人不愛給小費，有其歷史背景因素和個人實際考量，所以旅行社出團之前的行前會，一定約法三章規定每位團員每天要繳交美金幾元給導遊，酬謝他一天照料、解說、協助的辛勞。這種在國外被視為理所當然的習慣，進口到國內後，由於自動自發的效果不佳，便成為團體旅遊中的要件之一。筆者曾在新加坡五星級旅館門前，見到一位國人在數小時內，乘坐計程車進出旅館次數頻繁，最後開車門的印度門童眼見該位國人每次到達旅館，在他開車門後出來時，都沒有表示一下（給點小費），每次門童開完車門後，她僅說了一聲："Thank you"後，直奔旅館大廳而去。這一次，該門童在這位小姐說完Thank you後，立刻回了一句："Sorry, thank you can not eat."（抱歉，謝謝不能當飯吃。）使得這位小姐非常尷尬，這就是國人普遍的習慣。

老外在用餐後，離開座位前，都會習慣性的留下用餐總金額相當比例的的小費放在餐桌上，感謝為他們服務的服務生辛勞。台灣暑假全家到美國旅遊，早已蔚為風氣；筆者也曾在美國看見台灣來的家庭在高級餐廳用餐，該家庭用完餐後前往櫃台結帳時，母親看見兒子手中抓著美金，好奇的低頭問他錢從哪裡來的？「我是在那邊髒桌子上撿到的」，當母親抬頭時，那服務髒桌子的服務生已經拿著空的小費

盤站在兒子背後了。

四、消費者至上

　　資訊發達的今天，還有許多服務人員在面對顧客解說：「這是公司的規定」。似乎公司的規定就是聖經，神聖不可侵犯，一切與公司規定牴觸的要求，均屬無效。公司即使規定再緊密、考慮再周詳，也會有掛一漏萬的可能，更何況資訊流通的無遠弗屆，服務的手腕若是一層不變，行銷策略如何彈性化。最讓客人感到不可理喻的就是「企業或服務人員在無法自圓其說的情況下，搬出公司規定的大帽子。」服務若是不能以理服人，而要以力取人，我擔心這種企業還會不會有明天。

　　企業要體認到一件事：「在消費者眼裡，所有面對消費者的服務人員，不管你在企業內階級多高，服務的品質不能因為你的階級而有所改變。」有時看見基層服務人員面對消費者的詢問，無法立即答覆顧客回頭請示上級該如何處理時，主管立刻擺出上級指導的態勢，這對服務來說，絕對是負面示範。這也是為什麼許多服務性企業要求高級主管每個月，一定要抽出特定時間，親自走到第一線面對消費者，就是要讓管理階層體會在消費者意識中，不會因為服務的人士企業主管而會調整或改變消費者一貫的態度。那怕是在中國大陸，這種長期處於共產主義的社會主義國家中，近年來也因為改革開放，快速的導入資本主義的服務觀念。階級意識的責任觀念在企業，不是要用在主管面對消費者時，要求其權威服從上，而是要用在主管面對市場的競爭時，如何帶領企業增強企業的市場占有率上。

五、企業的未來

　　綜觀國內，任何與消費者對抗的企業，最終都不會得到勝利；921大地震後，那些造成各地房屋倒塌的建設公司，如今安在？充分配合消費者時代需求的企業，企業經營蒸蒸日上；台南一家以製造食品起家的公司，就是一個顯著的例子。麥當勞之西式速食飲食文化引進國內的成功，帶動國人長期飲食習慣的根本改變；家樂福量販店之貨品無條件退貨引進國內的成功，帶動國內商業經營觀念的從新思考。掌握時代的消費脈動，抓準消費的心理需求，做一個勇於改變現狀的執行者，定當是企業未來成功的保證。當消費者要求環保時，企業會配合回收保特瓶；當消費者要求社會責任時，企業會配合認養公園、地下道；當消費者抱怨污染時，企業採購回收污染設備配合；消費者要求保障殘障者工作權時，企業配合僱用殘障人士。

　　回顧企業產品或服務進入市場的各階段流程，首先是推出產品或服務的進入市場，擴大產品或服務的市場占有率（增加市場深度），擴大產品或服務的市場種類（增加市場廣度），開始進入社會公益範疇（培養企業形象），配合消費者時代需求，結合消費者社區意識（深耕企業形象），建立企業在消費者心目中牢不可破的正面形象，達到企業獲利，以及永續經營的目的。

參考書目

參考書目

一、中文部分

卞奭年（1977），《民用航空新論》。台北：黎明。

王克捷（1988），品質的歷史觀：五位大師的理論演化，《生產力雜誌》，第17卷，第10期，頁91-98。

王勇吉（1997），《行銷管理精要》。台北：千華。

交通部觀光局（1996），《旅行業從業人員基礎訓練教材》。

佐藤公久（1992），《顧客滿足度》，第五版，東京能率協會，7月15日，東京。

吳兆玲（1999），航空公司服務業服務疏失補救、疏失事件歸因與顧客滿意反應間關係之研究，中山大學企管所碩士論文。

呂玉華（1990），產品特質、訊息類型與企業行銷策略關係之研究，國立政治大學企管所未出版碩士論文。

李隆盛（1999），《科技職業教育的跨越》。台北：師大書苑。

李南賢（2000），《企業管理（管理學)》。滄海。

林財丁（1995），《消費者心理學》。華泰。

林欽榮（2000），《企業心理學》。華泰。

林靈宏（1994），《消費者行爲學》。台北：五南。

近藤隆雄，陳耀茂譯（2000），《服務管理》。書泉。

柳怡性（1987），《我國服務業發展之途徑，今日經濟》，第25卷第

8期，頁18-21。

柳婷（1996），《廣告與行銷》。五南。

容繼業（1996），《旅行業理論與實務》。揚智文化。

翁崇雄（1991），《服務品質管理策略之研究（上），品質管制月刊》，第27卷，第一期，頁29。

陳海鳴（1999），《管理概論：理論與台灣實証》。華泰。

張永誠（1999），《服務行銷高手101》。實學。

張有恆（1993），《運輸學》。華泰。

淺井慶三郎、清水滋著，鄒永仁譯（1999），《服務業行銷：理論與實務》。台中：日之昇文化。

楊錦洲（2001），《顧客服務創新價值》。中衛發展中心。

楊燦煌（1998），《經營管理心理學》。書泉。

遠擎管理顧問公司（2001），《顧客關係管理-深度分析》。台北。

劉麗文、楊軍（2001），《服務業營運管理》。五南。

蔡瑞宇（1996），《顧客行為學》。天一。

鄭紹成（1997），服務業服務失誤，挽回服務與顧客反應之研究，中國文化大學國際企業研究所博士論文，台北。

顧志遠（1998），《服務業系統設計與作業管理》。華泰。

二、英文部分

Aaker D. A.,(1996). *Building Story Brands*. New York : The Free Press.

Allison Neil K.,(1978). "A Psychometric Development of a Test for Consumer Alienation Form the Marketplace" *Journal of marketing Research,* 15 (November): 565-575.

Austin William G.,(1979). "Justice, Freedom & Self-Interest in Intergroup Relations" William G. Austin & S. Worchel, eds. Belmont, CA: Brooks/Cole.

Bagozzi Richard P., & Paul R. Warshaw (1990). "Trying to Consume" *Journal of Consumer Research,* 17(September) 127-140.

Bejou and Palmer(1998). "Service Failure and Loyalty: An Exploratory Study of Airline Customers" *Journal of Service Marketing,* Vol. 12, No.1, pp. 7-22.

Bies R. J., and D. L. shapiro(1987). "Interactional Fairness Judgements: The Influence of Causal Accounts" *Scoial Justice Research,* 1, 199-218.

Bither S. W., and Ungson, B.(1975). "Consumer Informatiion Processing Research: An Evaluation Reviews." *Working Paper,* Pennsylvania State University.

Bitner M. J., B. G. Booms and M. S. Tetreault(1990). The Service Encounters: The Employee's Viewpoint, *Journal of Marketing,* Vol. 58, October, 1990, pp. 95-106.

Bitner M. J., B. G. Booms and M. S. Tetreault(1990a). The Service Encounters: The Employee's Viewpoint, *Journal of Marketing,* Vol. 58, October, pp. 95-106.

Black S., & L. J. Porter(1995). "An Empirical Model for Total Quality Management" ,*Total Quality Management,* Vol. 6, No. 2, 1995, pp. 149-165.

Blodgett Jeffery G., Donald H. Granbois and Rockney G. Walters(1993).

"The Effects of Perceived Justice on Complainants: Native Word of Mouth Behavior and Repatronage Intentions," *Journal of Retailing,* 69 (4), 399-428.

Blodgett Jeffery G., Hill Donna J. and Tax Stephen S. (1997). "The Effects of Distributive, Procedural, and Interactional Justice on Postcomplaint Behavior," *Journal of Retailing,* 73(2), 185-210.

Boulding W., A. Kalra, R. Staelin, and V. A. Zeithaml(1993). A Dynamic Process Model of Service Quality: From Expectation to Behavioral Intentions, *Journal of Marketing Research,* Vol. xx, No.3, February, pp.7-27.

Boulding W., Kalra A., Staelin R., and Zeithaml V. A., (1993). " A Dynamic Process Model of Service Quality : From Expectation to Behavioral Intentions" , *Journal of Marketing Research,* Vol. xx, No.3, February, pp.7-27.

Boyett Joseph H., & Jimmie T. Boyett(2000). *The Guru Guide-The Best Ideas of the Top Management Thinkers.*, April, John Wiley & Sons, Inc.

Britt C. Beemer and Robert L. Shook(1998). *Predatory Marketing: What Everyone in Business Needs to Know to Win Today's Consumer.*, February, Bantam Doubleday Dell Pub.

Brown G. H.,(1992). "Brand Loyalty: Fact or Fiction ? " *Advertising Age*, 23, June 1952 - Jan. 1953 (a series).

Carol A. King(1985). Service Quality Assurance Is Different, *Quality Progress,* Vol. 18 No. 6, June, pp. 14-18.

Christensen Clayton M.,(1997). The Innovator's Dilemma, When New Technologies Cause Great Firms to Fail (Management of Innovation and Change Series)., June, Harvard Business School Press.

Chiristopher H. Lovelock(2000). Services Marketing: People, Technology, *Strategy* (4ᵗʰ Edition), Prentice Hall.

Christopher H. Lovelock(1991). *Service Marketing,* 2nd ed ., N. J.: Prentice Hall, Englewood Cliffs.

Christopher A. Bartlett, and Sumantra Ghoshal(2000). *Transnational Management: Text, Cases, and Readings in Cross-Border Management,* 3ʳᵈ , McGraw-Hill Com..

Chon K. S.(KAYE), and R. T. Sparrowe(1995). *Welcome to Hospitality.* South-Western Publishing Company, Cincinnati, Ohio.

Clinton Bill(1996). *Malcolm Baldrige National Quality Award,* Washington: U.S. Government Printing Office, p. 26.

Conlon D. E., and N. M. Murry(1996). Customer Perception of Corporate Responses to Product Complaints: The Rold of Explanations. *Academy of Management Journal,* Vol. 13, March, pp. 534-539.

Deutsch Morten(1985). *Distributive Justive.* New Haven, CT: Yale Unv. Press.

Dick Berry(1981). *Industrial Marketing for Results,* April, Addison-Wesley Publishing.

Does Customer Satisfaction Go Down with Downsizing ?(1997). *On Q,* July/August, pp. 5-27.

Erickson T. J., (1992). "Creating the High Performance", *Management Review,* July, pp. 58-60.

Fagan M. D.,(1974). *A history of Engineering and Science in the Bell System The Early Years 1875-1925*, 2nd ed., N. Y.: Bell Telephone Laboratorier, p. 25.

Firebaugh W. C.,(1923). *The Inns of Greece And Rome: And A History of Hospitality From The Dawn of Times to The Middle Ages.* Chicago, F. M. Morris Comp..

Folkes Valerie S.,(1984). "Consumer Reactions to Product Failures: An Attributional Approach," *Journal of Consumer Research,* 10 (March), 398-409.

Riechheld Frederick F.,(1996). *The Loyalty Effect: The Hidden Force Behind Growth, Profits,* March, Harvard Business School Press.

Hallberg Garth(1995). *All Consumers Are Not Created Equal: The Difference Marketing, Strategy for Brand Loyalty and Profits.,* September, John Wiley & Sons, Inc..

George S. and A. Weimerskirch(1994). "Total Quality Management", John Wiley & Sons, Inc..

Gitomer Jeffrey(1998). Customer Satisfaction Is Worthless, Customer Loyalty Is Priceless: How to Make Customers Love You, Keep Them Coming Back and Tell Everyone They Know., September, Brad Press.

Gilliland, Stephen W.,(1993). "The Perceived Fairness of Selection Systems: An Organizational Justice Perspective", *Academy of*

Management Review, 18(4), 694-734.

Goodwin Cathy and Ross Ivan(1992). "Consumer Response to Service Failure: Influence of Procedural and Interactional Fairness Perceptions", *Journal of Business Research,* 25(2), 149-163.

Grahame R. Dowling and Mark Uncles(1997). "Do Customer Loyalty Programs Really Work ?" *Sloan Management Review,* Summer, pp. 71-88. Also see A. S. C. Ehrenberg, Repeat-Buying: Facts, Theory, and Applications, 2nd ed., Oxford University Press, 1988.

Grahn G. P.,(1995). "The Five Drivers of Tatal Quality", *Quality Progress,* January, p. 66.

Greenberg Jerald(1990). "Organizational Justice: Yesterday, Today & Tomorrow," *Journal of Management,* 16 (2), 399-432.

Heskett J. L.,(1986).*Managint in the Service Economy.* Boston: Harvard Business School Press.

James F. Engel, Roger D. Blackwell, and Paul M. Miniard(1990). "Consumer Behavior", *Hinsdale,* IL : The Dryden Press.

James R. Evans & William M. Lindeay(1993). *The Management and Control of Quality,* 2nd ed., N.Y.: West Publishing Co..

Johnston T. C., and M. A. Hewa(1997). *Fixing Service Failures, Industrial Marketing Management,* 26, pp. 467-473.

Keir Elam(2002). *The Semiotics of Theatre and Drama.,* 2nd Edition, September, Routledge.

Knapp Duane(2002). *The Brand Mindest: Five Essential Strategies for Building Brand Advantage Throughout Your Company,* September,

McGraw-Hill.

Kotler Philip(1999). *Kotler on Marketing: How to create, Win, and Dominate Markets.*, April, The Free Press.

Levinson Jay Conrad(1989). *Guerrilla Marketing Attack: New Startegies, Tactics and Weapons for Winning Big Profits for Your Small Business.*, February, Mariner Books.

Lind E. Allen & Tom R. Tyler(1988). *The Social Psychology of Procedural Justice.* New York: Plenum Press.

Maslow Abraham, Deborah C. Stephens and Gary Heil (1998). *Maslow on Management.*, September, John Wiley & Sons, Inc..

Nonaka I., & H. Takeuchi,(1995). *The Konwledge-Creating Company.* New York: Oxford University Press.

Park C. Whan, Bernard J. Jaworski, and Deborah J. MacInnis(1986). "Strategic Brand Concept-Image Management." *Journal of Marketing* 50 (October): 135-145.

Park C. Whan, Robert Lawson, and Sandra Milberg(1989). "Memory Structure of Brand Names." *Advances in Consumer Research* 16: 726-731.

Pearn Michael, Chris Mulrooney and Tim Payne(1998). Ending the *Blame Culture.*, October, Gower Pub Co..

Peters Tom(1992). Liberation Management: Necessary *Disorganization for The Nanosecond Nineties.*, November, Random House.

Philip B. Crosby(1995). *Quality without Tear: The Art of Hassll-Free Management.*, May, McGraw-Hill.

Ray Michael L., and Rochelle Myersl(1989). *Creativity in Business,* January, Doubleday.

Richard Norman(1984). *Service Management: Strategy and Leadership,* N. Y . : John Wiley & Sons Inc.

Richard Norman(1991). *Service Management,* John Wiley & Sons, p.83。

Richins Marsha L.,(1983). "Nagative Word-of-Mouth by Dissatisfied Consumers: A Pilot Study," *Journal of Marketing,* 47(Winter).

Ronald D. Moen, Thomas W. Nolan and Lloyd P. Provost(1991). *Improving Quality Through Planned Experimentation,* McGraw-Hill.

Schewe Charles D., and Alexander Hiam(1998). The Portable MBA in Marketing: Provides Essential Knowledge to Compete Globally, Improve Customer Loyalty, and Utilize the Latest Technologies., April, John Wiley & Sons.

Senge Peter M., Art Kleiner, Charlotte Roberts & Bryan J. Smith(1994). The Fifth Discipline Fieldbook: Strategies and Tools for Building a Learning Organization, July, Currency/Doubleday.

Senge Peter M.,(1994). *The fifth Discipline: The Art & Practice of the Learning Organization,* January, Currency/Doubleday.

Sherman A. W., and G. W. Bohlander(1992). "Managing Human Resources", 9th ed., Ohio : South Wester.

Singh Jagdip(1998). "Consumer Complaint Intentions and Behaviors: Definitional and Taxonomical Issues," *Journal of Marketing,*

52(January), 176-189.

Singh Jagdip and Wilkes Robert E.,(1996). "When Consumers Complain: A Path Analysis of the Key Antecedents of Consumer Complaint Response Estimates" *Jouranl of the Academy of Marketing Science,* 24(4), 250-265.

Soloman M. R., et al., "A Role Theory Perspective on Dynamic Interactions: The Service Enocounter." *Jouranl of Marketing,* 1985 Winter, p. 99.

Spreng A. S., G. D. Harrell and R. D. Mackoy(1995). Service Recovery: Impact on atisfaction and Intentions, *Journal of Service Marketing,* Vol. 9, No. 1, pp. 15-23.

Stephen H. Hymen(1978). *Quality System Terminology,* Milwaukee: American Society for Quality Control, pp.75-90.

Tax S. S. and S. W. Brown(1998). Recovering and Learning from Service Failure, *Sloan Management Review,* Fall, pp. 75-88.

"The European Foundation for Quality Management(EFQM)Viewpoint", (1993). *Total Quality Management,* August, pp.11-12.

Upshaw Lynn B.,(1995). *Building Brand Identity: A Strategy for Success in A Hostile Marketplace.,* John Wiley & Sons Inc..

Zeithaml V. A., A. Parasuraman & L. L. Berry(1985). "Problems and Strategies in Services Marketing." *Journal of Marketing,* Vol.49, No. 1, Spring, pp. 33-46.

三、網站部分

日本戴明獎(2002)，http: // www.deming. org.

服務業管理

著　　者☞ 張健豪、袁淑娟

出 版 者☞ 揚智文化事業股份有限公司

發 行 人☞ 葉忠賢

總 編 輯☞ 閻富萍

執行編輯☞ 范湘渝

登 記 證☞ 局版北市業字第 1117 號

地　　址☞ 台北縣深坑鄉北深路三段 260 號 8 樓

電　　話☞ （02）86626826

傳　　真☞ （02）26647633

法律顧問☞ 北辰著作權事務所　蕭雄淋律師

印　　刷☞ 鼎易印刷股份有限公司

初版一刷☞ 2002 年 12 月

初版八刷☞ 2010 年 9 月

I S B N ☞ 957-818-455-7

定　　價☞ 新台幣 450 元

網　　址☞ http://www.ycrc.com.tw

E-mail ☞ book3@ycrc.com.tw

國家圖書館出版品預行編目資料

服務業管理／張健豪, 袁淑娟著. -- 初版. --
臺北市：揚智文化，2002[民 91]
面；　公分

ISBN　957-818-455-7（平裝）

1.服務業 － 品質管理

489.1　　　　　　　　　　　　91019069